全国高职高专教育“十三五”规划教材

高等数学(下册)

(第二版)

吴 昊 陈 溥 主 编

何友萍 石秋宁 张 琪 秦立春 副主编

罗柳容 参 编

程 晨 主 审

中国铁道出版社

CHINA RAILWAY PUBLISHING HOUSE

内容简介

本套教材分上、下两册，本书是下册。内容包含：无穷级数与积分变换，微分方程初步，行列式、矩阵与线性方程组，线性规划初步，数理统计初步。每章最后一节是利用数学软件 MATLAB 求解相关数学问题的内容，可根据实际教学情况选学。每章小结提供了学习要求和方法。附录中提供了习题参考答案，以及数理统计的标准正态分布表、t 分布表、χ^2 分布表、F 分布表。

本教材适合高职高专各专业教学使用，也可作为成人高校教材。

图书在版编目(CIP)数据

高等数学. 下册/吴昊，陈溥主编. —2 版. —北京：中国铁道出版社，2017.1 (2019.1重印)
全国高职高专教育"十三五"规划教材
ISBN 978-7-113-22628-2

Ⅰ.①高… Ⅱ.①吴…②陈… Ⅲ.①高等数学—高等职业教育—教材 Ⅳ.①O13

中国版本图书馆 CIP 数据核字(2016)第 309006 号

书　　名：高等数学(下册)(第二版)
作　　者：吴　昊　陈　溥　主编

策　　划：王春霞　　读者热线：(010)63550836
责任编辑：王春霞　徐盼欣
封面设计：刘　颖
封面制作：白　雪
责任校对：汤淑梅
责任印制：郭向伟

出版发行：中国铁道出版社(100054，北京市西城区右安门西街 8 号)
网　　址：http://www.tdpress.com/51eds/
印　　刷：三河市兴达印务有限公司
版　　次：2013 年 1 月第 1 版　2017 年 1 月第 2 版　2019 年 1 月第 2 次印刷
开　　本：787mm×1092mm　1/16　印张：10.5　字数：250 千
书　　号：ISBN 978-7-113-22628-2
定　　价：30.00 元

前言(第二版)
FOREWORD

随着社会主义市场经济和高等职业教育的快速发展，我国已经明确了高等职业教育的主要任务是培养高素质高技能型专门人才，明确了高职教育不同于本科教育，也不同于技能培训机构。然而，作为高职教育中所有专业的重要基础课——数学课程的改革，首当其冲的教材改革，在反映新计算技术方面还没有实现实质性突破。表面原因众所周知，从本质上分析，则是因为一些传统的数学教育理念仍然束缚着人们的思想。高职高专数学教育如何将新的数学思想和方法融入教学，如何为专业教学和社会实践提供服务的理念都还没有真正落到实处。

传统高职高专工科数学由“微积分及应用”“线性代数与线性规划”“概率论与数理统计”三大部分构成，每一部分都力求自身知识的完整性、系统性，几乎是本科教学内容的压缩型。高职高专学制有限，我们将三部分知识整合，着眼于数学与实际生活及专业教学的融合，加入数学软件MATLAB实验，提高学生学习数学的兴趣。本教材的目标就是在数学教学的过程中培养学生的职业核心能力，即与人交流、与人合作、数字应用、信息处理、解决问题、自我学习、创新改革、外语应用等八项能力，它适用于工作岗位的不断变换，是伴随着人生持续发展的动能。

本次改版纠正了第一版教材表述及符号上的错误，精简了例题和课后习题，部分章节引入了新的内容和知识点，所有的修改旨在让教材内容能与学生所学专业更紧密地联系起来。与同类教材相比，本教材具有如下显著特点：

(1)强调数学思想方法，注重启发性和直观性教学的原则，注重不同层次的学生的通识能力的培养。对于相同数学思想、相同数学结构的内容，注重讲透一个思想与结构，其余的留给学生讨论自学，有利于不同层次的学生合作、交流。

(2)注重培养学生良好的科学思维习惯。以日常生活或专业中的问题作为教学引例，体现数学文化的多样性、本质性和实践性。

(3)遵循“理论以必需、够用为度”的原则，在不影响数学科学性的前提下，力求深入浅出，简明扼要，解决问题。

(4)注重利用MATLAB软件帮助学生理解数学知识，减轻学生学业负担，免去烦琐计算过程，提高学习效率。

(5)教材分上、下两册。上册包含一元函数的微积分，是各专业必学的教学内容。本书是下册，内容包括：无穷级数与积分变换，微分方程初步，行列式、矩阵与线性方程组，线性规划初步，数理统计初步。各专业可根据课时及需要选学。每章最后一节是利用数学软件MATLAB求解相关数学问题的内容，可根据实际教学情况选学。

本教材下册由柳州铁道职业技术学院吴昊、陈溥任主编，何友萍、石秋宁、张琪、秦立春任副主编，罗柳容参编。其中，石秋宁、张琪合编第6章，何友萍编写第7章，陈溥编写第8章，罗柳容编写第9章，吴昊编写第10章，秦立春对全书的习题部分进行了审读。全书框架结构、统稿、定稿由吴昊承担。李翠翠、黄莺、周澜从专业角度提出了要求及建议，柳州铁道职业技术学院程晨审查了全部书稿，提出了非常有见地的宝贵建议，中国铁道出版社编辑对编写教材提供了支持和帮助，在此一并表示感谢！

由于作者水平有限，书中疏漏和不妥之处在所难免，衷心欢迎大家批评指正。

编　者

2016年10月

目　录

CONTENTS

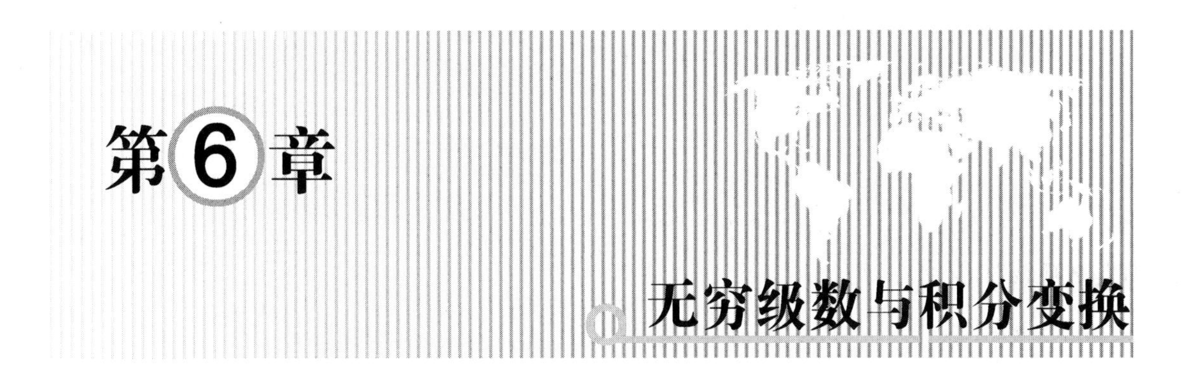

级数是研究无限个离散量之和的数学模型，它在表示函数、研究函数的性质以及进行数值计算等方面已成为一种重要的工具；积分变换就是通过积分运算，把一个函数变成另一个函数的变换，它们在科学技术领域中有广泛的应用．本章先介绍数项级数敛散性的基本知识，在此基础上讨论如何将函数展开成幂级数和三角级数的问题，然后介绍与专业应用相关的拉普拉斯变换与逆变换的基础知识，最后用数学软件 MATLAB 求解无穷级数与积分变换的相关问题．

6.1　级数的概念与性质

6.1.1　级数的基本概念

在工程技术及其他相关专业的计算中，会遇到计算诸如 1.3686868…的无限循环小数的精确值问题．这样的数也可以表示为 $1+\frac{3}{10}+\frac{68}{10^3}+\frac{68}{10^5}+\cdots$，于是就出现了无穷个数值依次相加的数学式子．

定义 1　设有数列 $\{u_n\}$：$u_1, u_2, u_3, \cdots$，则它们的和式

$$u_1+u_2+u_3+\cdots+u_n+\cdots$$

称为**无穷级数**，简称**级数**，简记为 $\sum_{n=1}^{\infty}u_n$，即

$$\sum_{n=1}^{\infty}u_n=u_1+u_2+u_3+\cdots+u_n+\cdots,$$

其中，u_n 称为级数的**第 n 项**，也称为**一般项**（或**通项**）．

若级数 $\sum_{n=1}^{\infty}u_n$ 的每一项 u_n 均为常数，则称该级数为**常数项级数**，简称**数项级数**；若级数的每一项均为同一个变量的函数：$u_n=u_n(x)$，则称级数 $\sum_{n=1}^{\infty}u_n(x)$ 为**函数项级数**．

例如：

$$\sum_{n=1}^{\infty}\frac{1}{n}=1+\frac{1}{2}+\frac{1}{3}+\cdots+\frac{1}{n}+\cdots,$$

$$\sum_{n=1}^{\infty} n = 1+2+3+\cdots+n+\cdots,$$

$$\sum_{n=1}^{\infty}(-1)^{n-1}n = 1-2+3-\cdots+(-1)^{n-1}n+\cdots,$$

$$\sum_{n=1}^{\infty}(-1)^{n-1} = 1-1+1-1+\cdots+(-1)^{n-1}+\cdots,$$

$$\sum_{n=1}^{\infty}\cos n = \cos 1+\cos 2+\cos 3+\cdots+\cos n+\cdots$$

都是数项级数.又如:

$$\sum_{n=1}^{\infty}(-1)^{n-1}x^{n-1} = 1-x+x^2-x^3+\cdots+(-1)^{n-1}x^{n-1}+\cdots,$$

$$\sum_{n=1}^{\infty}\sin nx = \sin x+\sin 2x+\sin 3x+\cdots+\sin nx+\cdots$$

都是函数项级数.

思 考

怎样观察无穷级数的趋势?

定义 2 无穷级数 $\sum_{n=1}^{\infty}u_n$ 的前 n 项之和

$$s_n = u_1+u_2+u_3+\cdots+u_n$$

称为该级数的**部分和**.如果当 $n\to\infty$ 时,s_n 的极限 s 存在,即

$$\lim_{n\to\infty}s_n = s,$$

则称级数 $\sum_{n=1}^{\infty}u_n$ 是**收敛的**,并称 s 为该**级数的和**,即

$$s = u_1+u_2+u_3+\cdots+u_n+\cdots.$$

若当 $n\to\infty$ 时,s_n的极限不存在,则称此级数 $\sum_{n=1}^{\infty}u_n$ 是**发散的**,发散的级数没有和.

当级数 $\sum_{n=1}^{\infty}u_n$ 收敛时,级数的和 s 与它的部分和 s_n 之差

$$r_n = s-s_n = u_{n+1}+u_{n+2}+\cdots$$

称为级数的**余项**.

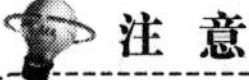
注 意

(1)s_n 是项数 n 的函数,它与 s_{10} 有本质的不同;

(2) $\lim_{n\to\infty}s_n$ 表示级数 $\sum_{n=1}^{\infty}u_n$ 的趋势.

【例 1】 级数 $\sum_{n=1}^{\infty}\frac{1}{n(n+1)} = \frac{1}{1\times 2}+\frac{1}{2\times 3}+\frac{1}{3\times 4}+\cdots+\frac{1}{n(n+1)}+\cdots$ 是否收敛?若收敛,求它的和.

解 由于级数的一般项 $u_n = \frac{1}{n(n+1)} = \frac{1}{n}-\frac{1}{n+1}$,因此部分和为

$$s_n = \frac{1}{1\times 2}+\frac{1}{2\times 3}+\frac{1}{3\times 4}+\cdots+\frac{1}{n(n+1)}$$
$$=\left(1-\frac{1}{2}\right)+\left(\frac{1}{2}-\frac{1}{3}\right)+\left(\frac{1}{3}-\frac{1}{4}\right)+\cdots+\left(\frac{1}{n}-\frac{1}{n+1}\right)$$
$$=1-\frac{1}{n+1}.$$

而
$$\lim_{n\to\infty}s_n=\lim_{n\to\infty}\left(1-\frac{1}{n+1}\right)=1,$$
所以,级数$\sum_{n=1}^{\infty}\frac{1}{n(n+1)}$收敛,它的和$\sum_{n=1}^{\infty}\frac{1}{n(n+1)}=1$.

【例2】 判断级数$\ln\frac{2}{1}+\ln\frac{3}{2}+\ln\frac{4}{3}+\cdots+\ln\frac{n+1}{n}+\cdots$的敛散性.

解 由于部分和
$$s_n=\ln\frac{2}{1}+\ln\frac{3}{2}+\ln\frac{4}{3}+\cdots+\ln\frac{n+1}{n}$$
$$=\ln\left(\frac{2}{1}\cdot\frac{3}{2}\cdot\frac{4}{3}\cdot\cdots\cdot\frac{n+1}{n}\right)$$
$$=\ln(n+1).$$

而
$$\lim_{n\to\infty}s_n=\lim_{n\to\infty}(n+1)=+\infty,$$
因此,该级数发散.

【例3】 无穷级数
$$\sum_{n=1}^{\infty}aq^{n-1}=a+aq+aq^2+\cdots+aq^{n-1}+\cdots\quad(a\neq 0)$$
称为**等比级数**(或**几何级数**),其中,首项$a\neq 0$,公比为q,试讨论其敛散性.

解 (1) 当$q\neq 1$时,有
$$s_n=a+aq+aq^2+\cdots+aq^{n-1}=\frac{a(1-q^n)}{1-q}=\frac{a}{1-q}-\frac{aq^n}{1-q}.$$

当$|q|<1$时,由于$\lim_{n\to\infty}q^n=0$,所以$\lim_{n\to\infty}s_n=\frac{a}{1-q}$,即级数收敛,其和$s=\frac{a}{1-q}$.

当$|q|>1$时,由于$\lim_{n\to\infty}q^n=\infty$,所以$\lim_{n\to\infty}s_n=\infty$,即级数发散.

(2) 当$|q|=1$时,有以下两种情况:

当$q=1$时,由于$s_n=na$,所以$\lim_{n\to\infty}s_n=\infty$,即级数发散;

当$q=-1$时,由于$s_n=a-a+a-a+\cdots+(-1)^{n-1}a=\begin{cases}a & \text{当 } n \text{ 为奇数}\\ 0 & \text{当 } n \text{ 为偶数}\end{cases}$,所以$\lim_{n\to\infty}s_n$不存在,即级数发散.

重要结论:对于等比级数$\sum_{n=1}^{\infty}aq^{n-1}$,若$|q|<1$,则级数收敛,其和为$\frac{a}{1-q}$;若$|q|\geqslant 1$,则级数发散.

思 考

等比级数$\sum_{n=1}^{\infty}aq^{n-1}$的特征是什么?

【例 4】 级数

$$\sum_{n=1}^{\infty}\frac{1}{n}=1+\frac{1}{2}+\frac{1}{3}+\cdots+\frac{1}{n}+\cdots$$

称为**调和级数**,它是数项级数中的重要级数之一,证明该级数发散.

证明 利用反证法,假设 $\sum\limits_{n=1}^{\infty}\frac{1}{n}=s$,则 $\lim\limits_{n\to\infty}s_n=s$,$\lim\limits_{n\to\infty}s_{2n}=s$,因此有

$$\lim_{n\to\infty}(s_{2n}-s_n)=s-s=0. \tag{1}$$

但另一方面,由于对一切 n 有

$$s_{2n}-s_n=\frac{1}{n+1}+\frac{1}{n+2}+\cdots+\frac{1}{2n}>\frac{1}{2n}+\frac{1}{2n}+\cdots+\frac{1}{2n}=n\times\frac{1}{2n}=\frac{1}{2},$$

可知

$$\lim_{n\to\infty}(s_{2n}-s_n)\neq 0. \tag{2}$$

显然,结论(1)与结论(2)矛盾,所以,假设错误.因此,调和级数 $\sum\limits_{n=1}^{\infty}\frac{1}{n}$ 发散.

因为发散级数没有和,如果使用了发散级数的和,会导致错误的结果,所以判断级数是否收敛非常重要.从以上几例可以了解到怎样根据定义去判断级数的敛散性,同时也感到用定义去判断级数的敛散性需要先求出部分和 s_n,这往往需要一定的技巧.对于一般级数要求出部分和 s_n 并不容易.因此还要找出一些较为方便的判断方法.为此先介绍级数的一些性质.

6.1.2 级数的基本性质

根据级数收敛和发散的定义,容易得到级数的几个基本性质(证明留给读者).

性质 1 若级数 $\sum\limits_{n=1}^{\infty}u_n$ 收敛,其和为 s,则级数 $\sum\limits_{n=1}^{\infty}ku_n$(常数 $k\neq 0$)也收敛,其和为 ks.

性质 2 若级数 $\sum\limits_{n=1}^{\infty}u_n$ 和 $\sum\limits_{n=1}^{\infty}v_n$ 都收敛,其和分别为 s 和 k,则级数 $\sum\limits_{n=1}^{\infty}(u_n\pm v_n)$ 也收敛,且其和为 $s\pm k$.

性质 3 添加、去掉或改变级数的有限项,级数的敛散性不改变.

一个级数增加或减少有限项后,虽然其敛散性不变,但在级数收敛的情况下,它的和是会改变的.例如,等比级数 $1+\frac{1}{2}+\frac{1}{4}+\frac{1}{8}+\cdots$ 是收敛的,去掉它的前两项得到的级数 $\frac{1}{4}+\frac{1}{8}+\frac{1}{16}+\cdots$ 仍是收敛的,其和分别为 2 和 $\frac{1}{2}$.

性质 4(级数收敛的必要条件) 若级数 $\sum\limits_{n=1}^{\infty}u_n$ 收敛,则 $\lim\limits_{n\to\infty}u_n=0$.

证明 $u_n=S_n-S_{n-1}$,而 $\lim\limits_{n\to\infty}S_n=\lim\limits_{n\to\infty}S_{n-1}$,故 $\lim\limits_{n\to\infty}u_n=0$.

性质 4 的逆否命题为:

推论 如果 $\lim\limits_{n\to\infty}u_n\neq 0$,则级数 $\sum\limits_{n=1}^{\infty}u_n$ 发散.

性质 4 的逆命题成立否?性质 4 的否命题成立否?

【例 5】 判断级数 $\sum_{n=1}^{\infty}\left(\frac{1}{2^n}+\frac{5}{3^n}\right)$ 的敛散性. 若收敛，求其和.

解　级数 $\sum_{n=1}^{\infty}\frac{1}{2^n}$ 和级数 $\sum_{n=1}^{\infty}\frac{5}{3^n}$ 分别是公比 $q=\frac{1}{2}$ 和 $q=\frac{1}{3}$ 的等比级数，它们都是收敛的，且其和分别为

$$\sum_{n=1}^{\infty}\frac{1}{2^n}=\frac{\frac{1}{2}}{1-\frac{1}{2}}=1,$$

$$\sum_{n=1}^{\infty}\frac{5}{3^n}=\frac{\frac{5}{3}}{1-\frac{1}{3}}=\frac{5}{2},$$

所以，由性质 2 知，级数 $\sum_{n=1}^{\infty}\left(\frac{1}{2^n}+\frac{5}{3^n}\right)$ 收敛，其和为 $1+\frac{5}{2}=\frac{7}{2}$.

习　题　6.1

1. 写出下列级数的一般项：

(1) $1+\frac{1}{3}+\frac{1}{5}+\frac{1}{7}+\cdots$；

(2) $\frac{1}{2\ln 2}+\frac{1}{3\ln 3}+\frac{1}{4\ln 4}+\cdots$；

(3) $-\frac{3}{1}+\frac{5}{4}-\frac{7}{9}+\frac{9}{16}-\frac{11}{25}+\frac{13}{36}-\cdots$；

(4) $\frac{1}{2}+\frac{1}{1+2^2}+\frac{1}{1+3^2}+\frac{1}{1+4^2}+\cdots$.

2. 判别下列数项级数是否收敛，若收敛求级数的和：

(1) $\sum_{n=1}^{\infty}\frac{1}{(n+1)(n+2)}$；

(2) $\sum_{n=1}^{\infty}(\sqrt{n+1}-\sqrt{n})$；

(3) $\sum_{n=1}^{\infty}\ln\left(1+\frac{1}{n}\right)$；

(4) $\sum_{n=1}^{\infty}\frac{1}{3^n}$；

(5) $\sum_{n=1}^{\infty}\frac{3^n}{2^n}$；

(6) $\sum_{n=1}^{\infty}\left[\frac{1}{2^n}+\frac{(-1)^n}{3^n}\right]$；

(7) $\sum_{n=1}^{\infty}\frac{n}{2n+3}$；

(8) $\sum_{n=1}^{\infty}\left(\frac{3}{n}-\frac{1}{5^n}\right)$.

6.2　数项级数的敛散性

用数项级数收敛和发散的定义及性质可以判断级数是否收敛，但求部分和及其极限往往比较困难，因此需要建立数项级数敛散性更简便的判别法. 本节将介绍几种常用的数项级数的审敛法.

6.2.1　正项级数的审敛法

1. 比较审敛法

定义 1　在数项级数 $\sum_{n=1}^{\infty}u_n$ 中，若 $u_n\geqslant 0(n=1,2,\cdots)$，则称该级数为**正项级数**.

由于正项级数的 $u_n\geqslant 0(n=1,2,\cdots)$，因此其前 n 项的部分和数列 $\{s_n\}$ 单调递增，即

$$s_{n+1}=s_n+u_{n+1}\geqslant s_n,$$

由数列极限的收敛准则知:单调有界数列必有极限.于是,若数列$\{s_n\}$有界,则$\lim\limits_{n\to\infty}s_n$存在,从而级数$\sum\limits_{n=1}^{\infty}u_n$收敛;若$\{s_n\}$无界,则$\lim\limits_{n\to\infty}s_n=+\infty$,从而级数$\sum\limits_{n=1}^{\infty}u_n$发散.由此得:

定理 1 正项级数$\sum\limits_{n=1}^{\infty}u_n$收敛的充要条件是其部分和数列$\{s_n\}$有界.

由定理 1 容易证明定理 2.

定理 2(比较审敛法) 设有正项级数$\sum\limits_{n=1}^{\infty}u_n$和$\sum\limits_{n=1}^{\infty}v_n$,且$u_n\leqslant v_n(n=1,2,\cdots)$.

(1) 如果级数$\sum\limits_{n=1}^{\infty}v_n$收敛,则级数$\sum\limits_{n=1}^{\infty}u_n$也收敛;

(2) 如果级数$\sum\limits_{n=1}^{\infty}u_n$发散,则级数$\sum\limits_{n=1}^{\infty}v_n$也发散.

推论(比较审敛法的极限形式) 设有正项级数$\sum\limits_{n=1}^{\infty}u_n$和$\sum\limits_{n=1}^{\infty}v_n$,若$\lim\limits_{n\to\infty}\dfrac{u_n}{v_n}=l$,则

(1) 当$0<l<+\infty$时,$\sum\limits_{n=1}^{\infty}u_n$与$\sum\limits_{n=1}^{\infty}v_n$同时收敛或同时发散;

(2) 当$l=0$时,若级数$\sum\limits_{n=1}^{\infty}v_n$收敛,则级数$\sum\limits_{n=1}^{\infty}u_n$也收敛;

(3) 当$l=+\infty$时,若级数$\sum\limits_{n=1}^{\infty}v_n$发散,则级数$\sum\limits_{n=1}^{\infty}u_n$也发散.

【例 1】 判断下列级数的敛散性:

(1) $\sum\limits_{n=1}^{\infty}\dfrac{1}{n\cdot 3^n}$; (2) $\sum\limits_{n=1}^{\infty}\dfrac{1}{\sqrt{n(n+1)}}$; (3) $\sum\limits_{n=1}^{\infty}\sin\dfrac{1}{n}$.

解 (1) 因为$\dfrac{1}{n\cdot 3^n}<\dfrac{1}{3^n}$,而级数$\sum\limits_{n=1}^{\infty}\dfrac{1}{3^n}$是收敛的.所以由比较审敛法知,级数$\sum\limits_{n=1}^{\infty}\dfrac{1}{n\cdot 3^n}$收敛.

(2) 因为$\dfrac{1}{\sqrt{n(n+1)}}>\dfrac{1}{n+1}$,而级数$\sum\limits_{n=1}^{\infty}\dfrac{1}{n+1}$是发散的,所以由比较审敛法知,级数$\sum\limits_{n=1}^{\infty}\dfrac{1}{\sqrt{n(n+1)}}$是发散的.

(3) 因为$\lim\limits_{n\to\infty}\dfrac{\sin\dfrac{1}{n}}{\dfrac{1}{n}}=1>0$,而级数$\sum\limits_{n=1}^{\infty}\dfrac{1}{n}$发散,所以由比较审敛法的极限形式知,级数$\sum\limits_{n=1}^{\infty}\sin\dfrac{1}{n}$发散.

例 1 表明,使用比较审敛法需要有已知敛散性的级数作为比较对象.而等比级数就是常用作比较对象的级数之一.下面再介绍一种常用的级数.

定义 2 当$p>0$时,级数

$$\sum_{n=1}^{\infty}\frac{1}{n^p}=1+\frac{1}{2^p}+\frac{1}{3^p}+\cdots+\frac{1}{n^p}+\cdots$$

称为 p − **级调和级数**，简称 p − **级数**，特别地，当 $p=1$ 时，级数

$$\sum_{n=1}^{\infty}\frac{1}{n}=1+\frac{1}{2}+\frac{1}{3}+\cdots+\frac{1}{n}+\cdots$$

是调和级数.

可以证明：当 $p>1$ 时，级数 $\sum\limits_{n=1}^{\infty}\frac{1}{n^p}$ 收敛；当 $0<p\leqslant 1$ 时，级数 $\sum\limits_{n=1}^{\infty}\frac{1}{n^p}$ 发散．证明留给读者.

【例 2】 判断级数 $\sum\limits_{n=1}^{\infty}\frac{4n-3}{(n^2+5)\sqrt{n+2}}$ 的敛散性.

解　根据 $u_n=\frac{4n-3}{(n^2+5)\sqrt{n+2}}$，选 $v_n=\frac{4}{n\sqrt{n}}$.

因为 $\lim\limits_{n\to\infty}\frac{u_n}{v_n}=\lim\limits_{n\to\infty}\frac{\frac{4n-3}{(n^2+5)\sqrt{n+2}}}{\frac{4}{n\sqrt{n}}}=1$ 且 $\sum\limits_{n=1}^{\infty}v_n=4\sum\limits_{n=1}^{\infty}\frac{1}{n^{\frac{3}{2}}}$ 是收敛的($p=\frac{3}{2}>1$)级数，故由正项级数比较判别法的极限形式知，原级数收敛.

注 意

当正项级数的通项 u_n 仅仅含有 n^k，k 是常数时，一般适用于比较判别法的极限形式.

2. 比值审敛法

设有正项级数 $\sum\limits_{n=1}^{\infty}u_n$，如果 $\lim\limits_{n\to\infty}\frac{u_{n+1}}{u_n}=\rho$，则

(1) 当 $\rho<1$ 时，级数收敛；

(2) 当 $\rho>1$ 或 $\lim\limits_{n\to\infty}\frac{u_{n+1}}{u_n}=+\infty$ 时，级数发散；

(3) 当 $\rho=1$ 时，级数可能收敛也可能发散.

证明从略.

【例 3】 判别下列级数的敛散性：

(1) $\sum\limits_{n=1}^{\infty}\frac{1}{n!}$；　(2) $\sum\limits_{n=1}^{\infty}\frac{3^n}{n^2 2^n}$；　(3) $\sum\limits_{n=1}^{\infty}\frac{n^n}{n!}$.

解　(1) 因为

$$\lim_{n\to\infty}\frac{u_{n+1}}{u_n}=\lim_{n\to\infty}\frac{\frac{1}{(n+1)!}}{\frac{1}{n!}}=\lim_{n\to\infty}\frac{1}{n+1}=0<1,$$

所以由比值审敛法知，级数 $\sum\limits_{n=1}^{\infty}\frac{1}{n!}$ 收敛.

(2) 因为

$$\lim_{n\to\infty}\frac{u_{n+1}}{u_n}=\lim_{n\to\infty}\frac{3^{n+1}}{(n+1)^2 2^{n+1}}\cdot\frac{n^2 2^n}{3^n}=\lim_{n\to\infty}\frac{3n^2}{2(n+1)^2}=\lim_{n\to\infty}\frac{3}{2}\left(\frac{1}{1+\frac{1}{n}}\right)^2=\frac{3}{2}>1,$$

所以由比值审敛法知,级数$\sum\limits_{n=1}^{\infty}\frac{3^n}{n^2 2^n}$发散.

(3) 因为

$$\lim_{n\to\infty}\frac{u_{n+1}}{u_n}=\lim_{n\to\infty}\frac{(n+1)^{n+1}}{(n+1)!}\cdot\frac{n!}{n^n}=\lim_{n\to\infty}\frac{(n+1)^n}{n^n}=\lim_{n\to\infty}\left(1+\frac{1}{n}\right)^n=\mathrm{e}>1,$$

所以由比值审敛法知,级数$\sum\limits_{n=1}^{\infty}\frac{n^n}{n!}$发散.

应当指出,当$\lim\limits_{n\to\infty}\frac{u_{n+1}}{u_n}=1$时,比值审敛法失效,此时得不出级数是收敛或是发散的结论,必须用其他方法判别级数敛散性.

例如,在p-级数$\sum\limits_{n=1}^{\infty}\frac{1}{n^p}$中,$\lim\limits_{n\to\infty}\frac{u_{n+1}}{u_n}=\lim\limits_{n\to\infty}\left(\frac{n}{n+1}\right)^p=1$. 当$p>1$时,级数收敛;当$p\leqslant 1$时,级数发散.

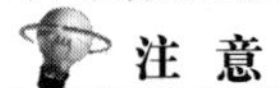
注 意

当正项级数的通项u_n含有$n!$或a^n或n^n三者之一时,一般适用于比值判别法.

6.2.2 交错级数及其审敛法

定义 3 设$u_n>0(n=1,2,\cdots)$,形如

$$u_1-u_2+u_3-\cdots+(-1)^{n-1}u_n+\cdots$$

的级数称为**交错级数**.

定理 3(莱布尼茨判别法) 如果交错级数$\sum\limits_{n=1}^{\infty}(-1)^{n-1}u_n(u_n>0,n=1,2,\cdots)$满足条件:

(1) $u_n\geqslant u_{n+1}(n=1,2,\cdots)$;

(2) $\lim\limits_{n\to\infty}u_n=0$.

则交错级数$\sum\limits_{n=1}^{\infty}(-1)^{n-1}u_n$收敛.

【例 4】 判断交错级数$1-\frac{1}{2}+\frac{1}{3}-\frac{1}{4}+\cdots+(-1)^{n-1}\frac{1}{n}+\cdots$的敛散性.

解 因为$u_n=\frac{1}{n},u_{n+1}=\frac{1}{n+1}$,满足:

(1) $\frac{1}{n}>\frac{1}{n+1}$;

(2) $\lim\limits_{n\to\infty}u_n=\lim\limits_{n\to\infty}\frac{1}{n}=0$.

所以,由定理3知,交错级数$\sum\limits_{n=1}^{\infty}(-1)^{n-1}\frac{1}{n}$收敛.

6.2.3 绝对收敛与条件收敛

若数项级数$\sum\limits_{n=1}^{\infty}u_n$中$u_n(n=1,2,\cdots)$为任意实数,则称为**任意项级数**. 对任意项级数的每

一项取绝对值便为正项级数 $\sum_{n=1}^{\infty}|u_n|$，关于任意项级数有：

定义 4 若级数 $\sum_{n=1}^{\infty}|u_n|$ 收敛，则称级数 $\sum_{n=1}^{\infty}u_n$ 是**绝对收敛的**．若级数 $\sum_{n=1}^{\infty}u_n$ 收敛，而 $\sum_{n=1}^{\infty}|u_n|$ 发散，则称级数 $\sum_{n=1}^{\infty}u_n$ 是**条件收敛的**.

定理 4 绝对收敛的级数必定是收敛的，但收敛的级数未必是绝对收敛的.

例如，由例 4 可知级数

$$1-\frac{1}{2}+\frac{1}{3}-\frac{1}{4}+\cdots+(-1)^{n-1}\frac{1}{n}+\cdots$$

是收敛的，但是各项取绝对值所成的级数

$$1+\frac{1}{2}+\frac{1}{3}+\frac{1}{4}+\cdots+\frac{1}{n}+\cdots$$

是调和级数，它是发散的，所以级数 $\sum_{n=1}^{\infty}(-1)^{n-1}\frac{1}{n}$ 是条件收敛的.

【例 5】 判定下列级数的敛散性．若收敛，指出是绝对收敛还是条件收敛.

(1) $\sum_{n=1}^{\infty}\frac{\sin 2^n}{3^n}$； (2) $\sum_{n=1}^{\infty}(-1)^{n-1}\frac{1}{\sqrt{n}}$.

解 (1) 考虑级数 $\sum_{n=1}^{\infty}\left|\frac{\sin 2^n}{3^n}\right|$，因为

$$0\leqslant\left|\frac{\sin 2^n}{3^n}\right|\leqslant\frac{1}{3^n},$$

而等比级数 $\sum_{n=1}^{\infty}\frac{1}{3^n}$ 是收敛的，由正项级数的比较审敛法知，级数 $\sum_{n=1}^{\infty}\left|\frac{\sin 2^n}{3^n}\right|$ 收敛，因此，原级数 $\sum_{n=1}^{\infty}\frac{\sin 2^n}{3^n}$ 绝对收敛.

(2) 考虑级数 $\sum_{n=1}^{\infty}\left|(-1)^{n-1}\frac{1}{\sqrt{n}}\right|=\sum_{n=1}^{\infty}\frac{1}{\sqrt{n}}$，它是 $p=\frac{1}{2}$ 时的 $p-$级数 $\sum_{n=1}^{\infty}\frac{1}{\sqrt{n}}$，且它是发散的，故级数 $\sum_{n=1}^{\infty}\left|(-1)^{n-1}\frac{1}{\sqrt{n}}\right|$ 发散；又由莱布尼茨判别法知，交错级数 $\sum_{n=1}^{\infty}(-1)^{n-1}\frac{1}{\sqrt{n}}$ 收敛，故级数 $\sum_{n=1}^{\infty}(-1)^{n-1}\frac{1}{\sqrt{n}}$ 条件收敛.

习 题 6.2

1. 用比较审敛法判断下列级数的敛散性：

(1) $\sum_{n=1}^{\infty}\frac{1}{(n+1)(n+4)}$； (2) $\sum_{n=1}^{\infty}\frac{1}{2n-1}$；

(3) $\sum_{n=1}^{\infty}\frac{1}{(n+2)\sqrt[3]{n}}$； (4) $\sum_{n=1}^{\infty}\frac{n^2-2}{n^4+n}$；

(5) $\sum_{n=1}^{\infty}\frac{n+1}{n(n+2)}$; (6) $\sum_{n=1}^{\infty}\tan\frac{1}{3n}$.

2. 用比值审敛法判断下列级数的敛散性：

(1) $\sum_{n=1}^{\infty}\frac{1}{(n-1)!}$; (2) $\sum_{n=1}^{\infty}\frac{n!}{5^n}$;

(3) $\sum_{n=1}^{\infty}\frac{n^n}{(n!)^2}$; (4) $\sum_{n=1}^{\infty}\sin\frac{1}{2^n}$;

(5) $\sum_{n=1}^{\infty}\frac{n}{2^{n-1}}$; (6) $\sum_{n=1}^{\infty}\frac{5^n}{n\cdot 3^n}$;

(7) $\sum_{n=1}^{\infty}\frac{n!}{n^n}$; (8) $\sum_{n=1}^{\infty}\frac{3^n\cdot n!}{n^n}$.

3. 判定下列级数的收敛性，如果收敛，是绝对收敛还是条件收敛？

(1) $\sum_{n=1}^{\infty}\frac{\sin na}{2^n}$; (2) $\sum_{n=1}^{\infty}(-1)^{n-1}\frac{1}{\sqrt{n}}$;

(3) $\sum_{n=1}^{\infty}(-1)^n\frac{1}{3n^2}$; (4) $\sum_{n=1}^{\infty}(-1)^{n+1}\frac{1}{2n-1}$;

(5) $\sum_{n=1}^{\infty}(-1)^n\frac{n}{3^{n-1}}$; (6) $\sum_{n=1}^{\infty}(-1)^{n-1}2^n\sin\frac{\pi}{3^n}$.

6.3 幂 级 数

幂级数是函数项级数中较简单的一类级数，它在工程类专业的近似计算、测量误差等方面有广泛应用，它是表达函数的另一种方法. 本节将介绍幂级数的收敛性及如何将函数展开为幂级数的问题.

6.3.1 幂级数的概念及其收敛性

1. 幂级数的基本概念

定义 1 形如

$$\sum_{n=0}^{\infty}a_n(x-x_0)^n=a_0+a_1(x-x_0)+a_2(x-x_0)^2+\cdots+a_n(x-x_0)^n+\cdots \tag{1}$$

的级数称为 $x-x_0$ 的**幂级数**. 其中 $a_0,a_1,a_2,\cdots,a_n,\cdots$ 是常数，称为**幂级数的系数**.

特别地，当 $x_0=0$ 时，级数(1) 变为

$$\sum_{n=0}^{\infty}a_nx^n=a_0+a_1x+a_2x^2+\cdots+a_nx^n+\cdots \tag{2}$$

的形式，称为 x 的**幂级数**.

例如：

$$1+x+x^2+x^3+\cdots+x^n+\cdots,$$

$$1+x+\frac{1}{2!}x^2+\frac{1}{3!}x^3+\cdots+\frac{1}{n!}x^n+\cdots$$

都是幂级数.

本书主要讨论幂级数(2)的敛散性.

2. 幂级数的敛散性

对于幂级数 $1+x+x^2+x^3+\cdots+x^n+\cdots$,如果取 $x=x_0$,那么就得到一个公比 $q=x_0$ 的等比级数

$$1+x_0+x_0^2+x_0^3+\cdots+x_0^n+\cdots,$$

当 $|x_0|<1$ 时,这个级数收敛,其和为 $\dfrac{1}{1-x_0}$.

注 意

幂级数 $\sum\limits_{n=0}^{\infty}x^n$ 在 $|x|<1$ 时是收敛的,且 $\sum\limits_{n=0}^{\infty}x^n=\dfrac{1}{1-x}\ (|x|<1)$.

定义 2　将 $x_0\in(-\infty,+\infty)$ 代入幂级数 $\sum\limits_{n=0}^{\infty}a_nx^n$ 中,若 $\sum\limits_{n=0}^{\infty}a_nx_0^n$ 收敛,则称 x_0 是幂级数 $\sum\limits_{n=0}^{\infty}a_nx^n$ 的**收敛点**,或称幂级数 $\sum\limits_{n=0}^{\infty}a_nx^n$ 在 x_0 点**收敛**;若 $\sum\limits_{n=0}^{\infty}a_nx_0^n$ 发散,则称 x_0 是幂级数 $\sum\limits_{n=0}^{\infty}a_nx^n$ 的**发散点**,或称幂级数 $\sum\limits_{n=0}^{\infty}a_nx^n$ 在 x_0 点**发散**. 幂级数的所有的收敛点组成的集合称为幂级数的**收敛域**. 所有发散点组成的集合称为幂级数的**发散域**.

例如,幂级数 $1+x+x^2+x^3+\cdots+x^n+\cdots$ 的收敛域是 $(-1,1)$,发散域是 $(-\infty,-1]\cup[1,+\infty)$.

现在的问题是对于一个幂级数,如何去确定它的收敛域.

在级数 $\sum\limits_{n=0}^{\infty}a_nx^n=a_0+a_1x+a_2x^2+\cdots+a_nx^n+\cdots$ 中,如果 $\lim\limits_{n\to\infty}\dfrac{|a_{n+1}x^{n+1}|}{|a_nx^n|}=\rho|x|$ (令 $\lim\limits_{n\to\infty}\left|\dfrac{a_{n+1}}{a_n}\right|=\rho$),那么由正项级数的比值判别法知:当 $\rho|x|<1$ 时,级数是绝对收敛的,当 $\rho|x|>1$ 时,级数是发散的. 于是得:当 $\rho\neq0$ 且 x 在 $\left(-\dfrac{1}{\rho},\dfrac{1}{\rho}\right)$ 内取值时级数绝对收敛,在 $\left(-\dfrac{1}{\rho},\dfrac{1}{\rho}\right)$ 外取值时,级数发散. 为简便起见,取 $R=\dfrac{1}{\rho}$.

定理 1　设有幂级数 $\sum\limits_{n=0}^{\infty}a_nx^n$,它的相邻两项的系数满足 $\lim\limits_{n\to\infty}\left|\dfrac{a_n}{a_{n+1}}\right|=R$.

(1) 如果 $0<R<+\infty$,则当 $|x|<R$ 时幂级数绝对收敛,当 $|x|>R$ 时幂级数发散;

(2) 如果 $R=+\infty$,则幂级数在 $(-\infty,+\infty)$ 内收敛;

(3) 如果 $R=0$,则幂级数仅在 $x=0$ 点收敛.

由定理 1 可以得出求幂级数 $\sum\limits_{n=0}^{\infty}a_nx^n$ 的收敛域的步骤:

① 计算 $R=\lim\limits_{n\to\infty}\left|\dfrac{a_n}{a_{n+1}}\right|$;

② 当 $R=0$ 时,收敛域为 $\{0\}$;当 $R\neq0$ 时,幂级数在区间 $(-R,R)$ 内绝对收敛,此时称 $(-R,R)$ 为幂级数 $\sum\limits_{n=0}^{\infty}a_nx^n$ 的**收敛区间**,R 称为幂级数 $\sum\limits_{n=0}^{\infty}a_nx^n$ 的**收敛半径**;而对于 $x=\pm R$ 时,需要将 $x=R$ 或 $x=-R$ 代入幂级数,然后,按常数项级数的审敛法来判定其敛散性,从而得到

收敛域.

可见,一个幂级数的收敛域是非空数集,它可能是单元素集、开区间、闭区间、半开半闭区间之一.

【例 1】 求下列幂级数的收敛半径及收敛域:

(1) $x-\frac{x^2}{2}+\frac{x^3}{3}-\frac{x^4}{4}+\cdots+(-1)^{n-1}\frac{x^n}{n}+\cdots$;

(2) $1+x+\frac{1}{2!}x^2+\frac{1}{3!}x^3+\cdots+\frac{1}{n!}x^n+\cdots$;

(3) $\sum\limits_{n=1}^{\infty}n^n x^n$.

解 (1) 因为幂级数 $\sum\limits_{n=1}^{\infty}(-1)^{n-1}\frac{x^n}{n}$ 的收敛半径

$$R=\lim_{n\to\infty}\left|\frac{a_n}{a_{n+1}}\right|=\lim_{n\to\infty}\left|\frac{(-1)^{n-1}\frac{1}{n}}{(-1)^n\frac{1}{n+1}}\right|=\lim_{n\to\infty}\frac{n+1}{n}=1,$$

因此该级数的收敛区间是$(-1,1)$.

当 $x=1$ 时,幂级数为

$$1-\frac{1}{2}+\frac{1}{3}-\frac{1}{4}+\cdots+(-1)^{n-1}\frac{1}{n}+\cdots,$$

它是一个收敛的交错级数.

当 $x=-1$ 时,幂级数为

$$-1-\frac{1}{2}-\frac{1}{3}-\frac{1}{4}-\cdots-\frac{1}{n}+\cdots=-\sum_{n=1}^{\infty}\frac{1}{n},$$

它是调和级数与常数 -1 的乘积,因而是发散的.

所以,级数 $\sum\limits_{n=1}^{\infty}(-1)^{n-1}\frac{x^n}{n}$ 的收敛域是$(-1,1]$.

(2) 因为幂级数 $\sum\limits_{n=0}^{\infty}\frac{1}{n!}x^n$ 的收敛半径

$$R=\lim_{n\to\infty}\left|\frac{a_n}{a_{n+1}}\right|=\lim_{n\to\infty}\left|\frac{\frac{1}{n!}}{\frac{1}{(n+1)!}}\right|=\lim_{n\to\infty}(n+1)=+\infty,$$

所以该级数的收敛区间是$(-\infty,+\infty)$,收敛域也是$(-\infty,+\infty)$.

(3) 因为幂级数 $\sum\limits_{n=1}^{\infty}n^n x^n$ 的收敛半径

$$R=\lim_{n\to\infty}\left|\frac{a_n}{a_{n+1}}\right|=\lim_{n\to\infty}\left|\frac{n^n}{(n+1)^{n+1}}\right|=\lim_{n\to\infty}\frac{1}{n+1}\cdot\frac{1}{\left(1+\frac{1}{n}\right)^n}=0\cdot\frac{1}{\mathrm{e}}=0,$$

所以该级数的收敛域是$\{0\}$.

【例 2】 求幂级数$(x-1)-\frac{(x-1)^2}{2}+\frac{(x-1)^3}{3}-\frac{(x-1)^4}{4}+\cdots+(-1)^{n-1}\frac{(x-1)^n}{n}+\cdots$

的收敛域.

解　令 $t=x-1$,则级数成为

$$t-\frac{t^2}{2}+\frac{t^3}{3}-\frac{t^4}{4}+\cdots+(-1)^{n-1}\frac{t^n}{n}+\cdots,$$

由例 1(1) 可知,当 $t\in(-1,1]$ 时,级数 $\sum\limits_{n=1}^{\infty}(-1)^{n-1}\frac{t^n}{n}$ 是收敛的,即当 $-1<x-1\leqslant 1$ 时,原级数收敛.所以原级数的收敛域是 $(0,2]$.

6.3.2　幂级数的运算

设幂级数 $\sum\limits_{n=0}^{\infty}a_nx^n$ 的收敛域为 I,由于对于任意的 $x\in I$,都有该级数的一个和数 S 与它对应,所以 S 是 x 的函数,记为 $S(x)$,称为**幂级数的和函数**,其定义域是幂级数的收敛域 I,即 $S(x)=\sum\limits_{n=0}^{\infty}a_nx^n(x\in I)$.

例如,$\frac{1}{1-x}$ 是幂级数 $1+x+x^2+x^3+\cdots+x^n+\cdots$ 在它的收敛域 $(-1,1)$ 内的和函数,即 $\frac{1}{1-x}=1+x+x^2+x^3+\cdots+x^n+\cdots,x\in(-1,1)$.

幂级数 $\sum\limits_{n=0}^{\infty}a_nx^n$ 的和函数在它的收敛区间 $(-R,R)$ 内具有下列运算性质:

性质 1　幂级数 $\sum\limits_{n=0}^{\infty}a_nx^n$ 的和函数 $S(x)$ 在其收敛区间 $(-R,R)$ 内为连续函数.

性质 2　幂级数 $\sum\limits_{n=0}^{\infty}a_nx^n$ 的和函数 $S(x)$ 在其收敛区间 $(-R,R)$ 内是可积的,且有逐项积分公式

$$\int_0^x S(x)\mathrm{d}x=\int_0^x\Big(\sum_{n=0}^{\infty}a_nx^n\Big)\mathrm{d}x=\sum_{n=0}^{\infty}\left(\int_0^x a_nx^n\mathrm{d}x\right)=\sum_{n=0}^{\infty}\frac{a_n}{n+1}x^{n+1},\quad x\in(-R,R).$$

性质 3　幂级数 $\sum\limits_{n=0}^{\infty}a_nx^n$ 的和函数 $S(x)$ 在其收敛区间 $(-R,R)$ 内是可导的,且有逐项求导公式

$$S'(x)=\Big(\sum_{n=0}^{\infty}a_nx^n\Big)'=\sum_{n=0}^{\infty}(a_nx^n)'=\sum_{n=1}^{\infty}na_nx^{n-1},\quad x\in(-R,R).$$

注　意

对幂级数逐项积分或逐项求导后,所得到的幂级数收敛半径不变,但在收敛域的端点处的敛散性可能会变.

若 $\sum\limits_{n=0}^{\infty}a_nx^n$ 和 $\sum\limits_{n=0}^{\infty}b_nx^n$ 的收敛区间分别为 $(-R_1,R_1)$ 与 $(-R_2,R_2)$,和函数分别为 $S_1(x)$ 与 $S_2(x)$,则有下述性质 4.

性质 4　两幂级数 $\sum\limits_{n=0}^{\infty}a_nx^n$ 和 $\sum\limits_{n=0}^{\infty}b_nx^n$ 可以逐项相加(减),即

$$S_1(x) \pm S_2(x) = \sum_{n=0}^{\infty} a_n x^n \pm \sum_{n=0}^{\infty} b_n x^n = \sum_{n=0}^{\infty}(a_n \pm b_n)x^n,$$

且$\sum\limits_{n=0}^{\infty}(a_n \pm b_n)x^n$在区间$(-R,R)$内收敛,其中$R=\min\{R_1,R_2\}$.

【例 3】 用逐项求导、逐项求积分的方法求下列幂级数的和函数:

(1) $\sum\limits_{n=0}^{\infty}(-1)^n(n+1)x^n$;　　(2) $\sum\limits_{n=1}^{\infty}\dfrac{x^n}{n}$.

解 (1) 设所给级数的收敛域、和函数分别为I,$S(x)$,则

$$S(x)=\sum_{n=0}^{\infty}(-1)^n(n+1)x^n, \quad x \in I.$$

由幂级数的性质 2,两边同时积分得

$$\begin{aligned}\int_0^x S(x)\mathrm{d}x &= \int_0^x \sum_{n=0}^{\infty}(-1)^n(n+1)x^n\mathrm{d}x \\ &= \sum_{n=0}^{\infty}\int_0^x(-1)^n(n+1)x^n\mathrm{d}x = \sum_{n=0}^{\infty}(-1)^n x^{n+1} \\ &= \frac{x}{1+x}, \quad |x|<1.\end{aligned}$$

上式两端对x求导,得$\left[\int_0^x S(x)\mathrm{d}x\right]' = \left(\dfrac{x}{1+x}\right)' = \dfrac{1}{(1+x)^2}$,即原级数的和函数$S(x)=\dfrac{1}{(1+x)^2}$.

由于原级数在$x=\pm 1$点均发散,所以和函数$S(x)$的定义域为$(-1,1)$.

(2) 设所给级数的收敛域、和函数分别为I,$S(x)$,则

$$S(x)=\sum_{n=1}^{\infty}\frac{x^n}{n}, \quad x \in I.$$

由幂级数的性质 3,两边同时求导得

$$S'(x)=\left(\sum_{n=1}^{\infty}\frac{x^n}{n}\right)' = \sum_{n=1}^{\infty}\left(\frac{x^n}{n}\right)' = \sum_{n=1}^{\infty}x^{n-1} = \frac{1}{1-x}, \quad |x|<1,$$

上式两端对x求积分,得

$$\int_0^x S'(x)\mathrm{d}x = \int_0^x \frac{1}{1-x}\mathrm{d}x,$$

而

$$\int_0^x S'(x)\mathrm{d}x = S(x)-S(0), \quad S(0)=0,$$

所以原级数的和函数

$$S(x)=\int_0^x \frac{1}{1-x}\mathrm{d}x = -\ln(1-x)\Big|_0^x = \ln\frac{1}{1-x}, \quad |x|<1.$$

当$x=-1$时,原级数收敛,当$x=1$时,原级数发散,故和函数的定义域为$[-1,1)$.

6.3.3 函数的幂级数展开式

1. 麦克劳林级数

前面讨论了幂级数的收敛域及如何求幂级数的和函数,而在实际应用中,常遇到相反的问

题:就是把一个给定的函数 $f(x)$,在某个区间内展成幂级数,也就是对于给定的函数 $f(x)$,需找到一个幂级数 $\sum\limits_{n=0}^{\infty} a_n x^n$,使它收敛于 $f(x)$,即

$$f(x) = \sum_{n=0}^{\infty} a_n x^n = a_0 + a_1 x + a_2 x^2 + \cdots + a_n x^n + \cdots , \quad x \in \text{收敛域 } I.$$

上式的右端称为函数 $f(x)$ 的**幂级数展开式**.

然而,问题关键在于函数 $f(x)$ 在什么条件下才能展开成幂级数 $\sum\limits_{n=0}^{\infty} a_n x^n$ 以及此时展开式中的系数 $a_n (n=0,1,2,\cdots)$ 如何确定. 令 $f(x) = \sum\limits_{n=0}^{+\infty} a_n x^n$,则 $f(0)=a_0$,$f'(0)=a_1$,$f''(0)=2a_2$,$f'''(0)=3\times 2a_3$,$f^{(4)}(0)=4\times 3\times 2a_4$,$\cdots$,$f^{(n)}(0)=n!a_n$,$\cdots$,于是有下面的定理.

定理 2　设函数 $f(x)$ 在含有 $x=0$ 的某个邻域内有任意阶导数,则 $f(x)$ 在该邻域内能展开成幂级数 $\sum\limits_{n=0}^{\infty} \dfrac{f^{(n)}(0)}{n!} x^n = f(0) + f'(0)x + \dfrac{f''(0)}{2!}x^2 + \cdots + \dfrac{f^{(n)}(0)}{n!}x^n + \cdots$ 的充要条件是 $\lim\limits_{n\to\infty} R_n(x) = \lim\limits_{n\to\infty} \dfrac{f^{(n+1)}(\xi)}{(n+1)!} x^{n+1} = 0$,$\xi$ 在 0 与 x 之间.

展开式 $\sum\limits_{n=0}^{\infty} \dfrac{f^{(n)}(0)}{n!} x^n$ 称为 $f(x)$ 的**麦克劳林展开式**. 如果 $f(x)$ 满足定理 2 的两个条件,则有 $f(x) = \sum\limits_{n=0}^{\infty} \dfrac{f^{(n)}(0)}{n!} x^n$,$x \in$ 收敛域 I. 此时,称等式右端级数 $\sum\limits_{n=0}^{\infty} \dfrac{f^{(n)}(0)}{n!} x^n$ 为 $f(x)$ 的**麦克劳林级数**;$a_n = \dfrac{f^{(n)}(0)}{n!} (n=0,1,2,\cdots)$ 称为 $f(x)$ 的**麦克劳林系数**.

2. 函数展开成幂级数

1) 直接展开法

利用麦克劳林展开式将函数展开成幂级数的方法称为**直接展开法**.

用直接展开法将函数 $f(x)$ 展开成幂级数的步骤如下:

第一步:求出 $f(x)$ 的各阶导数 $f'(x)$,$f''(x)$,$\cdots$,$f^{(n)}(x)$,$\cdots$,并计算函数及各阶导数在 $x=0$ 处的值 $f(0)$,$f'(0)$,$f''(0)$,$\cdots$,$f^{(n)}(0)$,$\cdots$;

第二步:写出幂级数 $f(0) + f'(0)x + \dfrac{f''(0)}{2!}x^2 + \cdots + \dfrac{f^{(n)}(0)}{n!}x^n + \cdots$,并求其收敛半径 R;

第三步:考察 $\lim\limits_{n\to\infty} R_n(x) = \lim\limits_{n\to\infty} \dfrac{f^{(n+1)}(\xi)}{(n+1)!} x^{n+1} = 0$ (ξ 在 0 与 x 之间) 是否成立.

如果上述三步成立,则在收敛域内写出的幂级数,就是函数 $f(x)$ 的 x 的幂级数展开式.

应该注意:如果在 $x=0$ 处的某一阶导数不存在,那么 $f(x)$ 就不能展开为麦克劳林级数. 例如,$f(x) = x^{\frac{5}{2}}$,它在 $x=0$ 处的三阶导数 $f'''(0)$ 不存在,所以它就不能展开为麦克劳林级数.

【例 4】　将下列函数展开成幂级数:

(1) $f(x) = \mathrm{e}^x$;　　　　(2) $f(x) = \sin x$.

解　(1) 函数 $f(x) = \mathrm{e}^x$ 的各阶导数为 $f^{(n)}(x) = \mathrm{e}^x (n=1,2,3,\cdots)$ 且

$$f(0) = f'(0) = f''(0) = f'''(0) = \cdots = f^{(n)}(0) = \cdots = 1,$$

于是得到幂级数 $1+x+\frac{x^2}{2!}+\cdots+\frac{x^n}{n!}+\cdots$,其收敛半径 $R=+\infty$.

又 $\lim\limits_{n\to\infty}R_n(x)=\lim\limits_{n\to\infty}\frac{e^{\xi}}{(n+1)!}x^{n+1}=0$($\xi$ 在 0 与 x 之间),因此得到函数 $f(x)=e^x$ 的幂级数的展开式

$$e^x=1+x+\frac{x^2}{2!}+\cdots+\frac{x^n}{n!}+\cdots,\ x\in(-\infty,+\infty).$$

(2) 函数 $f(x)=\sin x$ 的各阶导数为

$$f^{(n)}(x)=\sin\left(x+\frac{n\pi}{2}\right)\quad(n=1,2,3,\cdots)$$

且 $f(0)=0,f'(0)=1,f''(0)=0,f'''(0)=-1,f^{(4)}(0)=0,\cdots$,于是得到幂级数

$$x-\frac{x^3}{3!}+\frac{x^5}{5!}-\frac{x^7}{7!}+\cdots+(-1)^{n-1}\frac{x^{2n-1}}{(2n-1)!}+\cdots,$$

其收敛半径 $R=+\infty$.

又 $$\lim_{n\to\infty}R_n(x)=\lim_{n\to\infty}\frac{\sin\left(\xi+\frac{n+1}{2}\pi\right)}{(n+1)!}x^{n+1}=0,\quad \xi\text{ 在 0 与 }x\text{ 之间},$$

因此函数 $f(x)=\sin x$ 的幂级数展开式为

$$\sin x=x-\frac{x^3}{3!}+\frac{x^5}{5!}-\frac{x^7}{7!}+\cdots+(-1)^{n-1}\frac{x^{2n-1}}{(2n-1)!}+\cdots,\quad x\in(-\infty,+\infty).$$

2) 间接展开方法

利用幂级数的运算法则和几个已知函数的幂级数展开式去求另一些函数的幂级数展开式的方法称为**间接展开法**. 可以证明,这两种方法得到的幂级数相同.

【例 5】 将下列函数展开为幂级数:

(1) $f(x)=2^x$; (2) $f(x)=\cos x$; (3) $f(x)=\ln(1+x)$.

解 (1) 因为 $2^x=e^{\ln 2^x}=e^{x\ln 2}$,所以根据 e^x 的幂级数展开式,可得到

$$2^x=1+x\ln 2+\frac{(x\ln 2)^2}{2!}+\cdots+\frac{(x\ln 2)^n}{n!}+\cdots,$$

即 $$2^x=1+(\ln 2)x+\frac{\ln^2 2}{2!}x^2+\cdots+\frac{\ln^n 2}{n!}x^n+\cdots,\quad x\in(-\infty,+\infty).$$

(2) 因为 $\cos x=(\sin x)'$,所以根据 $\sin x$ 的幂级数展开式,用逐项求导的方法得到 $\cos x$ 的展开式

$$\cos x=(\sin x)'=\left[x-\frac{x^3}{3!}+\frac{x^5}{5!}-\frac{x^7}{7!}+\cdots+(-1)^n\frac{x^{2n+1}}{(2n+1)!}+\cdots\right]'$$
$$=1-\frac{x^2}{2!}+\frac{x^4}{4!}-\frac{x^6}{6!}+\cdots+(-1)^n\frac{x^{2n}}{(2n)!}+\cdots,\quad x\in(-\infty,+\infty).$$

(3) 因为 $$\ln(1+x)=\int_0^x\frac{dx}{1+x},$$

所以 $$\ln(1+x)=\int_0^x[1-x+x^2-x^3+\cdots+(-1)^nx^n+\cdots]\,dx$$
$$=x-\frac{x^2}{2}+\frac{x^3}{3}-\cdots+(-1)^n\frac{x^{n+1}}{n+1}+\cdots,\quad x\in(-1,1].$$

为了便于查用,现将常用的几个重要的初等函数的幂级数展开式汇总如下:

(1) $e^x=\sum\limits_{n=0}^{\infty}\frac{x^n}{n!}=1+x+\frac{x^2}{2!}+\cdots+\frac{x^n}{n!}+\cdots,\quad x\in(-\infty,+\infty)$；

(2) $\sin x=\sum\limits_{n=0}^{\infty}(-1)^n\frac{x^{2n+1}}{(2n+1)!}$

$=x-\frac{x^3}{3!}+\frac{x^5}{5!}-\cdots+(-1)^n\frac{x^{2n+1}}{(2n+1)!}+\cdots,\quad x\in(-\infty,+\infty)$；

(3) $\frac{1}{1-x}=\sum\limits_{n=0}^{\infty}x^n=1+x+x^2+\cdots+x^n+\cdots,\quad x\in(-1,1)$.

3. 幂级数的应用举例

由前面得到的一些函数的幂级数展开式，可以进行函数值的近似计算.

【例 6】 计算 e 的近似值.

解 在 $e^x=1+x+\frac{x^2}{2!}+\cdots+\frac{x^n}{n!}+\cdots\quad(-\infty<x<+\infty)$ 中，令 $x=1$，得

$$e=1+1+\frac{1}{2!}+\frac{1}{3!}+\cdots+\frac{1}{n!}+\cdots.$$

取前 8 项作 e 的近似值，则 $e\approx1+1+\frac{1}{2!}+\frac{1}{3!}+\frac{1}{4!}+\frac{1}{5!}+\frac{1}{6!}+\frac{1}{7!}$，

此时 $e\approx2.718\,26$.

习　题　6.3

1. 求下列幂级数的收敛域：

(1) $1+x+2x^2+3x^3+\cdots+nx^n\cdots$；　(2) $-x-\frac{x^2}{2}-\frac{x^3}{3}-\cdots-\frac{x^n}{n}-\cdots$；

(3) $\sum\limits_{n=1}^{\infty}\frac{2n+1}{n!}x^n$；　(4) $\sum\limits_{n=1}^{\infty}n!x^n$；

(5) $\frac{x}{3}+\frac{2x^2}{3^2}+\frac{3x^3}{3^3}+\cdots+\frac{nx^n}{3^n}+\cdots$；　(6) $\frac{x}{3}+\frac{x^2}{2\cdot3^2}+\frac{x^3}{3\cdot3^3}+\frac{x^4}{4\cdot3^4}+\cdots+\frac{x^n}{n\cdot3^n}+\cdots$.

2. 求下列级数的和函数：

(1) $1+2x+3x^2+4x^3+\cdots$；　(2) $\sum\limits_{n=1}^{\infty}(-1)^{n+1}\frac{1}{n}x^n$；

(3) $\sum\limits_{n=1}^{\infty}(-1)^{n-1}\frac{1}{2n-1}x^{2n-1}$；　(4) $\sum\limits_{n=1}^{\infty}2nx^{2n-1}$.

3. 将下列函数展开为 x 的幂级数，并指出其收敛域：

(1) $f(x)=e^{2x}$；　(2) $f(x)=a^x\quad(a>0,a\neq1)$；

(3) $f(x)=\frac{1}{1+x^2}$；　(4) $\sin\frac{x}{2}$.

6.4　傅里叶级数

傅里叶级数是一类非常重要的函数项级数，它在电学、力学等学科中都有着广泛应用. 本

节我们来学习傅里叶级数的敛散性及如何把函数展开成傅里叶级数的问题.

6.4.1 三角级数

1. 三角级数的定义

形如$\frac{a_0}{2}+\sum_{n=1}^{\infty}(a_n\cos nx+b_n\sin nx)$的级数称为**三角级数**,其中,$a_0,a_n,b_n(n=1,2,\cdots)$都是常数,称为**三角级数的系数**.

2. 三角函数系及其正交性

$1,\sin x,\cos x,\sin 2x,\cos 2x,\cdots,\sin nx,\cos nx,\cdots$ 称为**三角函数系**.

三角函数系在$[-\pi,\pi]$上具有正交性,即三角函数系中任意两个不同函数的乘积在$[-\pi,\pi]$上的定积分等于零.即

$$\int_{-\pi}^{\pi}1\cdot\sin nx\,dx=0\quad(n=1,2,\cdots);$$

$$\int_{-\pi}^{\pi}1\cdot\cos nx\,dx=0\quad(n=1,2,\cdots);$$

$$\int_{-\pi}^{\pi}\sin mx\cdot\cos nx\,dx=0\quad(m,n=1,2,\cdots);$$

$$\int_{-\pi}^{\pi}\sin mx\cdot\sin nx\,dx=0\quad(m\neq n;m,n=1,2,\cdots);$$

$$\int_{-\pi}^{\pi}\cos mx\cdot\cos nx\,dx=0\quad(m\neq n;m,n=1,2,\cdots).$$

注 意

$\int_{-\pi}^{\pi}1dx=2\pi,\int_{-\pi}^{\pi}\sin^2 nx\,dx=\int_{-\pi}^{\pi}\cos^2 nx\,dx=\pi,n=1,2,3,\cdots.$

6.4.2 周期为 2π 的函数展开为傅里叶级数

设 $f(x)$ 是周期为 2π 的函数,且能展开成三角级数$\frac{a_0}{2}+\sum_{n=1}^{\infty}(a_n\cos nx+b_n\sin nx)$,那么这个三角级数的系数 $a_0,a_n,b_n(n=1,2,\cdots)$ 与函数 $f(x)$ 有什么关系?也就是说,如何利用 $f(x)$ 把 $a_0,a_n,b_n(n=1,2,\cdots)$ 表示出来?

设 $f(x)=\frac{a_0}{2}+\sum_{n=1}^{\infty}(a_n\cos nx+b_n\sin nx)$,对等式从 $-\pi$ 到 π 逐项积分,利用三角函数系的正交性及积分的相关知识,可得 $a_0=\frac{1}{\pi}\int_{-\pi}^{\pi}f(x)dx$.

用 $\cos nx$ 乘等式两端,再从 $-\pi$ 到 π 逐项积分,利用三角函数系的正交性及积分的相关知识,可得 $a_n=\frac{1}{\pi}\int_{-\pi}^{\pi}f(x)\cos nx\,dx\quad(n=1,2,\cdots)$.

类似地,用 $\sin nx$ 乘等式两端,再从 $-\pi$ 到 π 逐项积分,利用三角函数系的正交性及积分的相关知识,可得 $b_n=\frac{1}{\pi}\int_{-\pi}^{\pi}f(x)\sin nx\,dx\quad(n=1,2,\cdots)$.

于是，由公式 $\begin{cases} a_0 = \dfrac{1}{\pi}\displaystyle\int_{-\pi}^{\pi} f(x)\mathrm{d}x \\ a_n = \dfrac{1}{\pi}\displaystyle\int_{-\pi}^{\pi} f(x)\cos nx\mathrm{d}x \quad (n = 1,2,3,\cdots) \\ b_n = \dfrac{1}{\pi}\displaystyle\int_{-\pi}^{\pi} f(x)\sin nx\mathrm{d}x \quad (n = 1,2,3,\cdots) \end{cases}$ 确定的系数 a_0, a_n, b_n 称为函数 $f(x)$ 的**傅里叶系数**，由傅里叶系数所确定的三角级数 $\dfrac{a_0}{2} + \sum\limits_{n=1}^{\infty}(a_n\cos nx + b_n\sin nx)$ 称为函数 $f(x)$ 的**傅里叶级数**.

一个周期函数 $f(x)$ 必须具备什么条件，它的傅里叶级数才能收敛于 $f(x)$?下面的收敛定理可以解决这个问题.

收敛定理 设函数 $f(x)$ 是以 2π 为周期的函数，如果它在一个周期上连续或只有有限个第一类间断点，并且至多有有限个极值点，则函数 $f(x)$ 的傅里叶级数收敛，并且

(1) 当 x 是 $f(x)$ 的连续点时，级数收敛于 $f(x)$；

(2) 当 x 是 $f(x)$ 的间断点时，级数收敛于 $\dfrac{f(x-0)+f(x+0)}{2}$.

将周期函数 $f(x)$ 展开为傅里叶级数，在电工学中称为**谐波分析**. 其中，常数项 $\dfrac{a_0}{2}$ 称为 $f(x)$ 的**直流分量**；$a_1\cos\omega x + b_1\sin\omega x$ 称为**一次谐波**（又称**基波**）；而 $a_2\cos 2\omega x + b_2\sin 2\omega x$，$a_3\cos 3\omega x + b_3\sin 3\omega x$，…，依次称为**二次谐波**，**三次谐波**，等等.

实际问题中所遇到的周期函数，一般都能满足收敛定理的条件，因而都能展开为傅里叶级数. 另外，计算傅里叶系数时，常常用到下面两个式子

$$\sin n\pi = 0, \quad \cos n\pi = (-1)^n, \qquad n \in \mathbf{N}.$$

【例 1】 设 $f(x)$ 是周期为 2π 的函数，它在 $[-\pi,\pi)$ 的表达式为

$$f(x) = \begin{cases} 0 & \text{当} -\pi \leqslant x < 0 \\ a & \text{当} 0 \leqslant x < \pi \end{cases} \quad (a > 0 \text{ 是常数}),$$

将 $f(x)$ 展成傅里叶级数.

解 (1) 作函数 $f(x)$ 的图像，如图 6.4.1 所示，得知它满足收敛定理的条件，其间断点为 $x = k\pi, k \in \mathbf{Z}$.

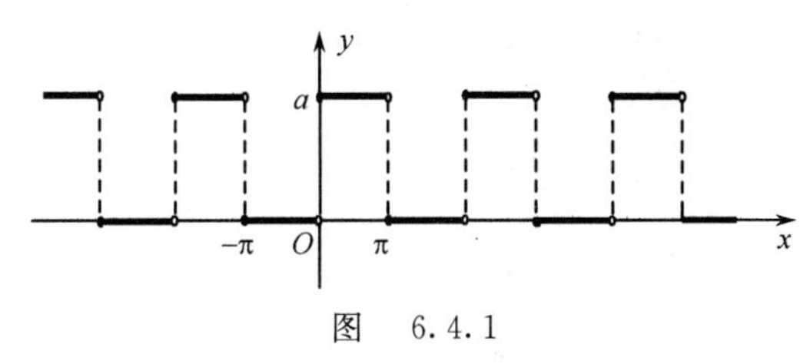

图 6.4.1

(2) 求傅里叶级数展开式

傅里叶级数的系数如下：

$$a_0 = \frac{1}{\pi}\int_{-\pi}^{\pi} f(x)\mathrm{d}x = \frac{1}{\pi}\int_0^{\pi} a\mathrm{d}x = a;$$

$$a_n = \frac{1}{\pi}\int_{-\pi}^{\pi} f(x)\cos nx\mathrm{d}x = \frac{1}{\pi}\int_0^{\pi} a\cos nx\mathrm{d}x$$

$$= \frac{a}{n\pi}\sin n\pi = 0 \quad (n = 1,2,\cdots);$$

$$b_n = \frac{1}{\pi}\int_{-\pi}^{\pi} f(x)\sin nx\,\mathrm{d}x = \frac{1}{\pi}\int_0^{\pi} a\sin nx\,\mathrm{d}x$$

$$= -\frac{a}{n\pi}[\cos n\pi - 1] = -\frac{a}{n\pi}[(-1)^n - 1] = \begin{cases} \dfrac{2a}{n\pi} & 当\ n = 1,3,5,\cdots \\ 0 & 当\ n = 2,4,6,\cdots \end{cases}.$$

将所求得的系数代入傅里叶级数展开式得

$$f(x) = \frac{a}{2} + \frac{2a}{\pi}\left[\sin x + \frac{1}{3}\sin 3x + \frac{1}{5}\sin 5x + \cdots + \frac{1}{2k-1}\sin(2k-1)x + \cdots\right],$$

其中，$-\infty < x < +\infty, x \neq k\pi, k \in \mathbf{Z}$.

(3) 作级数和函数图像，如图 6.4.2 所示.

在连续点 $x \neq k\pi, k \in \mathbf{Z}$，级数收敛于 $f(x)$.

在间断点 $x = k\pi, k \in \mathbf{Z}$ 处，级数收敛于$\dfrac{f(k\pi - 0) + f(k\pi + 0)}{2} = \dfrac{0 + a}{2} = \dfrac{a}{2}$.

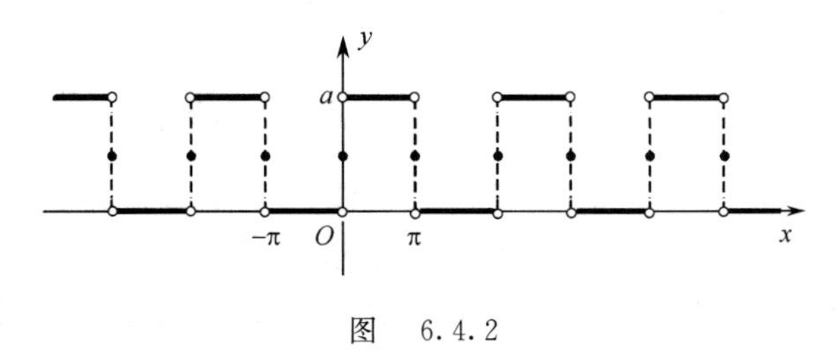

图 6.4.2

6.4.3 正弦级数与余弦级数

一般地，一个函数的傅里叶级数既含有正弦项，又含有余弦项，但是，也有一些函数的傅里叶级数只含有正弦项，或只含有常数项和余弦项，产生这种现象的原因与所给函数 $f(x)$ 的奇偶性密切相关.

1. 奇函数的傅里叶级数——正弦级数

设函数 $f(x)$ 是周期为 2π 的奇函数，且满足收敛定理的条件，它的傅里叶系数为

$$a_0 = \frac{1}{\pi}\int_{-\pi}^{\pi} f(x)\,\mathrm{d}x = 0;$$

$$a_n = \frac{1}{\pi}\int_{-\pi}^{\pi} f(x)\cos nx\,\mathrm{d}x = 0 \quad (n = 1,2,\cdots);$$

$$b_n = \frac{1}{\pi}\int_{-\pi}^{\pi} f(x)\sin nx\,\mathrm{d}x = \frac{2}{\pi}\int_0^{\pi} f(x)\sin nx\,\mathrm{d}x \quad (n = 1,2,\cdots).$$

于是，周期为 2π 的奇函数 $f(x)$ 的傅里叶级数是一个只含有正弦项的**正弦级数**

$$\sum_{n=1}^{\infty} b_n \sin nx.$$

2. 偶函数的傅里叶级数——余弦级数

设函数 $f(x)$ 是周期为 2π 的偶函数，且满足收敛定理的条件，它的傅里叶系数为

$$a_0 = \frac{2}{\pi}\int_0^{\pi} f(x)\,\mathrm{d}x;$$

$$a_n = \frac{2}{\pi}\int_0^{\pi} f(x)\cos nx\,dx \quad (n = 1,2,\cdots);$$

$$b_n = 0 \quad (n = 1,2,3,\cdots).$$

于是,周期为 2π 的偶函数 $f(x)$ 的傅里叶级数是一个只含有余弦项的**余弦级数**

$$\frac{a_0}{2} + \sum_{n=1}^{\infty} a_n \cos nx.$$

【例 2】 设 $f(x)$ 是周期为 2π 的函数,它在$[-\pi,\pi)$ 的表达式为

$$f(x) = \begin{cases} -1 & 当 -\pi \leqslant x < 0 \\ 1 & 当 0 \leqslant x < \pi \end{cases},$$

将 $f(x)$ 展成傅里叶级数.

解 (1) 作函数 $f(x)$ 的图像,如图 6.4.3 所示,易知它满足收敛定理的条件,其间断点为 $x = k\pi$, $k \in \mathbf{Z}$,且 $f(x)$ 是奇函数.

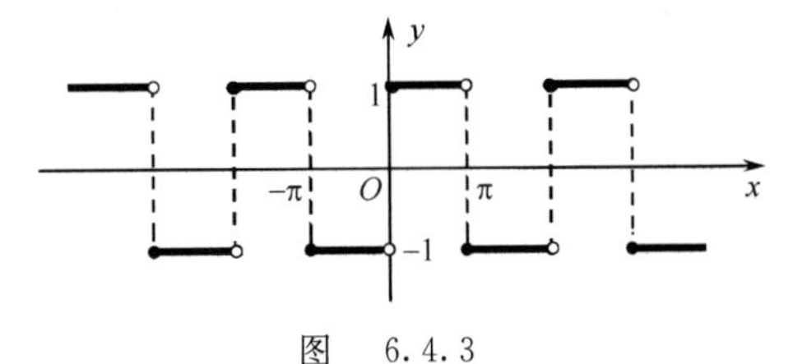

图　6.4.3

(2) 求傅里叶级数展开式.

由于 $f(x)$ 是奇函数,傅里叶级数的系数如下:

$$a_0 = 0, \quad a_n = 0 \quad (n = 1,2,\cdots);$$

$$b_n = \frac{2}{\pi}\int_0^{\pi} f(x)\sin nx\,dx = \frac{2}{\pi}\int_0^{\pi}\sin nx\,dx = \frac{2}{n\pi}(1-\cos n\pi)$$

$$= \frac{2}{n\pi}[1-(-1)^n] = \begin{cases} \dfrac{4}{n\pi} & 当 n = 1,3,5,\cdots \\ 0 & 当 n = 2,4,6,\cdots \end{cases}.$$

将所求得的系数代入傅里叶级数展开式得

$$f(x) = \frac{4}{\pi}\left[\sin x + \frac{1}{3}\sin 3x + \cdots + \frac{1}{2k-1}\sin(2k-1)x + \cdots\right],$$

其中,$-\infty < x < +\infty, x \neq k\pi, k \in \mathbf{Z}$.

(3) 作级数和函数图像,如图 6.4.4 所示.

在连续点 $x \neq k\pi, k \in \mathbf{Z}$,级数收敛于 $f(x)$.

在间断点 $x = k\pi, k \in \mathbf{Z}$ 处,级数收敛于$\dfrac{f(k\pi-0)+f(k\pi+0)}{2} = \dfrac{-1+1}{2} = 0.$

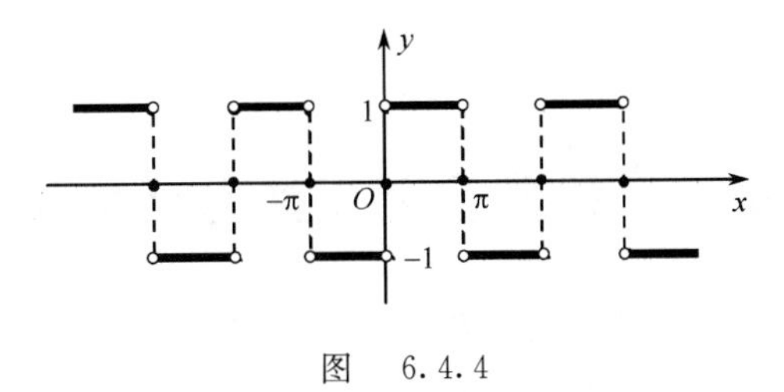

图　6.4.4

【例 3】 设 $f(x)$ 是周期为 2π 的函数,它在$[-\pi,\pi)$ 的表达式为

$$f(x) = \begin{cases} -x & 当 -\pi \leqslant x < 0 \\ x & 当 0 \leqslant x < \pi \end{cases},$$

将 $f(x)$ 展成傅里叶级数.

解 (1) 作函数 $f(x)$ 的图像,如图 6.4.5 所示,易知它满足收敛定理的条件,由于没有间

断点,所以在定义域内级数收敛于 $f(x)$,且级数的和函数图像就是 $f(x)$ 的图像.

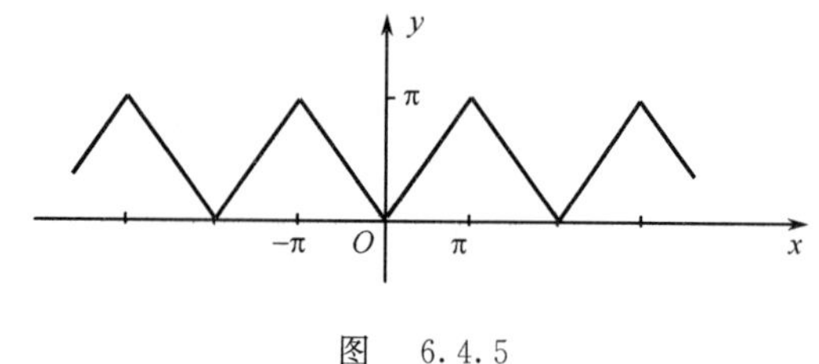

图 6.4.5

(2) 求傅里叶级数展开式.

由于 $f(x)$ 是偶函数,傅里叶级数的系数如下:

$$a_0=\frac{2}{\pi}\int_0^{\pi}f(x)\mathrm{d}x=\frac{2}{\pi}\int_0^{\pi}x\mathrm{d}x=\frac{2}{\pi}\cdot\frac{x^2}{2}\bigg|_0^{\pi}=\pi;$$

$$\begin{aligned}a_n&=\frac{2}{\pi}\int_0^{\pi}f(x)\cos nx\,\mathrm{d}x=\frac{2}{\pi}\int_0^{\pi}x\cos nx\,\mathrm{d}x\\&=\frac{2}{\pi}\left[\frac{x\sin nx}{n}+\frac{\cos nx}{n^2}\right]_0^{\pi}=\frac{2}{n^2\pi}(\cos n\pi-1)\\&=\frac{2}{n^2\pi}[(-1)^n-1]=\begin{cases}-\dfrac{4}{n^2\pi} & 当 n=1,3,5,\cdots\\0 & 当 n=2,4,6,\cdots\end{cases};\end{aligned}$$

$$b_n=0,\quad (n=1,2,3,\cdots).$$

将所求得的系数代入傅里叶级数展开式得

$$f(x)=\frac{\pi}{2}-\frac{4}{\pi}\left[\cos x+\frac{1}{3}\cos 3x+\cdots+\frac{1}{2k-1}\cos(2k-1)x+\cdots\right]\quad(-\infty<x<+\infty).$$

习　题　6.4

下列周期函数 $f(x)$ 的周期为 2π,试将 $f(x)$ 展开成傅里叶级数,其中 $f(x)$ 在 $[-\pi,\pi)$ 的表达式为:

(1) $f(x)=\begin{cases}1 & 当 -\pi\leqslant x<0\\2 & 当 0\leqslant x<\pi\end{cases}$;

(2) $f(x)=\begin{cases}2 & 当 -\pi\leqslant x<0\\-2 & 当 0\leqslant x<\pi\end{cases}$;

(3) $f(x)=x$;

(4) $f(x)=2x+1$.

6.5　拉普拉斯变换与逆变换

拉普拉斯变换是工程数学中常用的一种积分变换,它可把微分方程化为容易求解的代数方程来处理,从而使计算简化.在经典控制理论中,对控制系统的分析和综合都是建立在拉普拉斯变换的基础上的.在工程学上,拉普拉斯变换的重大意义在于:将一个信号从时域范围转换为复频域范围来表示,这使得一个系统的动态性能在时域、频域内研究具有“稳定、准确、快速”性.

本节将简单地介绍拉普拉斯变换的基本概念、主要性质及逆变换.

6.5.1 拉普拉斯变换

1. 拉普拉斯变换的基本概念

在代数中，直接计算 $N=9.28\times\sqrt{\frac{7781}{9.8}\times 30^2}\times(3.164)^{\frac{4}{5}}$ 是很复杂的，而引用对数后，可先把上式变换为 $\lg N=\lg 9.28+\frac{1}{2}(\lg 7781-\lg 9.8+2\lg 30)+\frac{4}{5}\lg 3.164$，然后通过查常用对数表和反对数表，就可算得原来要求的数 N.

这是一种把复杂运算转化为简单运算的做法，而拉普拉斯变换则是另一种化繁为简的做法.

定义 设函数 $f(t)$ 的定义域为 $[0,+\infty)$，若广义积分 $\int_0^{+\infty} f(t)e^{-pt}dt$ 对于 p 在某一范围内的取值收敛，则此积分就确定了一个参数为 p 的函数，记作 $F(p)$，即

$$F(p)=\int_0^{+\infty} f(t)e^{-pt}dt.$$

函数 $F(p)$ 称为 $f(t)$ 的**拉普拉斯变换**，简称**拉氏变换**（或称为 $f(t)$ 的像函数），用记号 $L[f(t)]$ 表示，即 $F(p)=L[f(t)]$.

如果 $F(p)$ 是 $f(t)$ 的拉氏变换，那么 $f(t)$ 为 $F(p)$ 的**拉氏逆变换**（或称为 $F(p)$ 的像原函数），记作 $L^{-1}[F(p)]$，即 $f(t)=L^{-1}[F(p)]$.

关于拉氏变换的定义，在这里作两点说明：

(1) 定义中只要求 $f(t)$ 在 $t\geqslant 0$ 时有定义，为了研究方便，假定在 $t<0$ 时，$f(t)\equiv 0$. 并且本节只讨论 p 为实数的情形.

(2) 拉氏变换是将给定的函数通过广义积分转换成一个新函数，它是一种积分变换. 一般来说，在科学技术中遇到的函数，它的拉氏变换总是存在的.

【例 1】 求指数函数 $f(t)=e^{at}$（$t\geqslant 0$，a 为常数）的拉氏变换.

解 由定义得 $L[e^{at}]=\int_0^{+\infty} e^{at}e^{-pt}dt=\int_0^{+\infty} e^{-(p-a)t}dt$.

当 $p>a$ 时，此积分收敛，有

$$L[e^{at}]=\int_0^{+\infty} e^{-(p-a)t}dt=-\frac{1}{p-a}e^{-(p-a)t}\Big|_0^{+\infty}=\frac{1}{p-a}\quad(p>a).$$

类似地，用拉氏变换定义也可以求得下面三个常用函数的拉氏变换

$$L[t]=\frac{1}{p^2},\quad L[\sin\omega t]=\frac{\omega}{p^2+\omega^2},\quad L[\cos\omega t]=\frac{p}{p^2+\omega^2}\quad(p>0).$$

注 意

对于定义在 $[0,+\infty)$ 上的不同函数 $f(t)$，它们的拉氏变换是在 p 的不同范围内收敛的. 如 $L[e^{at}]=\frac{1}{p-a}$ 在 $p>a$ 时收敛，$L[t]=\frac{1}{p^2}$，$L[\sin\omega t]=\frac{\omega}{p^2+\omega^2}$，$L[\cos\omega t]=\frac{p}{p^2+\omega^2}$ 在 $p>0$ 时收敛，而 $L[e^{t^2}]$ 对一切 p 值都是发散的.

在自动控制系统中，经常会用到下面两个函数：

1) 单位阶梯函数

如图 6.5.1(a) 所示，它的表达式是

$$u(t)=\begin{cases}0 & 当 t<0\\ 1 & 当 t\geqslant 0\end{cases}. \tag{1}$$

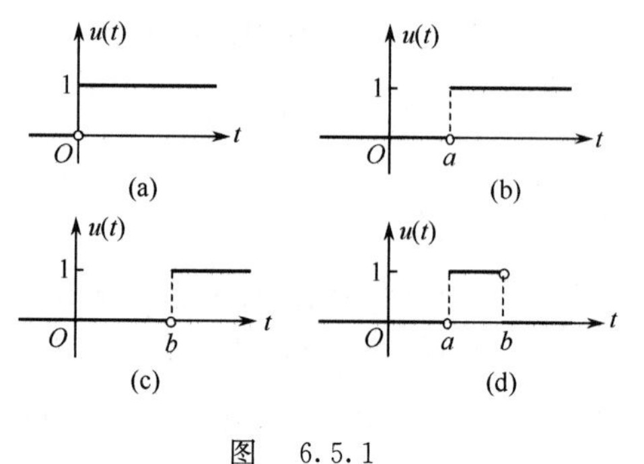

图 6.5.1

【例 2】 求单位阶梯函数 $u(t)$ 的拉氏变换.

解 $L[u(t)]=\int_0^{+\infty}u(t)e^{-pt}dt=\int_0^{+\infty}1\cdot e^{-pt}dt$

$$=-\frac{1}{p}e^{-pt}\Big|_0^{+\infty}=\frac{1}{p}\quad(p>0).$$

把 $u(t)$ 平移 $|a|$ 和 $|b|$ 个单位[见图 6.5.1(b),(c)],则有

$$u(t-a)=\begin{cases}0 & t<a\\ 1 & t\geqslant a\end{cases}. \tag{2}$$

$$u(t-b)=\begin{cases}0 & 当 t<b\\ 1 & 当 t\geqslant b\end{cases}. \tag{3}$$

当 $a<b$ 时由式(2)减去式(3)[见图 6.5.1(d)]得

$$u(t-a)-u(t-b)=\begin{cases}1 & 当 a\leqslant t<b\\ 0 & 当 t<a 或 t\geqslant b\end{cases}. \tag{4}$$

利用这些式子可以将某些分段函数的表达式合写成一个式子.

如分段函数 $f(t)=\begin{cases}\sin t & 当 0\leqslant t<\pi\\ t & 当 t\geqslant\pi\end{cases}$ 可以写成

$$f(t)=\sin t[u(t)-u(t-\pi)]+tu(t-\pi).$$

其中,$\sin t[u(t)-u(t-\pi)]=\begin{cases}\sin t & 当 0\leqslant t<\pi\\ 0 & 当 t<0 或 t\geqslant\pi\end{cases}$;$tu(t-\pi)=\begin{cases}0 & 当 t<\pi\\ t & 当 t\geqslant\pi\end{cases}$.

另外,单位阶梯函数 $u(t)$ 有下面的性质:

$$u(at-b)=u\left(t-\frac{b}{a}\right)\ (a>0,b>0)$$

在一些函数的拉氏变换中常用到这一性质.

2) 狄拉克函数

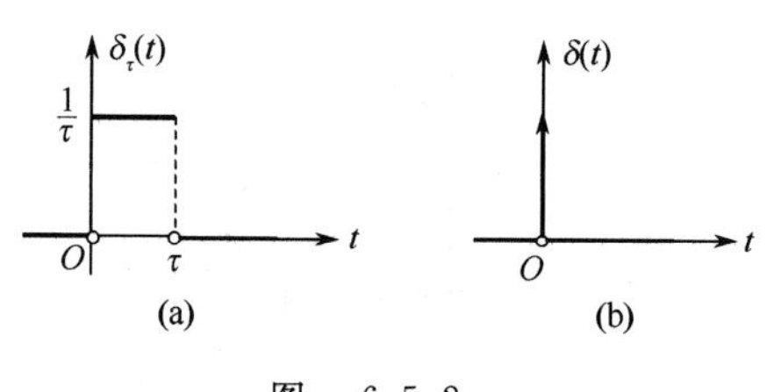

图 6.5.2

设 $\delta_\tau(t)=\begin{cases}\frac{1}{\tau} & 当 0\leqslant t\leqslant\tau\\ 0 & 当 t<0,\ t>\tau\end{cases}$,当 $\tau\to 0$ 时,$\delta(t)=\lim\limits_{\tau\to 0}\delta_\tau(t)$ 称为**狄拉克函数**,简称为 $\delta-$**函数**.在工程技术中常称为**单位脉冲函数**,即 $\delta(t)=\begin{cases}0 & 当 t\neq 0\\ \infty & 当 t=0\end{cases}$.

$\delta_\tau(t)$ 和 $\delta(t)$ 的图像如图 6.5.2 所示.

注 意

(1) 因为 $\int_{-\infty}^{+\infty}\delta_\tau(t)dt=1$,所以 $\int_{-\infty}^{+\infty}\delta(t)dt=1$.

(2) 狄拉克函数 $\delta(t)$ 有下述重要性质:

设 $g(t)$ 是 $(-\infty,+\infty)$ 上的一个连续函数,则 $\int_{-\infty}^{+\infty}g(t)\delta(t)dt=g(0)$.

【例 3】 求狄拉克函数 $\delta(t)$ 的拉氏变换.

解 $L[\delta(t)] = \int_0^{+\infty} \delta(t) e^{-pt} dt = \int_{-\infty}^{+\infty} \delta(t) e^{-pt} dt.$

由狄拉克函数 $\delta(t)$ 性质，得 $L[\delta(t)] = e^{-p \cdot 0} = 1.$

6.5.2 拉普拉斯变换的性质

直接用定义来求函数的拉氏变换是比较困难的，下面介绍拉氏变换的几个性质，以便于求较复杂函数的拉氏变换.

1. 线性性质

若 a_1, a_2 是常数，且设 $L[f_1(t)] = F_1(p)$，$L[f_2(t)] = F_2(p)$，则

$$L[a_1 f_1(t) + a_2 f_2(t)] = a_1 L[f_1(t)] + a_2 L[f_2(t)] = a_1 F_1(p) + a_2 F_2(p).$$

【例 4】 求函数 $f(t) = \frac{1}{a}(1 - e^{-at})$ 的拉氏变换.

解 $L\left[\frac{1}{a}(1 - e^{-at})\right] = \frac{1}{a}L[1] - \frac{1}{a}L[e^{-at}] = \frac{1}{a} \cdot \frac{1}{p} - \frac{1}{a} \cdot \frac{1}{p+a} = \frac{1}{p(p+a)}.$

2. 平移性质

若 $L[f(t)] = F(p)$，则 $L[e^{at} f(t)] = F(p-a)$ （a 为常数）.

这个性质表明：时间函数 $f(t)$ 乘以指数函数 e^{at} 的拉氏变换等于其像函数 $L[f(t)] = F(p)$ 作位移 a.

【例 5】 求函数 $f(t) = e^{-at} \sin \omega t$ 的拉氏变换.

解 由于 $L[\sin \omega t] = \frac{\omega}{p^2 + \omega^2}$，因此，根据平移性质，有

$$L[e^{-at} \sin \omega t] = \frac{\omega}{(p+a)^2 + \omega^2}.$$

3. 延滞性质

若 $L[f(t)] = F(p)$，则 $L[f(t-a)] = e^{-ap} F(p) \quad (a > 0)$.

这个性质表明：时间函数 $f(t)$ 延迟了一个时间 a （$a > 0$）的拉氏变换等于其像函数 $L[f(t)]$ 乘以指数函数 e^{-ap}. 在实际应用中，为了突出“滞后”这个特点，往往在 $f(t-a)$ 上乘以单位阶梯函数 $u(t-a)$，因此延滞性质可表示为 $L[u(t-a) f(t-a)] = e^{-ap} F(p) (a > 0)$.

【例 6】 求 $L[u(t-a)] \quad (a > 0)$.

解 由于 $L[u(t)] = \frac{1}{p}$，因此，根据延滞性质，得 $L[u(t-a)] = e^{-ap} \frac{1}{p} \ (a > 0)$.

4. 微分性质

若 $L[f(t)] = F(p)$，且 $f(t)$ 在 $[0, +\infty)$ 上连续，$f'(t)$ 分段连续，则

$$L[f'(t)] = pF(p) - f(0).$$

这个性质表明：时间函数求一阶导数后的拉氏变换等于其像函数 $L[f(t)]$ 乘以参数 p，再减去初值 $f(0)$.

特别地，当 $f(0) = f'(0) = \cdots = f^{(n-1)}(0) = 0$ 时，有 $L[f^{(n)}(t)] = p^n F(p)$，$n = 1, 2, 3, \cdots$. 这个性质可以将微分方程化为代数方程，因此对专业中线性系统分析有重要作用.

5. 积分性质

若 $L[f(t)] = F(p) (p \neq 0)$，且 $f(t)$ 是连续函数，则 $L\left[\int_0^t f(t) dt\right] = \frac{F(p)}{p}.$

这个性质表明:时间函数求一次积分后的拉氏变换等于其像函数 $L[f(t)]$ 除以参数 p.

【例 7】 求函数 $f(t)=t^n$ 的拉氏变换(n 为正整数).

解法 1 因为 $f^{(n)}(t)=n!$,所以 $f(0)=f'(0)=\cdots=f^{(n-1)}(0)=0$,
由微分性质的特殊情形,有 $L[f^{(n)}(t)]=p^nF(p)(n=1,2,3,\cdots)$.
而 $L[f^{(n)}(t)]=L[n!]=n!L[1]=\dfrac{n!}{p}$,所以 $L[f(t)]=\dfrac{n!}{p^{n+1}}$.

解法 2 因为 $t=\int_0^t \mathrm{d}t, t^2=\int_0^t 2t\mathrm{d}t, t^3=\int_0^t 3t^2\mathrm{d}t, t^4=\int_0^t 4t^3\mathrm{d}t$,所以由积分性质得

$$L[t]=L\left[\int_0^t \mathrm{d}t\right]=\frac{1}{p}L[1]=\frac{1}{p^2},$$

$$L[t^2]=L\left[\int_0^t 2t\mathrm{d}t\right]=\frac{2}{p}L[t]=\frac{2!}{p^3},$$

$$L[t^3]=L\left[\int_0^t 3t^2\mathrm{d}t\right]=\frac{3}{p}L[t^2]=\frac{3\cdot 2!}{p^4}=\frac{3!}{p^4},$$

$$L[t^4]=L\left[\int_0^t 4t^3\mathrm{d}t\right]=\frac{4}{p}L[t^3]=\frac{4\cdot 3!}{p^5}=\frac{4!}{p^5}.$$

一般地,有 $L[t^n]=L\left[\int_0^t nt^{n-1}\mathrm{d}t\right]=\dfrac{n}{p}L[t^{n-1}]=\dfrac{n\cdot(n-1)!}{p^{n+1}}=\dfrac{n!}{p^{n+1}}$.

6.5.3 拉普拉斯变换表

用拉氏变换的定义和性质来求函数的拉氏变换,比较复杂,甚至比较困难,因此,为了运算方便,下面给出常用的拉氏变换表(见表 6.5.1).

表 6.5.1

序 号	$f(t)=L^{-1}[F(p)]$	$F(p)=L[f(t)]$
1	$\delta(t)$	1
2	$u(t)$	$\dfrac{1}{p}$
3	t	$\dfrac{1}{p^2}$
4	$t^n\quad(n=1,2,3,\cdots)$	$\dfrac{n!}{p^{n+1}}$
5	e^{at}	$\dfrac{1}{p-a}$
6	$1-\mathrm{e}^{-at}$	$\dfrac{a}{p(p+a)}$
7	$t\mathrm{e}^{at}$	$\dfrac{1}{(p-a)^2}$
8	$t^n\mathrm{e}^{at}\quad(n=1,2,3,\cdots)$	$\dfrac{n!}{(p-a)^{n+1}}$
9	$\sin\omega t$	$\dfrac{\omega}{p^2+\omega^2}$
10	$\cos\omega t$	$\dfrac{p}{p^2+\omega^2}$

续表

序　号	$f(t)=L^{-1}[F(p)]$	$F(p)=L[f(t)]$
11	$\sin(\omega t+\varphi)$	$\dfrac{p\sin\varphi+\omega\cos\varphi}{p^2+\omega^2}$
12	$\cos(\omega t+\varphi)$	$\dfrac{p\cos\varphi-\omega\sin\varphi}{p^2+\omega^2}$
13	$t\sin\omega t$	$\dfrac{2\omega p}{(p^2+\omega^2)^2}$
14	$t\cos\omega t$	$\dfrac{p^2-\omega^2}{(p^2+\omega^2)^2}$
15	$e^{-at}\sin\omega t$	$\dfrac{\omega}{(p+a)^2+\omega^2}$
16	$e^{-at}\cos\omega t$	$\dfrac{p+a}{(p+a)^2+\omega^2}$
17	$\sin\omega t-\omega t\cos\omega t$	$\dfrac{2\omega^2}{(p^2+\omega^2)^2}$
18	$\dfrac{1}{a^2}(1-\cos at)$	$\dfrac{1}{p(p^2+a^2)}$
19	$e^{at}-e^{bt}$	$\dfrac{a-b}{(p-a)(p-b)}$

6.5.4　拉普拉斯逆变换

前面讨论了由已知函数 $f(t)$ 求它的像函数 $F(p)$ 的问题. 与之相反的问题：已知像函数 $F(p)$，求它的像原函数 $f(t)$，即拉氏变换的逆变换.

在求拉普拉斯逆变换时，通常要结合使用拉氏变换的性质. 为此，在这里把拉氏变换的性质用逆变换的形式列出.

1. 线性性质

若 a_1,a_2 是常数，且设 $L[f_1(t)]=F_1(p)$，$L[f_2(t)]=F_2(p)$，则

$L^{-1}[a_1F_1(p)+a_2F_2(p)]=a_1L^{-1}[F_1(p)]+a_2L^{-1}[F_2(p)]=a_1f_1(t)+a_2f_2(t)$.

2. 平移性质

若 $L[f(t)]=F(p)$，则 $L^{-1}[F(p-a)]=e^{at}L^{-1}[F(p)]=e^{at}f(t)$.

3. 延滞性质

若 $L[f(t)]=F(p)$，则 $L^{-1}[e^{-ap}F(p)]=f(t-a)\,u(t-a)$.

【例 8】 求下列函数的拉氏逆变换：

(1) $F(p)=\dfrac{1}{p+2}$；　　(2) $F(p)=\dfrac{p}{p^2+4}$.

解　(1) 由拉氏变换表中的公式 5 得 $L^{-1}[F(p)]=L^{-1}\left[\dfrac{1}{p+2}\right]=e^{-2t}$.

(2) 由拉氏变换表中的公式 10 得 $L^{-1}[F(p)]=L^{-1}\left[\dfrac{p}{p^2+4}\right]=\cos 2t$.

【例 9】 求下列函数的拉氏逆变换：

(1) $F(p)=\dfrac{2p+5}{p^2+9}$;　　(2) $F(p)=\dfrac{1}{(p-3)^4}$.

解　(1) 由性质 1 及拉氏变换表中的公式 9 和公式 10 得

$$L^{-1}[F(p)]=L^{-1}\left[\frac{2p+5}{p^2+9}\right]=2L^{-1}\left[\frac{p}{p^2+9}\right]+\frac{5}{3}L^{-1}\left[\frac{3}{p^2+9}\right]=2\cos 3t+\frac{5}{3}\sin 3t.$$

(2) 由性质 2 及拉氏变换表中的公式 4 得

$$L^{-1}[F(p)]=L^{-1}\left[\frac{1}{(p-3)^4}\right]=e^{3t}L^{-1}\left[\frac{1}{p^4}\right]=\frac{e^{3t}}{3!}L^{-1}\left[\frac{3!}{p^4}\right]=\frac{1}{6}t^3e^{3t}.$$

【例 10】　求函数 $F(p)=\dfrac{p+6}{p^2+5p+6}$ 的拉氏逆变换.

解　用待定系数法将 $F(p)$ 分解为部分分式,得

$$L^{-1}[F(p)]=L^{-1}\left[\frac{4}{p+2}-\frac{3}{p+3}\right]=L^{-1}\left[\frac{4}{p+2}\right]-L^{-1}\left[\frac{3}{p+3}\right]$$
$$=4L^{-1}\left[\frac{1}{p+2}\right]-3L^{-1}\left[\frac{1}{p+3}\right]=4e^{-2t}-3e^{-3t}.$$

习　题　6.5

1. 求下列函数的拉氏变换:

(1) $f(t)=\sin\dfrac{t}{3}$;　　(2) $f(t)=3e^{-2t}$;

(3) $f(t)=t^2+3t-5$;　　(4) $f(t)=3\sin 2t+2\cos 3t$;

(5) $f(t)=e^{-2t}\sin 4t$;　　(6) $f(t)=\sin 2t\cos 2t$;

(7) $f(t)=1+te^{3t}$;　　(8) $f(t)=u(2t-1)$.

2. 求下列函数的拉氏逆变换:

(1) $F(p)=\dfrac{3}{p^2+9}$;　　(2) $F(p)=\dfrac{1}{p(p+1)}$;

(3) $F(p)=\dfrac{2p-5}{p^2}$;　　(4) $F(p)=\dfrac{1}{(p-2)^2}$;

(5) $F(p)=\dfrac{2p+1}{p^2+2p+2}$;　　(6) $F(p)=\dfrac{p+3}{p^2-5p+6}$.

6.6　用 MATLAB 求级数、积分变换的应用

6.6.1　级数求和

收敛的级数,不论是数项级数还是函数项级数,都有求和问题,但计算比较麻烦. 在 MATLAB 中提供了求和的函数 symsum( ),其命令及说明如表 6.6.1 所示.

表 6.6.1

命令	说明
r = symsum(s,x,a,b)	计算级数的通项表达式 s 对项数变量 x 从初值 a 到终值 b 进行求和

【例 1】 求下列级数的和：

(1) $1+2+3+\cdots+(k-1)$；

(2) $1+2+3+\cdots+(k-1)+\cdots$；

(3) $1+\frac{1}{2^2}+\frac{1}{3^2}+\cdots+\frac{1}{k^2}+\cdots$.

解 (1)

```
>> syms k
>> symsum(k,k,1,k-1)          % 求 1+2+3+…+(k-1) 的和
ans =
      1/2*k^2-1/2*k           % 1+2+3+…+(k-1) 的和为 1/2 k^2 - 1/2 k
```

(2)

```
>> symsum(k,k,1,inf)          % 求 1+2+3+…+(k-1)+… 的和
ans =
      Inf     %1+2+3+…+(k-1)+… 的和为 ∞,即级数发散
```

(3)

```
>> symsum(1/k^2,k,1,inf)      % 求 1+1/2^2+1/3^2+…+1/k^2+… 的和
ans =
      1/6*pi^2                %1+1/2^2+1/3^2+…+1/k^2+… 的和为 1/6 π^2
```

注：(1) 中和为 $\frac{1}{2}k^2-\frac{1}{2}k$；(3) 中和为 $\frac{1}{6}\pi^2$。

【例 2】 求下列幂级数的和函数：

(1) $\sum_{n=1}^{\infty}\frac{x^n}{n(n+1)}$；　　(2) $\sum_{n=1}^{\infty}\frac{x^{2n-1}}{2n-1}$.

解 (1)

```
>> syms n x
>> symsum(x^n/(n^2+n),n,1,inf)        % 求 ∑_{n=1}^∞ x^n/(n(n+1)) 的和函数
ans =
      1-(x-1)/x*log(1-x)              % 和函数为 1-(x-1)/x ln(1-x)
```

(2)

```
>> syms n x
>> symsum(x^(2*n-1)/(2*n-1),n,1,inf)  % 求 ∑_{n=1}^∞ x^(2n-1)/(2n-1) 的和函数
ans =
1/2*log((1+x)/(1-x))                  % 和函数为 1/2 ln((1+x)/(1-x))
```

6.6.2 将函数展开成幂级数

在 MATLAB 中将函数展开成幂级数由命令函数 taylor() 实现，其命令和说明如表 6.6.2 所示.

表 6.6.2

命令	说明
r = taylor(s,n,x,a)	计算函数表达式 s 在自变量 $x=a$ 处的 $n-1$ 次的幂级数展开式. n 为展开的 $(x-a)^n$ 的次数. 如果不指定 a,则系统将 a 默认为 0,即所求的泰勒级数就是麦克劳林级数

【例 3】 将函数 $f(x)=e^x$ 展开成 5 阶的 x 的幂级数.

解

```
>> syms x
>> taylor(exp(x),6,x,0)          % 将 e^x 展开成 5 阶的 x 的幂级数
ans =
     1+x+1/2*x^2+1/6*x^3+1/24*x^4+1/120*x^5
```

% 结果为 $1+x+\frac{1}{2}x^2+\frac{1}{6}x^3+\frac{1}{24}x^4+\frac{1}{120}x^5$

【例 4】 将函数 $f(x)=\frac{1}{x^2+1}$ 展开成 7 阶的 $x=1$ 的幂级数.

解

```
>> syms x n
>> r = taylor(1/(x^2+1),8, x,1)
```

% 将函数 $f(x)=\frac{1}{x^2+1}$ 展开成 7 阶的 $x=1$ 的幂级数,并赋值于 r

```
r =
   1-1/2*x+1/4*(x-1)^2-1/8*(x-1)^4+1/8*(x-1)^5-1/16*(x-1)^6
```

% 结果为 $1-\frac{1}{2}x+\frac{1}{4}(x-1)^2-\frac{1}{8}(x-1)^4+\frac{1}{8}(x-1)^5-\frac{1}{16}(x-1)^6$

6.6.3 将函数展开成傅里叶级数

在 MATLAB 中将函数展开成傅里叶级数没有现存的命令,下面通过例子讲解方法.

【例 5】 (脉冲矩形波)设 $f(x)$ 是以 2π 为周期,振幅为 1 的方波函数,它在$[-\pi,\pi]$上的表达式为

$$f(x)=\begin{cases}-1 & \text{当} -\pi\leqslant x<0 \\ 1 & \text{当} 0<x\leqslant\pi\end{cases},$$

试将 $f(x)$ 展开成傅里叶级数,并画出图形观察该函数的部分和逼近 $f(x)$ 的情形.

解 该函数可以写成形式 $f(x)=\frac{|x|}{x}$.

(1) 编写文件名为 fry.m 的 M 文件.

```
function  s = fry(f,n)                                % 定义 M 文件名
syms x
s = int(f,x,'-pi','pi')/'pi'/2;                       % 定义 s = a0 = (2/π)∫_{-π}^{π} f(x)dx
for k = 1:n                                            % 定义循环体
    ak = int(f*cos(k*x),x,'-pi','pi')/'pi';          % 定义 ak = (1/π)∫_{-π}^{π} f(x)cos kx dx
    bk = int(f*sin(k*x),x,'-pi','pi')/'pi';          % 定义 bk = (1/π)∫_{-π}^{π} f(x)sin kx dx
```

```
    s = s + ak * cos(k * x) + bk * sin(k * x);     % 定义 a0 + ∑(k=1→∞)(ak cos kx + bk sin kx)
end                                                % 循环体结束
```

$$\% \text{ 定义 } a_0+\sum_{k=1}^{\infty}(a_k\cos kx+b_k\sin kx)$$

(2) 调用 fry.m 的 M 文件,求 $f(x)$ 的傅里叶级数的前 10 项.

```
>> F = fry('abs(x)/x',10)                          % 展开成傅里叶级数共 10 项
F =
    4/pi * sin(x) + 4/3/pi * sin(3 * x) + 4/5/pi * sin(5 * x) + 4/7/pi * sin(7 * x) + 4/9/pi * sin(9 * x)
```

% 函数 $f(x)$ 的展开式为 $\frac{4}{\pi}\left(\sin x+\frac{1}{3}\sin 3x+\frac{1}{5}\sin 5x+\frac{1}{7}\sin 7x+\frac{1}{9}\sin 9x+\cdots\right)$

(3) 作图.

```
>> syms x
>> fplot('-1',[-pi,0])              % 作函数 y =-1 在[-π,0]的图像
>> hold on                          % 在同一个坐标系上继续作图
>> fplot('1',[0,pi])                % 作函数 y = 1 在[0,π]的图像
>> fplot('4/pi * sin(x) + 4/3/pi * sin(3 * x) + 4/5/pi * sin(5 * x) + 4/7/pi * sin(7 * x) + 4/9/pi * sin(9 * x)',
   [-pi,pi])                        % 作函数 y = F(x) 在[-π,π]的图像,如图 6.6.1 所示
```

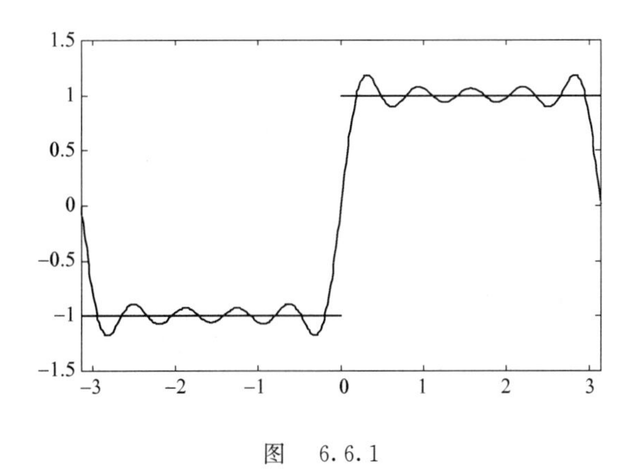

图 6.6.1

【例 6】 设函数 $f(x)$ 是周期为 2π 的周期函数,它在一个周期$[-\pi,\pi)$上的表达式为

$$f(x)=\begin{cases}-x+1 & \text{当} -\pi\leqslant x<0\\ x+1 & \text{当} 0\leqslant x<\pi\end{cases},$$

试将 $f(x)$ 展开成傅里叶级数,并观察对比 $f(x)$ 以及它的傅里叶级数展开 5 项的图形.

解 (1) 将函数形式写为 $f(x)=\text{abs}(x)+1$,调用 fry.m 的 M 文件,求 $f(x)$ 的 Fourier 级数的前 5 项.

```
>> f = fry('abs(x) + 1',5)
f =
    1/2 * (pi^2 + 2 * pi)/pi - 4/pi * cos(x) - 4/9/pi * cos(3 * x) - 4/25/pi * cos(5 * x)
```

% 展开式为 $\frac{1}{2}\pi+1-\frac{4}{\pi}\cos x-\frac{4}{9\pi}\cos 3x-\frac{4}{25\pi}\cos 5x$

(2) 观察对比 $f(x)$ 以及它的傅里叶级数展开 5 项的图形

```
>> fplot('abs(x) + 1',[-pi,pi])       % 在[-π,π]上作 f(x) =| x |+1 的图形
>> hold on
```

```
>> fplot('1/2 * (pi^2 + 2 * pi)/pi - 4/pi * cos(x) - 4/9/pi * cos(3 * x) - 4/25/pi *
   cos(5 * x)',[- pi,pi])
```

% 在$[-\pi,\pi]$上作 $f(x)=|x|+1$ 的傅里叶展开式(5 项)的图形,如图 6.6.2 所示

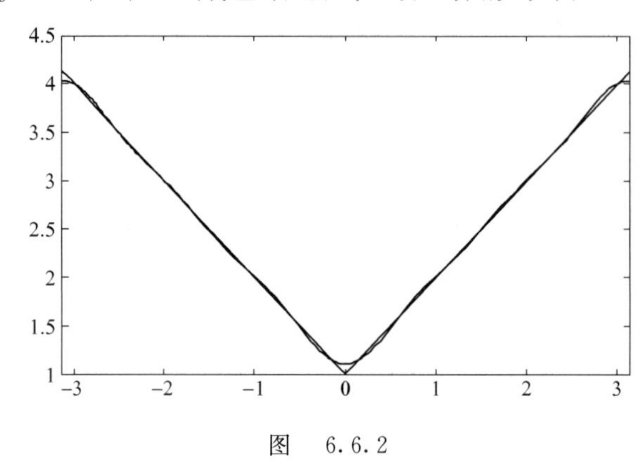

图 6.6.2

6.6.4 用 MATLAB 求拉普拉斯变换

在 MATLAB 中求拉普拉斯变换及其逆变换是由函数 laplace( ) 和 ilaplace( ) 来实现的,其命令和说明如表 6.6.3 所示.

表 6.6.3

命令	说明
F = laplace(f)	求函数 $f(t)$ 的拉普拉斯变换
F = ilaplace(f)	求函数 $f(t)$ 的拉普拉斯逆变换
Heaviside(t)	表示单位阶梯函数 $u(t)=\begin{cases}0 & 当\ t<0\\1 & 当\ t\geqslant 0\end{cases}$
Dirac(t)	表示单位脉冲函数 $\delta(t)=\begin{cases}0 & 当\ t\neq 0\\\infty & 当\ t=0\end{cases}$

说明:在 MATLAB 中,单位阶梯函数 Heaviside(t) 的第一个字母 H 必须大写,单位脉冲函数 Dirac(t) 的第一个字母 D 必须大写;定义符号变量 Heaviside(t),在函数 sym( ) 的参数引用时,两端必须加单引号.

【例 7】 求:(1) 单位阶梯函数 $u(t)=\begin{cases}0 & 当\ t<0\\1 & 当\ t\geqslant 0\end{cases}$;　(2) 单位脉冲函数 $\delta(t)$;

(3) 指数函数 $f(t)=\mathrm{e}^{at}$(a 是常数);　(4) 函数 $f(t)=at$(a 是常数) 的拉氏变换.

解 (1)

```
>> syms s t                        % 定义符号变量
>> u = sym('Heaviside(t)');        % 定义单位阶梯函数
>> F = laplace(u)                  % 单位阶梯函数的拉氏变换
F = 1/s                            % 其拉氏变换是1/s
```

(2)

```
>> f = sym('Dirac(t)');            % 定义单位脉冲函数δ(t)
>> F = laplace(f)                  % 单位脉冲函数的拉氏变换
F = 1                              % 其拉氏变换是 1
```

(3) >> syms a t s　　　　　　　　　　　% 定义符号变量

　>> F = laplace(exp(a * t))　　　　　% 求指数函数 $f(t) = e^{at}$ 的拉氏变换

　F = 1/(s - a)　　　　　　　　　　　% 其拉氏变换是$\frac{1}{s-a}$

(4) >> F = laplace(a * t)　　　　　　　% 求函数 $f(t) = at$ 的拉氏变换

　F = a/s^2　　　　　　　　　　　　　% 其拉氏变换是$\frac{a}{s^2}$

【例 8】 求下列函数的拉氏逆变换：

(1) $F(s) = \frac{1}{s+3}$；　　(2) $F(s) = \frac{1}{(s-2)^2}$.

解　(1) >> syms s t　　　　　　　　　% 定义符号变量

　　>> f = ilaplace(1/(s + 3))　　　　% 求函数 $F(s) = \frac{1}{s+3}$ 的拉氏逆变换

　　f = exp(- 3 * t)　　　　　　　　　% 其拉氏逆变换是 e^{-3t}

(2) >> f = ilaplace(1/(s - 2)^2)　　　% 求函数 $F(s) = \frac{1}{(s-2)^2}$ 的拉氏逆变换

　f = t * exp(2 * t)　　　　　　　　　% 其拉氏逆变换是 te^{2t}

习　题　6.6

1. 用 MATLAB 求下列级数的和函数：

(1) $\sum_{n=1}^{\infty} \frac{2^n - 1}{3^n}$；　(2) $\sum_{n=1}^{\infty} \sin \frac{\pi}{4^n}$；　(3) $\sum_{n=1}^{\infty} \frac{(2n-1)}{2^n} x^{2n-2}$.

2. 用 MATLAB 求下列函数的在指定点处的泰勒级数：

(1) $f(x) = \ln(5 + x)$ 在 $x = 0$ 处展开成 3 阶的泰勒级数；

(2) $f(x) = \frac{1}{3-x}$ 在 $x = 2$ 处展开成 12 阶的泰勒级数；

(3) $f(x) = \sin x e^x$ 在 $x = \frac{\pi}{4}$ 处展开成 10 阶的泰勒级数 .

3. 用 MATLAB 求下列函数的拉普拉斯变换：

(1) $2\sin 3t + 3\cos 2t$；　(2) $3t$；　(3) e^{2t}.

4. 用 MATLAB 求下列函数的拉普拉斯逆变换：

(1) $F(s) = \frac{2s-5}{s^2}$；　(2) $F(s) = \frac{4s-3}{s^2+4}$；　(3) $F(s) = \frac{s+9}{s^2+5s+6}$.

小结

6.1　级数的概念与性质

一、主要内容与要求

(1) 掌握级数的定义、表示方法、收敛、发散、和函数等概念及级数收敛的基本性质，会用定义判断简单级数的敛散性，能够用级数的基本性质判断级数的收敛与发散.

(2) 熟练掌握等比级数(或几何级数) 的敛散性.

二、方法小结

用定义判断级数敛散性,若收敛则求和的步骤:

(1) 求部分和 s_n;(2) 求$\lim\limits_{n\to\infty}s_n$;(3) 若$\lim\limits_{n\to\infty}s_n=s$存在,则级数收敛,其和为 s;若 $\lim\limits_{n\to\infty}s_n$ 不存在,则级数发散;

难点:求部分和 s_n 及其极限,比如拆项求和.

6.2 数项级数的敛散性

一、主要内容与要求

(1) 理解正项级数的比较判别定理、比值判别定理.

(2) 理解交错级数判别定理.

(3) 理解一般项级数的绝对收敛及条件收敛.

(4) 熟练掌握比较判别法、比值判别法、交错级数判别法.

二、方法小结

(1) 判别一个正项级数 $\sum\limits_{n=1}^{\infty}u_n$ 是否收敛没有固定的方法步骤,一般的做法有:

① 利用级数收敛的必要条件,如果$\lim\limits_{n\to\infty}u_n\neq0$,则级数 $\sum\limits_{n=1}^{\infty}u_n$ 发散;否则改用其他方法判别.

② 若它是或可能转化为等比级数或 p－级数,则由它们的收敛条件来判别.

③ 用比较判别法或比值判别法来判别.

对于比较判别法,它的基本思想是把某个已知敛散性的级数作为比较对象,通过比较对应项的大小,来判断级数的敛散性,常用等比级数或 p－级数作为比较对象判别.

对于比值判别法,它是从级数本身判断级数的敛散性.如果正项级数的一般项中含有幂或阶乘因式时,可使用比值判别法.

④ 还有一些方法,有兴趣的读者可参看其他教材.

(2) 判断任意项级数 $\sum\limits_{n=1}^{\infty}u_n$ 的收敛性的一般步骤:

① 若$\lim\limits_{n\to\infty}u_n\neq0$,则级数发散;若$\lim\limits_{n\to\infty}u_n=0$,则需要进一步判别;

② 判别$\sum\limits_{n=1}^{\infty}|u_n|$是否收敛,若收敛,则$\sum\limits_{n=1}^{\infty}u_n$ 为绝对收敛;若$\sum\limits_{n=1}^{\infty}|u_n|$发散,再看它是否条件收敛;

③ 若为交错级数,可用莱布尼茨判别法;

④ 直接用收敛定义或性质判别.

6.3 幂级数

一、主要内容与要求

(1) 理解幂级数的定义,熟练掌握幂级数的收敛半径的方法,正确求出幂级数的收敛区间.

(2) 了解幂级数的运算性质,会求幂级数和函数.

(3) 了解函数 $f(x)$ 的麦克劳林级数:

$$f(x)=f(0)+f'(0)x+\frac{f''(0)}{2!}x^2+\cdots+\frac{f^{(n)}(0)}{n!}x^n+\cdots.$$

(4) 会用间接展开法将函数 $f(x)$ 展成幂级数(麦克劳林级数).

二、方法小结

(1) 幂级数 $\sum_{n=0}^{\infty} a_n x^n$ 求收敛域的方法:先求其收敛半径 $R=\lim_{n\to\infty}\left|\frac{a_n}{a_{n+1}}\right|$. 当 $0<R<+\infty$ 时,应讨论 $x=\pm R$ 时,级数 $\sum_{n=0}^{\infty} a_n(\pm R)^n$ 是否收敛,才能确定其收敛域;当 $R=+\infty$ 时,收敛域为 $(-\infty,+\infty)$;当 $R=0$ 时,收敛域缩为一点 $x=0$.

(2) 求幂级数的和函数的方法:

① 通过幂级数的运算性质把幂级数化为等比级数;

② 用等比级数的求和公式求和(此时注意要求公比 $|q|<1$);

③ 用求导或微分的方法求出原幂级数的和函数;

④ 求和函数的定义域时,要将使得 $|q|=1$ 的点 x 带回原级数,判断是否为收敛点,从而得到幂级数的收敛域,即和函数的定义域.

(3) 将函数 $f(x)$ 展成幂级数(麦克劳林级数)的方法:

① 直接展法:

第一步　求出 $f(x)$ 的各阶导数 $f'(x),f''(x),\cdots,f^{(n)}(x),\cdots$.

第二步　求出函数 $f(x)$ 以及它的各阶导数在 $x=0$ 处的值

$$f(0),f'(0),f''(0),\cdots,f^{(n)}(0),\cdots.$$

第三步　写出幂级数

$$f(0)+f'(0)x+\frac{f''(0)}{2!}x^2+\cdots+\frac{f^{(n)}(0)}{n!}x^n+\cdots,$$

并求出其收敛半径(或收敛区间).

第三步中在收敛域内写出的幂级数,就是函数 $f(x)$ 的幂级数展开式.

② 间接展法:常用的几个重要的初等函数的幂级数展开式

$$e^x=\sum_{n=0}^{\infty}\frac{x^n}{n!}=1+x+\frac{x^2}{2!}+\cdots+\frac{x^n}{n!}+\cdots,\quad x\in(-\infty,+\infty);$$

$$\begin{aligned}\sin x&=\sum_{n=0}^{\infty}(-1)^n\frac{x^{2n+1}}{(2n+1)!}\\&=x-\frac{x^3}{3!}+\frac{x^5}{5!}-\frac{x^7}{7!}+\cdots+(-1)^n\frac{x^{2n+1}}{(2n+1)!}+\cdots,\quad x\in(-\infty,+\infty);\end{aligned}$$

$$\frac{1}{1-x}=\sum_{n=0}^{\infty}x^n=1+x+x^2+\cdots+x^n+\cdots,\quad x\in(-1,1).$$

6.4　傅里叶级数

一、主要内容与要求

(1) 了解三角级数及它的正交性.

(2) 理解傅里叶级数的定义,了解收敛定理.

(3) 会把周期为 2π 的函数展成傅里叶级数.

二、方法小结

将周期为 2π 的函数 $f(x)$ 展成傅里叶级数的方法:

(1) 确定函数 $f(x)$ 满足收敛定理.

(2) 判断函数 $f(x)$ 的奇偶性.

(3) 求函数 $f(x)$ 的傅里叶系数及傅里叶级数.

① 如果 $f(x)$ 是奇函数,则 $f(x)$ 的傅里叶系数

$$a_n = 0\ (n = 0,1,2,\cdots),\quad b_n = \frac{2}{\pi}\int_0^{\pi} f(x)\sin nx\,dx \quad (n = 1,2,\cdots).$$

于是奇函数 $f(x)$ 的傅里叶级数为正弦级数 $\sum_{n=1}^{\infty} b_n \sin nx$.

② 如果 $f(x)$ 是偶函数,则 $f(x)$ 的傅里叶系数

$$a_0 = \frac{2}{\pi}\int_0^{\pi} f(x)\,dx,\quad a_n = \frac{2}{\pi}\int_0^{\pi} f(x)\cos nx\,dx \quad (n = 1,2,3,\cdots),$$

$$b_n = 0 \quad (n = 1,2,3,\cdots).$$

于是偶函数 $f(x)$ 的傅里叶级数为余弦级数 $\frac{a_0}{2} + \sum_{n=1}^{\infty} a_n \cos nx$.

③ 若函数 $f(x)$ 即不是奇函数也不是偶函数,则 $f(x)$ 的傅里叶系数

$$a_0 = \frac{1}{\pi}\int_{-\pi}^{\pi} f(x)\,dx,\quad a_n = \frac{1}{\pi}\int_{-\pi}^{\pi} f(x)\cos nx\,dx,\quad b_n = \frac{1}{\pi}\int_{-\pi}^{\pi} f(x)\sin nx\,dx \quad (n = 1,2,\cdots).$$

于是 $f(x)$ 的傅里叶级数为 $\frac{a_0}{2} + \sum_{n=1}^{\infty}(a_n \cos nx + b_n \sin nx)$.

6.5 拉普拉斯变换

一、主要内容与要求

(1) 理解拉普拉斯变换及逆变换的定义.

(2) 了解拉普拉斯变换及逆变换的性质.

(3) 会用拉普拉斯变换及逆变换的性质、拉普拉斯变换表,求函数的拉普拉斯变换及逆变换.

二、方法小结

(1) 求拉普拉斯变换的方法:

① 用拉普拉斯变换的定义.

② 用拉普拉斯变换的性质.

③ 用拉普拉斯变换表.

(2) 求拉氏逆变换的方法:

① 用拉普拉斯变换表.

② 用性质和拉普拉斯变换表.

6.6 用 MATLAB 求级数、积分变换的应用

一、主要内容与要求

(1) 掌握求和的函数命令 symsum( ) 及调用格式.

(2) 掌握函数展开成幂级数命令 taylor( ) 及调用格式.

(3) 了解函数展开成傅里叶级数命令 fseries( ) 及调用格式.

(4) 理解求拉普拉斯变换及其逆变换的命令 laplace( ) 和 ilaplace( ) 及调用格式.

二、方法小结

熟练应用 MATLAB 的命令及调用格式进行级数的各种运算.

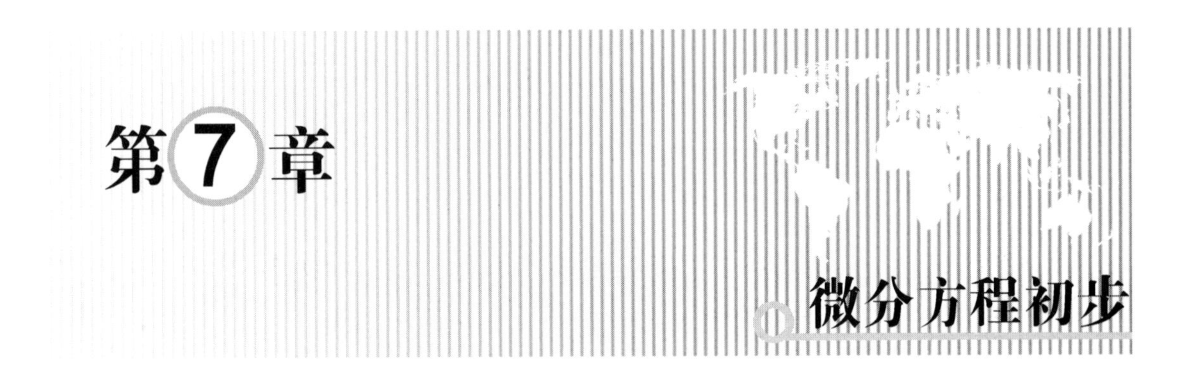

函数是客观事物的内部联系在数量方面的反映，利用函数关系可以对客观事物的规律性进行研究. 因此，如何寻求函数关系，在实践中具有重要意义. 但在科学研究和生产实际中，往往不能直接找出所需要的函数关系，却可以根据问题所提供的已知条件，列出含有要找的函数及其导数(或微分)的关系式，这样的关系式就是**微分方程**. 对微分方程进行研究，找出未知的函数关系的过程，叫做**解微分方程**. 本章主要介绍微分方程的一些基本概念和实际问题中几种常用的微分方程的解法，最后介绍用 MATLAB 软件求解微分方程.

7.1　微分方程的基本概念

下面通过具体的例题来说明微分方程的基本概念.

【例 1】 一曲线经过点(1,2)，且在该曲线上任意一点 $M(x,y)$ 处的切线斜率为 $2x$，求该曲线的方程.

解　设所求曲线方程为 $y=f(x)$，根据导数的几何意义可知，未知函数 $y=f(x)$ 应满足关系式

$$\frac{\mathrm{d}y}{\mathrm{d}x}=2x. \tag{1}$$

此外，未知函数还应满足下列条件：$x=1$ 时，$y=2$.

把式(1)的两端积分得 $y=\int 2x\mathrm{d}x$，　即

$$y=x^2+C\quad (C\text{ 为任意常数}).$$

把条件 $x=1, y=2$ 代入上式得 $C=1$，即得所求曲线方程为

$$y=x^2+1.$$

【例 2】 列车在平直线路上以 20 m/s 的速度行驶，制动时列车获得加速度 $-0.4\ \mathrm{m/s^2}$. 问开始制动后多长时间列车才能停住，列车在这段时间里行驶了多少路程？

解　设列车在开始制动后 t 秒行驶了 s 米. 根据题意，反映制动阶段列车运动规律的函数 $s=s(t)$ 应满足关系式

$$\frac{\mathrm{d}^2 s}{\mathrm{d}t^2}=-0.4. \tag{2}$$

此外,未知函数还应满足下列条件:$t=0$ 时,$s=0, v=\frac{ds}{dt}=20$.

把式(2)的两端积分一次得

$$v=\frac{ds}{dt}=-0.4t+C_1, \tag{3}$$

再积分一次得

$$s=-0.2t^2+C_1t+C_2, \tag{4}$$

这里 C_1, C_2 都是任意常数.

把条件 $t=0$ 时,$v=20$ 代入式(3)得 $C_1=20$;把条件 $t=0$ 时,$s=0$ 代入式(4)得 $C_2=0$.把 C_1, C_2 的值代入式(3)和式(4)得

$$v=-0.4t+20, \tag{5}$$

$$s=-0.2t^2+20t. \tag{6}$$

在式(5)中令 $v=0$,得到列车从开始制动到完全停住所需的时间 $t=\frac{20}{0.4}=50(\mathrm{s})$,再把 $t=50$ 代入式(6),得到列车在制动阶段行驶的路程为

$$s=-0.2\times 50^2+20\times 50=500(\mathrm{m}).$$

上述两个例子中的关系式都含有未知函数的导数,它们都是微分方程.一般定义如下:

定义1 凡含有未知函数导数或微分的方程,称为**微分方程**.未知函数是一元函数的微分方程称为**常微分方程**,未知函数是多元函数的微分方程称为**偏微分方程**.本章仅讨论常微分方程,以下简称**微分方程**.

例如,上述例题中的方程 $\frac{dy}{dx}=2x, \frac{d^2s}{dt^2}=-0.4$ 都是常微分方程.

定义2 微分方程中所出现的未知函数的导数的最高阶数,称为**微分方程的阶**.

例如,方程 $\frac{dy}{dx}=2x$ 为一阶微分方程,而方程 $\frac{d^2s}{dt^2}=-0.4$ 则为二阶微分方程.

一般地,n 阶微分方程的形式为

$$F(x,y,y',y'',\cdots,y^{(n)})=0. \tag{7}$$

这里必须强调指出,在 n 阶微分方程(7)中,$y^{(n)}$ 是必须出现的,而其他变量则可以不出现.例如,n 阶微分方程 $y^{(n)}+1=0$.

定义3 如果把某个函数代入微分方程能使该方程成为恒等式,则称这个函数为该**微分方程的解**.

如果微分方程的解中含有任意常数,而且相互独立的任意常数的个数等于微分方程的阶数,这样的解叫做**微分方程的通解**.在通解中,给予任意常数确定的值而得到的解叫做**微分方程的特解**.用来确定任意常数的条件叫做**初始条件**.

例如,在例1中,函数 $y=x^2+C$ 是微分方程 $\frac{dy}{dx}=2x$ 的通解,而 $y=x^2+1$ 是该方程在初始条件 $y|_{x=1}=2$ 下的特解;在例2中,$s=-0.2t^2+C_1t+C_2$ 是微分方程 $\frac{d^2s}{dt^2}=-0.4$ 的通解,而 $s=-0.2t^2+20t$ 则是该方程在初始条件 $s|_{t=0}=0, \left.\frac{ds}{dt}\right|_{t=0}=20$ 下的特解.

【例3】 验证函数 $y=C_1x+C_2e^x$(C_1, C_2 都是任意常数)是微分方程 $(1-x)y''+xy'-$

$y=0$ 的通解,并求出满足初始条件 $y|_{x=0}=-1$ 和 $y'|_{x=0}=1$ 的特解.

解　由 $y=C_1x+C_2e^x$ 得 $y'=C_1+C_2e^x$, $y''=C_2e^x$,将 y,y',y'' 代入所给微分方程的左边,得 $(1-x)C_2e^x+x(C_1+C_2e^x)-(C_1x+C_2e^x)=0$.

所以函数 $y=C_1x+C_2e^x$ 是微分方程 $(1-x)y''+xy'-y=0$ 的解.这个解中含有两个独立的任意常数 C_1,C_2,而所给方程又是二阶微分方程,所以它是该方程的通解.

把初始条件 $y|_{x=0}=-1$ 和 $y'|_{x=0}=1$ 分别代入 $y=C_1x+C_2e^x$ 和 $y'=C_1+C_2e^x$ 中,得 $C_1=2$, $C_2=-1$.于是,所求微分方程的特解为 $y=2x-e^x$.

习　题　7.1

1. 指出下列微分方程的阶数:

(1) $x(y')^2+2y=5$;　　(2) $yy''+xy+1=0$;

(3) $(x^2+y)dx+xydy=dx$;　　(4) $(y')^3-xy^2=0$;

(5) $y'''-2xy-4=0$;　　(6) $3xy''=4xy$.

2. 验证函数 $y=C_1\cos x+C_2\sin x$ 是微分方程 $y''+y=0$ 的通解,并求此微分方程满足初始条件 $y|_{x=0}=1,y'|_{x=0}=1$ 的特解.

3. 指出下列各题中的函数是否为所给微分方程的解:

(1) $xy'=2y,y=5x^2$;

(2) $y''+y=0,y=3\sin x-4\cos x$;

(3) $y''-(\lambda_1+\lambda_2)y'+\lambda_1\lambda_2y=0,y=C_1e^{\lambda_1x}+C_3e^{\lambda_2x}$.

4. 已知函数 $y=(C_1+C_2x)e^{-x}$(C_1,C_2 为任意常数)是微分方程 $y''+2y'+y=0$ 的通解,求满足初始条件为 $y|_{x=0}=4$ 和 $y'|_{x=0}=-2$ 的特解.

5. 已知一曲线通过点(0,1),且在曲线上任意一点 $M(x,y)$ 处的切线的斜率等于 $2x^3$,求该曲线的方程.

7.2　一阶微分方程

下面介绍几种常见类型的一阶微分方程.

7.2.1　可分离变量的微分方程

定义 1　如果一个一阶微分方程能写成

$$g(y)dy=f(x)dx \tag{1}$$

的形式,也就是说,能把微分方程写成一端只含 y 的函数和 dy,另一端只含 x 的函数和 dx 的形式,那么该方程就称为**可分离变量的微分方程**.

求解这种微分方程的步骤为:

第一步:分离变量,得

$$g(y)dy=f(x)dx.$$

第二步:两边同时积分,得

$$\int g(y)\mathrm{d}y = \int f(x)\mathrm{d}x.$$

第三步:求出积分,设 $G(y)$ 和 $F(x)$ 分别是 $g(y)$ 和 $f(x)$ 的原函数,于是有

$$G(y) = F(x) + C \quad (C\text{ 为任意常数}).$$

即为微分方程的通解.

【例 1】 求微分方程$\dfrac{\mathrm{d}y}{\mathrm{d}x} = 2xy$ 的通解.

解 此方程是可分离变量的微分方程.

分离变量后得
$$\frac{\mathrm{d}y}{y} = 2x\mathrm{d}x,$$

两边积分,得
$$\int \frac{\mathrm{d}y}{y} = \int 2x\mathrm{d}x,$$

求出积分,得
$$\ln|y| = x^2 + C_1,$$

从而
$$y = \pm \mathrm{e}^{x^2+C_1} = \pm \mathrm{e}^{C_1}\mathrm{e}^{x^2}.$$

因 $\pm \mathrm{e}^{C_1}$ 仍为任意常数,把它记作 C,得微分方程的通解为

$$y = C\mathrm{e}^{x^2}.$$

【例 2】 求微分方程 $\mathrm{d}x + xy\mathrm{d}y = y^2\mathrm{d}x + y\mathrm{d}y$ 的通解.

解 将方程整理,得
$$y(x-1)\mathrm{d}y = (y^2-1)\mathrm{d}x,$$

分离变量,得
$$\frac{y}{y^2-1}\mathrm{d}y = \frac{1}{x-1}\mathrm{d}x,$$

两边积分,得
$$\int \frac{y}{y^2-1}\,\mathrm{d}y = \int \frac{1}{x-1}\mathrm{d}x,$$

$$\frac{1}{2}\ln|y^2-1| = \ln|x-1| + \frac{1}{2}\ln C,$$

所以,原方程的通解为
$$y^2 = C(x-1)^2 + 1.$$

【例 3】 求微分方程$(1+\mathrm{e}^x)yy' = \mathrm{e}^x$ 满足初始条件 $y|_{x=0} = 0$ 的特解.

解 将方程分离变量,得
$$y\mathrm{d}y = \frac{\mathrm{e}^x}{1+\mathrm{e}^x}\mathrm{d}x,$$

两边积分,得
$$\int y\mathrm{d}y = \int \frac{\mathrm{e}^x}{1+\mathrm{e}^x}\,\mathrm{d}x,$$

$$\frac{1}{2}y^2 = \ln(1+\mathrm{e}^x) + \ln C,$$

所以原方程的通解为
$$y^2 = 2\ln C(1+\mathrm{e}^x),$$

再由 $y|_{x=0} = 0$,得
$$C = \frac{1}{2},$$

因此,所求微分方程的特解为
$$y^2 = 2\ln\frac{1+\mathrm{e}^x}{2}.$$

7.2.2 一阶线性微分方程

定义 2 如果一个一阶微分方程能写成

$$\frac{\mathrm{d}y}{\mathrm{d}x} + P(x)y = Q(x) \tag{2}$$

的形式，那么原方程就称为**一阶线性微分方程**. 其中，$P(x)$，$Q(x)$ 为已知的连续函数，其线性的含义是指方程关于未知函数 y 及其导数的幂都是一次的. 它的特点是：方程一边是已知函数，另一边的每项中仅含 y 和 y' 的一次项.

如果 $Q(x)=0$，则方程 $\frac{dy}{dx}+P(x)y=0$ 称为**一阶线性齐次微分方程**；如果 $Q(x)\neq 0$，则方程 $\frac{dy}{dx}+P(x)y=Q(x)$ 称为**一阶线性非齐次微分方程**.

下面分别讨论一阶线性齐次微分方程和一阶线性齐次微分方程的求解方法.

1. 一阶线性齐次微分方程的解法

显然，一阶线性齐次微分方程是可分离变量的微分方程，分离变量后，得

$$\frac{dy}{y}=-P(x)dx.$$

两边积分，得

$$\ln|y|=-\int P(x)dx+C_1$$

或

$$y=Ce^{-\int P(x)dx}\ (C=\pm e^{C_1}). \tag{3}$$

这就是一阶线性齐次微分方程的通解公式.

注：这里的记号 $\int P(x)dx$ 表示 $P(x)$ 的某个确定的原函数.

2. 一阶线性非齐次微分方程的解法

注意到一阶线性非齐次微分方程和齐次微分方程左边完全相同，它们的通解之间会有一定的联系. 显然，不论 C 取任何实数，一阶线性齐次微分方程的通解 $y=Ce^{-\int P(x)dx}$ 都不是非齐次微分方程的通解. 如果把常数 C 换成关于 x 的函数 $C(x)$，设想 $y=C(x)e^{-\int P(x)dx}$ 是一阶线性非齐次微分方程的解，若能确定 $C(x)$，则方程的通解就找到了.

为此，设 $y=C(x)e^{-\int P(x)dx}$ 是一阶线性非齐次微分方程的解，则有

$$\frac{dy}{dx}=C'(x)e^{-\int P(x)dx}-C(x)P(x)e^{-\int P(x)dx},$$

将 y，$\frac{dy}{dx}$ 代入方程 $\frac{dy}{dx}+P(x)y=Q(x)$，得

$$C'(x)=Q(x)e^{\int P(x)dx},$$

两边积分，得　$C(x)=\int Q(x)e^{\int P(x)dx}dx+C$　（其中 C 是任意常数）.

将上式代入 $y=C(x)e^{-\int P(x)dx}$ 中，得一阶线性非齐次微分方程的通解为

$$y=e^{-\int P(x)dx}\left[\int Q(x)e^{\int P(x)dx}dx+C\right] \tag{4}$$

或

$$y=Ce^{-\int P(x)dx}+e^{-\int P(x)dx}\int Q(x)e^{\int P(x)dx}dx.$$

式(4) 称为一阶线性非齐次微分方程(2) 的通解公式.

由此可见，一阶线性非齐次微分方程的通解等于与之对应的齐次微分方程的通解与非齐次微分方程的一个特解之和. 这种解微分方程的方法叫做**常数变易法**，用常数变易法解一阶线性非齐次微分方程的步骤为：

① 求出与非齐次微分方程对应的齐次微分方程的通解；

② 将齐次微分方程的通解中的任意常数 C 换成函数 $C(x)$,设出非齐次微分方程的解；

③ 将所设的解代入非齐次方程,解出 $C(x)$,并得出非齐次微分方程的通解.

【例 4】 求微分方程$\frac{dy}{dx}-\frac{2x}{1+x^2}y=1+x^2$ 的通解.

解法一 常数变易法.

求出对应的齐次微分方程$\frac{dy}{dx}-\frac{2x}{1+x^2}y=0$ 的通解.

分离变量,得 $$\frac{1}{y}dy=\frac{2x}{1+x^2}dx,$$

两边积分,得 $$\ln y=\ln(1+x^2)+\ln C,$$

所以,方程的通解为 $$y=C(1+x^2).$$

设 $y=C(x)(1+x^2)$ 为原方程的解,则有

$$\frac{dy}{dx}=C'(x)(1+x^2)+2xC(x).$$

将 $y,\frac{dy}{dx}$ 代入原方程,得 $$C'(x)(1+x^2)=1+x^2,$$

化简,得 $$C'(x)=1,$$

两边积分,得 $$C(x)=x+C,$$

由此得到原微分方程的通解为 $$y=(x+C)(1+x^2).$$

解法二 公式法.

因为在原微分方程中 $P(x)=-\frac{x}{1+x^2}$, $Q(x)=1+x^2$,

由公式(4)得,原微分方程的通解为

$$y=e^{\int\frac{2x}{1+x^2}dx}\left[\int(1+x^2)e^{-\int\frac{2x}{1+x^2}dx}dx+C\right]=e^{\ln(1+x^2)}\left[\int(1+x^2)e^{-\ln(1+x^2)}dx+C\right]$$
$$=(1+x^2)\left[\int(1+x^2)\frac{1}{1+x^2}dx+C\right]=(1+x^2)(x+C).$$

【例 5】 求微分方程 $xy'+y=\sin x$ 满足初始条件 $y|_{x=\pi}=1$ 的特解.

解 将方程整理,得 $$y'+\frac{1}{x}y=\frac{\sin x}{x},$$

因此 $$P(x)=\frac{1}{x},\quad Q(x)=\frac{\sin x}{x},$$

由公式(4)得,原方程的通解为

$$y=e^{-\int\frac{1}{x}dx}\left[\int\frac{\sin x}{x}e^{\int\frac{1}{x}dx}dx+C\right]=e^{-\ln x}\left[\int\frac{\sin x}{x}e^{\ln x}dx+C\right]$$
$$=\frac{1}{x}\left[\int\sin x dx+C\right]=\frac{1}{x}(-\cos x+C),$$

将初始条件 $y|_{x=\pi}=1$ 代入通解中,得 $C=\pi-1$,

故所求微分方程满足所给初始条件的特解为

$$y=\frac{1}{x}(\pi-1-\cos x).$$

【例 6】 求微分方程 $(x^2+1)\frac{\mathrm{d}y}{\mathrm{d}x}+2xy=4x^2$ 的通解.

解 将方程整理,得 $$\frac{\mathrm{d}y}{\mathrm{d}x}+\frac{2x}{1+x^2}y=\frac{4x^2}{1+x^2},$$

因此 $$P(x)=\frac{2x}{1+x^2},\quad Q(x)=\frac{4x^2}{1+x^2},$$

由公式得,原方程的通解为

$$y=\mathrm{e}^{-\int\frac{2x}{1+x^2}\mathrm{d}x}\left[\int\frac{4x^2}{1+x^2}\mathrm{e}^{\int\frac{2x}{1+x^2}\mathrm{d}x}\mathrm{d}x+C\right]=\mathrm{e}^{-\ln(1+x^2)}\left[\int\frac{4x^2}{1+x^2}\mathrm{e}^{\ln(1+x^2)}\mathrm{d}x+C\right]$$

$$=\frac{1}{1+x^2}\left[\int 4x^2\mathrm{d}x+C\right]=\frac{1}{1+x^2}\left(\frac{4}{3}x^3+C\right).$$

习 题 7.2

1. 求下列微分方程的通解:

(1) $\frac{\mathrm{d}y}{\mathrm{d}x}=\frac{2x}{y}$;

(2) $xy'-y\ln y=0$;

(3) $(xy^2+x)\mathrm{d}x+(y-x^2y)\mathrm{d}y=0$;

(4) $y^2\mathrm{d}x+(x^2+1)\mathrm{d}y=0$;

(5) $\mathrm{d}x+x\mathrm{d}y=\mathrm{e}^y\mathrm{d}x$;

(6) $(x^2+y^2)\mathrm{d}x-xy\mathrm{d}y=0$.

2. 求下列微分方程满足所给初始条件的特解:

(1) $y'=\mathrm{e}^{2x-y}, y|_{x=0}=0$;

(2) $y'=(1+x+x^2)y,\ y(0)=\mathrm{e}$;

(3) $\frac{\mathrm{d}u}{\mathrm{d}t}=u+ut^2,\ u(0)=5$;

(4) $2x\sin y\mathrm{d}x+(x^2+1)\cos y\mathrm{d}y=0, y|_{x=1}=\frac{\pi}{6}$.

3. 求下列一阶线性微分方程的通解:

(1) $y'-2y=\mathrm{e}^x$;

(2) $xy'-y=x^2+x^3$;

(3) $y'+y\cos x=\mathrm{e}^{-\sin x}$;

(4) $(x+1)y'-2y=(x+1)^4$.

4. 求下列微分方程满足所给初始条件的特解:

(1) $y'+y=\frac{1}{\mathrm{e}^x}, y|_{x=0}=1$;

(2) $xy'+y=x\ln x, y|_{x=1}=0$;

(3) $\frac{\mathrm{d}y}{\mathrm{d}x}+\frac{y}{x}=\frac{\cos x}{x}, y|_{x=1}=1$;

(4) $\frac{\mathrm{d}y}{\mathrm{d}x}+3y=9, y|_{x=0}=2$.

7.3 一阶微分方程的应用

微分方程在科技、工程、经济、生态、环境、人口、交通、运动、物理、化学等各个领域中有广泛应用.本节主要介绍应用一阶线性微分方程解决实际问题的几个事例.

【例 1】 (指数衰变问题)放射性元素铀由于不断地有原子放射出微粒子而变成其他元素,铀的含量就不断减少,这种现象叫做衰变.由原子物理学知道,铀的衰变速度与当时未衰变的原子的含量 M 成正比,已知 $t=0$ 时,铀的含量为 M_0,求在衰变过程中铀的含量 $M(t)$ 随时间 t 变化的规律.(铀可以做玻璃着色或陶瓷釉彩材料.1938 年发现铀核裂变,铀开始成为核原料.)

解 铀的衰变速度就是铀的含量 $M(t)$ 对时间 t 的导数 $\frac{\mathrm{d}M}{\mathrm{d}t}$.由于铀的衰变速度与其含量成正比,故得微分方程

$$\frac{\mathrm{d}M}{\mathrm{d}t}=-\lambda M \tag{1}$$

其中,$\lambda(\lambda>0)$ 是常数,叫做衰变系数.λ 前置负号是因为当 t 增加时 M 单调减少,即 $\frac{\mathrm{d}M}{\mathrm{d}t}<0$.

按题意,初始条件为 $M|_{t=0}=M_0$,

方程(1)是可分离变量的微分方程,分离变量后得

$$\frac{\mathrm{d}M}{M}=-\lambda\mathrm{d}t,$$

两边积分,得

$$\int\frac{\mathrm{d}M}{M}=\int(-\lambda)\mathrm{d}t,$$

$$\ln M=-\lambda t+\ln C,$$

即微分方程的通解为 $M=C\mathrm{e}^{-\lambda t}$,

把初始条件 $M|_{t=0}=M_0$ 代入上式,得

$$M_0=C\mathrm{e}^0=C,$$

即 $M=M_0\mathrm{e}^{-\lambda t}$.

这就是所求铀的衰变规律.由此可见,铀的含量随时间的增加而按指数规律衰减.

【例 2】 (运动问题)设降落伞从跳伞塔下落后,所受空气阻力与速度成正比(比例系数为常数 $k>0$),并设降落伞离开跳伞塔($t=0$)时速度为零,求降落伞的下降速度与时间的函数关系.

解 设降落伞的下降速度为 $v(t)$,降落伞在空中下落时,同时受到重力 P 与阻力 R 的作用.重力大小为 mg,方向与 v 一致;阻力大小为 kv(k 为比例系数),方向与 v 相反,从而降落伞所受的外力为

$$F=mg-kv,$$

根据牛顿第二运动定律可知 $F=ma$,

(其中,a 为加速度且 $a=v'(t)$),得函数 $v(t)$ 应满足的方程为

$$m\frac{\mathrm{d}v}{\mathrm{d}t}=mg-kv, \tag{2}$$

按题意,初始条件为 $v|_{t=0}=0$.

方程(2)是可分离变量的微分方程,分离变量后得

$$\frac{\mathrm{d}v}{mg-kv}=\frac{\mathrm{d}t}{m},$$

两边积分,得

$$\int\frac{\mathrm{d}v}{mg-kv}=\int\frac{\mathrm{d}t}{m},$$

考虑到 $mg-kv>0$,得 $$-\frac{1}{k}\ln(mg-kv)=\frac{t}{m}+C_1,$$

即 $$mg-kv=e^{-\frac{k}{m}t-kC_1},$$

或 $$v=\frac{mg}{k}+Ce^{-\frac{k}{m}t}\quad\left(C=-\frac{e^{-kC_1}}{k}\right),$$

这就是微分方程(2) 的通解.

将初始条件 $v|_{t=0}=0$ 代入通解中,得 $C=-\dfrac{mg}{k}$,

于是所求微分方程的特解为 $$v=\frac{mg}{k}(1-e^{-\frac{k}{m}t}).$$

由此可见,随着时间 t 的增大,速度 v 逐渐接近于常数$\dfrac{mg}{k}$,且不会超过$\dfrac{mg}{k}$,也就是说,跳伞后开始阶段是加速运动,但以后逐渐接近于匀速运动.

【例 3】 (冷却问题) 把温度为 100 ℃ 的沸水,放在室温为 20 ℃ 的环境中自然冷却,5 分钟后测得水温为 60 ℃,求水温的变化规律.

解 设水温的变化规律为 $Q=Q(t)$. 根据牛顿冷却定律,物体冷却速率与当时物体和周围介质的温差成正比(比例系数为 $k,k>0$),于是有

$$\frac{dQ}{dt}=-k(Q-20). \tag{3}$$

由于水温 Q 随着时间 t 的增大而减少,因此 $Q(t)$ 是减函数,有$\dfrac{dQ}{dt}<0$,所以应在 k 前添加一个负号. 初始条件为 $Q(0)=100$.

方程(3) 是可分离变量的微分方程,分离变量得

$$\frac{dQ}{Q-20}=-k\,dt,$$

两边积分,并化简,便得方程(3) 的通解为

$$Q=20+ce^{-kt}.$$

将 $Q(0)=100$,代入上式,得 $c=80$,故

$$Q=20+80e^{-kt}.$$

比例系数 k 可用另一条件 $Q(5)=60$ 来确定. 将 $Q(5)=60$ 代入上式,得 $k=\dfrac{\ln 2}{5}$,所以水温的变化规律为

$$Q=20+80\left(\frac{1}{2}\right)^{\frac{t}{5}},\quad t\geqslant 0.$$

【例 4】 (人口增长问题) 英国人口学家马尔萨斯在 1798 年提出了人口指数增长模型:单位时间内人口的增长速度与当时的人口总数成正比. 若已知 $t=t_0$ 时人口总数 x_0,试根据马尔萨斯人口模型,确定时间 t 与人口总数 x_0 之间的函数关系. 根据 ×× 国有关人口统计的数据资料,2005 年 ×× 国人口总数为 11.6 亿. 在以后的 8 年中,年人口平均增长率为了 14.8‰,假定今后的增长率不变,试用马尔萨斯方程预测 2020 年我国的人口总数.

解 设 t 时刻人口总数为 $x=x(t)$. 根据人口指数增长模型

$$\frac{dx}{dt}=rx(t)\quad(r\text{ 为比例常数})$$

并附初值条件 $x\big|_{t=t_0}=x_0$.

这是可分离变量的微分方程,它的通解为

$$x=Ce^{rt}.$$

将初始条件 $x\big|_{t=t_0}=x_0$ 代入上式,得 $C=x_0e^{-rt_0}$,故所求 t 时刻人口总数为

$$x(t)=x_0e^{r(t-t_0)}. \tag{4}$$

将 $t=2020, t_0=2005, x_0=11.6, r=0.0148$ 代入式(4),可预测出 2020 年××国的人口总数为

$$x\big|_{t=2020}=11.6\times e^{0.0148\times(2020-2005)}\approx 14.5\text{ 亿}.$$

马尔萨斯人口模型认为,人口以 e^r 为公比,按几何级数增长,这显然对未来的人口总数预测是不正确的.其主要原因是,随着人口的增长,自然资源、环境条件等因素对人口继续增长的阻滞作用越来越显著.为了使人口以预估,特别是长期预估更好地符合实际情况,必须修改指数增长模型关于人口增长率是常数这个基本假设.荷兰生物学家 Verhulst 引入常数 x_m,用来表示自然资源和环境条件所允许的最大人口,并假定人口增长率为

$$r\left(\frac{x_m-x(t)}{x_m}\right)=r\left(1-\frac{x(t)}{x_m}\right),$$

即人口增长率随着 $x(t)$ 的增加而减少,当 $x(t)\to x_m$ 时,人口增长率趋于零.其中,r,x_m 是根据人口统计数据或经验确定的常数.由此得人口的增长速率不仅与现有人口数量 $x(t)$ 成正比,而且与人口尚未实现的部分所占的比例 $\left(1-\frac{x(t)}{x_m}\right)$ 成正比,即

$$\frac{dx}{dt}=r\left(1-\frac{x(t)}{x_m}\right)x(t),$$

这个方程称为 **Logistic 模型(阻滞增长模型)**.属于可分离变量的微分方程,其通解为

$$x(t)=\frac{x_m}{1+Ce^{-rt}}.$$

Logistic 模型实际上是一种变量的增长率 $\frac{dx}{dt}$ 与其现实值 x、饱和值与现实值之差 x_m-x 都成正比的数学模型,其在生物群生长、传染病传播以及产品推销、推广技术等问题中都有重要作用.

由以上四例可以看出,应用微分方程解决实际问题的一般步骤如下:

(1) 建立描述实际问题的微分方程(数学模型);

(2) 按实际问题写出初值条件;

(3) 求出微分方程的通解;

(4) 由初值条件确定方程的特解;

(5) 利用所得结果解释实际问题(有的问题不用解释),从而预测到某些问题过程的特定性质或实际问题的现实意义,以便达到解决实际问题的目的.

习 题 7.3

1. 求一曲线方程,该曲线通过原点,且该曲线上任意一点 $M(x,y)$ 处的切线斜率等于 $2x+y$.

2. 放射性物质的衰变速率$\frac{dm}{dt}$与该物质的质量m成正比，设该物质的初始质量为m_0，求该放射性物质的半衰期T(放射性物质衰减到初始质量的一半所花费的时间).

3. 企业在进行成本核算的时候，经常要计算固定资产的折旧．一般说来，固定资产在任一时刻的折旧额与当时固定资产的价值都是成正比的．试研究固定资产价值p与时间t的函数关系．假定某固定资产5年前购买时的价格为10 000元，而现在的价值为6000元，试估算固定资产再过10年后的价值．

4. 在土力学或地基基础的土壤颗粒分析中，会遇到这个问题：有一个质量为m的微小颗粒，在水中从静止开始降落，且降落时的阻力正比于降落的速度．试确定颗粒在水中的降落速度v与时间t的函数关系．

7.4 用MATLAB解微分方程

前面仅仅介绍了简单的一阶微分方程的通解、特解问题，如果要解比较复杂的n阶微分方程，用MATLAB软件则很方便.

在MATLAB中，用大写字母D表示微分方程的导数. 例如，Dy表示y'，Dy(0) = 3表示$y'(0)=3$，Dny表示$y^{(n)}$，Dny(2) = −1表示$y^{(n)}(2)=-1$. 用MATLAB求微分方程的解析解可由函数dsolve( )实现，其命令格式和功能说明如表7.4.1所示．

表 7.4.1

命令	说明
y = dsolve('eq','var')	求微分方程的通解. 其中eq代表微分方程；var代表自变量
y = dsolve('eq','cond','var')	求微分方程的特解. 其中eq代表微分方程；cond代表微分方程的初始条件；var代表自变量

【例1】 求$y'=x+y$的通解.

解

```
>> syms x y
>> y = dsolve('Dy = x+y','x')    % 求方程 y' = x + y 的通解
y =
    -x-1+exp(x)*C1               % 所求通解为 y = -x-1+C1e^x
```

【例2】 求$\frac{dy}{dx}=2xy^2$的通解和满足条件$y(0)=1$的特解.

解

```
>> syms x y
>> y = dsolve('Dy = 2*x*y^2','x')      % 求方程 dy/dx = 2xy^2 的通解
  y =
      -1/(x^2-C1)                      % 所求通解为 y = -1/(x^2-C1)
>> y = dsolve('Dy = 2*x*y^2','y(0) = 1','x')
                                       % 求方程满足条件 y(0) = 1 的特解
  y =
      -1/(x^2-1)                       % 所求特解为 y = -1/(x^2-1)
```

【例 3】 求欧拉方程 $t^3y'''(t)-t^2y''(t)+2ty(t)-2y(t)=t^3$ 的通解.

解
```
>> syms y t
>> dsolve('t^3*D3y-t^2*D2y+2*t*Dy-2*y=t^3','t')
```
% 求欧拉方程 $t^3y'''(t)-t^2y''(t)+2ty(t)-2y(t)=t^3$ 的通解
```
y =
    1/4*t^3+C1*t+C2*t^2+C3*t*log(t)
```
% 方程的通解为 $y=\frac{1}{4}t^3+C_1t+C_2t^2+C_3t\ln t$.

习 题 7.4

1. 用 MATLAB 求下列微分方程的通解:

(1) $xy\mathrm{d}x-\frac{x^2+1}{y^2+1}\mathrm{d}y=0$;　　(2) $\frac{\mathrm{d}y}{\mathrm{d}x}+\frac{y}{x}=x^2$.

2. 用 MATLAB 求下列微分方程满足初始条件的特解:

(1) $y'(t)=\mathrm{e}^{-2t}-2y(t)$, $y(0)=0.1$;　　(2) $\frac{\mathrm{d}y}{\mathrm{d}x}-y\tan x=\sec x$, $y|_{x=0}=0$.

小结

7.1 微分方程的基本概念

(1) 了解微分方程的基本概念.

(2) 理解微分方程的阶数、初始条件、通解、特解的定义.

7.2 一阶微分方程

一、主要内容与要求

(1) 了解可分离变量的微分方程 $g(y)\mathrm{d}y=f(x)\mathrm{d}x$.

(2) 掌握一阶线性齐次微分方程$\frac{\mathrm{d}y}{\mathrm{d}x}+P(x)y=0$与一阶线性非齐次微分方程$\frac{\mathrm{d}y}{\mathrm{d}x}+P(x)y=Q(x)$.

二、方法小结

(1) 掌握可分离变量的微分方程 $g(y)\mathrm{d}y=f(x)\mathrm{d}x$ 的求解方法.

(2) 掌握一阶线性齐次微分方程$\frac{\mathrm{d}y}{\mathrm{d}x}+P(x)y=0$与一阶线性非齐次微分方程$\frac{\mathrm{d}y}{\mathrm{d}x}+P(x)y=Q(x)$ 的求解方法及其通解公式.

(3) 会求满足初始条件的一阶微分方程的特解.

7.3 一阶微分方程的应用

一、主要内容与要求

(1) 认识到微分方程在各个领域中有广泛应用.

(2) 能应用一阶微分方程解决实际问题.

(3) 能运用一阶微分方程解决一些专业课程中的简单问题.

二、方法小结

在利用微分方程解决实际问题的过程中,其关键是建立实际问题的数学模型 —— 微分方程.这首先要根据实际问题所提供的条件,选择和确定模型的变量,再根据有关学科,如物理、化学、生物、几何、经济学等学科理论,找到这些变量所遵循的定律,用微分方程将其表示出来.为此,必须了解相关学科的一些基本概念、基本原理、基本定律、基本定理等;还要学会用导数和微分表示几何量和物理量.例如,在几何中曲线切线的斜率 $k=\frac{\mathrm{d}y}{\mathrm{d}x}$(纵坐标对横坐标的导数);物理中变速直线运动的速度 $v=\frac{\mathrm{d}s}{\mathrm{d}t}$,加速度 $a=\frac{\mathrm{d}v}{\mathrm{d}t}=\frac{\mathrm{d}^2s}{\mathrm{d}t^2}$,角速度 $\omega=\frac{\mathrm{d}\theta}{\mathrm{d}t}$,电流 $i=\frac{\mathrm{d}q}{\mathrm{d}t}$ 等.

7.4　用 MATLAB 解微分方程

一、主要内容与要求

熟练掌握求微分方程的命令 dsolve() 及调用格式.

二、方法小结

在 MATLAB 中,用大写字母 D 表示微分方程的导数.例如,Dy 表示 y',Dy(0) = 3 表示 $y'(0)=3$.

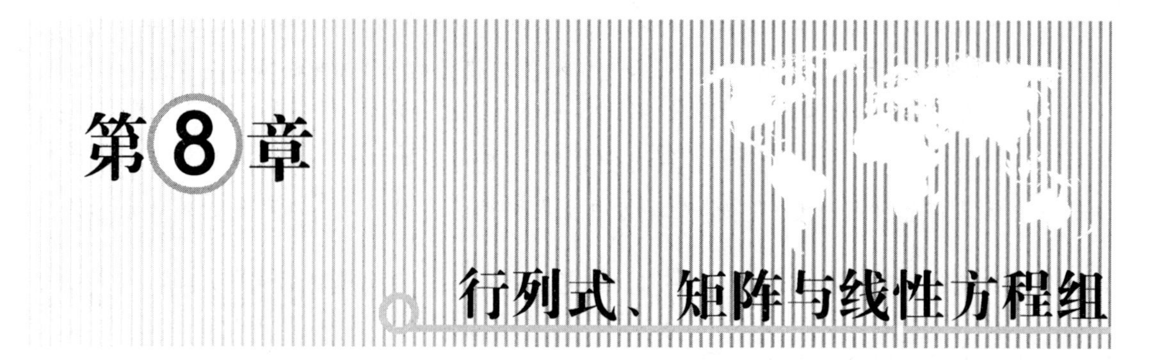

在科学研究和实际生产中，碰到的许多问题都可以直接或近似地表示成一些变量之间的线性关系，因此，线性问题广泛存在于科学技术的各个领域，而且某些非线性问题在一定条件下可以转化成线性问题，尤其是在计算机日益普及的今天，解大型线性方程组已成为工程技术人员经常遇到的问题.

行列式与矩阵是研究线性关系的重要工具.本章将介绍行列式与矩阵的一些基本概念、性质和运算，使学生获得应用科学中常用的矩阵方法、线性方程组等理论及其有关基本知识，并具有熟练的矩阵运算能力和用矩阵方法解决一些实际问题的能力；介绍用 MATLAB 数学软件求解行列式、矩阵、线性方程组的相关计算，为学习后续课程及进一步扩大数学知识面奠定必要的数学基础.

8.1 行 列 式

8.1.1 行列式的概念

中学我们就学过求解二元线性方程组、三元线性方程组等.能不能得到一个求解二元线性方程组、三元线性方程组，乃至 n 元线性方程组的通用公式呢？

我们先从二元线性方程组入手，设有二元线性方程组 $\begin{cases} a_{11}x_1+a_{12}x_2=b_1 \\ a_{21}x_1+a_{22}x_2=b_2 \end{cases}$.

用初等数学中的加减消元法，解得

$$x_1=\frac{b_1a_{22}-b_2a_{12}}{a_{11}a_{22}-a_{12}a_{21}};\quad x_2=\frac{a_{11}b_2-a_{21}b_1}{a_{11}a_{22}-a_{12}a_{21}}\quad（其中\ a_{11}a_{22}-a_{12}a_{21}\neq 0）.$$

这么容易就能得到的公式，为什么不应用呢？原因是：这个公式很难记住，而且也并没有推广到 n 元线性方程组的情形.下面将引入行列式的概念，使得上面的公式简单易记，并且还可推广到 n 元线性方程组的情形.

1. 二阶、三阶行列式

定义 1 把算式 $a_{11}a_{22}-a_{12}a_{21}$ 记为 $\begin{vmatrix} a_{11} & a_{12} \\ a_{21} & a_{22} \end{vmatrix}$，称为**二阶行列式**，一般可用字母 D 表示，即

$$D=\begin{vmatrix} a_{11} & a_{12} \\ a_{21} & a_{22} \end{vmatrix}=a_{11}a_{22}-a_{12}a_{21}.$$

其中，$a_{11}, a_{22}, a_{12}, a_{21}$ 称为该**行列式的元素**. 显然，二阶行列式有 2 行 2 列共 2×2 个元素.

利用二阶行列式的概念，二元线性方程组的解可表示为

$$x_1=\frac{\begin{vmatrix} b_1 & a_{12} \\ b_2 & a_{22} \end{vmatrix}}{\begin{vmatrix} a_{11} & a_{12} \\ a_{21} & a_{22} \end{vmatrix}}; \quad x_2=\frac{\begin{vmatrix} a_{11} & b_1 \\ a_{21} & b_2 \end{vmatrix}}{\begin{vmatrix} a_{11} & a_{12} \\ a_{21} & a_{22} \end{vmatrix}}.$$

如果设 $D=\begin{vmatrix} a_{11} & a_{12} \\ a_{21} & a_{22} \end{vmatrix}$（称为**系数行列式**），$D_1=\begin{vmatrix} b_1 & a_{12} \\ b_2 & a_{22} \end{vmatrix}$（系数行列式的第一列换成方程组右侧常数 b_1, b_2），$D_2=\begin{vmatrix} a_{11} & b_1 \\ a_{21} & b_2 \end{vmatrix}$（系数行列式的第二列换成方程组右侧常数 b_1, b_2），则求解公式变为 $x_1=\frac{D_1}{D}, x_2=\frac{D_2}{D}(D\neq 0)$，更为简单易记.

【例 1】 用行列式求解二元线性方程组 $\begin{cases} 2x_1+3x_2=2 \\ x_1+4x_2=-1 \end{cases}$.

解 $D=\begin{vmatrix} 2 & 3 \\ 1 & 4 \end{vmatrix}=8-3=5\neq 0$,

$$D_1=\begin{vmatrix} 2 & 3 \\ -1 & 4 \end{vmatrix}=8+3=11, \quad D_2=\begin{vmatrix} 2 & 2 \\ 1 & -1 \end{vmatrix}=-2-2=-4.$$

从而 $x_1=\frac{D_1}{D}=\frac{11}{5}; x_2=\frac{D_2}{D}=-\frac{4}{5}$.

类似地，可引入三阶行列式：

定义 2 把算式 $a_{11}a_{22}a_{33}+a_{12}a_{23}a_{31}+a_{13}a_{21}a_{32}-a_{13}a_{22}a_{31}-a_{12}a_{21}a_{33}-a_{11}a_{23}a_{32}$ 记为 $\begin{vmatrix} a_{11} & a_{12} & a_{13} \\ a_{21} & a_{22} & a_{23} \\ a_{31} & a_{32} & a_{33} \end{vmatrix}$，称为**三阶行列式**，即

$$\begin{vmatrix} a_{11} & a_{12} & a_{13} \\ a_{21} & a_{22} & a_{23} \\ a_{31} & a_{32} & a_{33} \end{vmatrix}=a_{11}a_{22}a_{33}+a_{12}a_{23}a_{31}+a_{13}a_{21}a_{32}-a_{13}a_{22}a_{31}-a_{12}a_{21}a_{33}-a_{11}a_{23}a_{32}.$$

该等式右侧称为行列式的展开式，三阶行列式中有 3 行 3 列共 3×3 个元素，它的展开式为 3！=6项的代数和，其中正负项各半，每一项都是取不同行不同列的三个元素的乘积. 可以根据图 8.1.1 记忆，称之为**三阶行列式的对角线法则**.

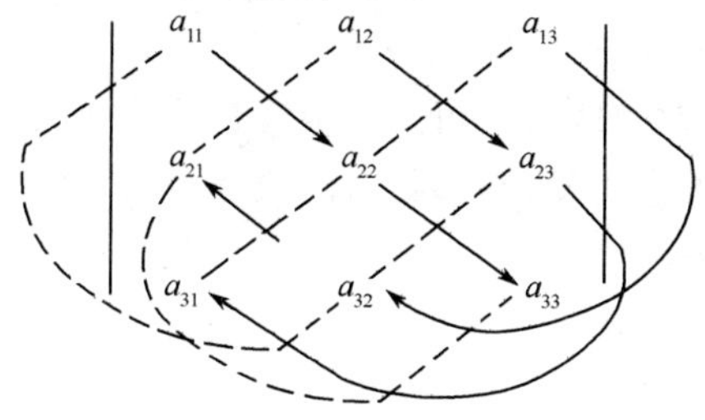

图 8.1.1

实线串连的三个元素相乘取正号,共三项,虚线串连的三个元素相乘取负号,也有三项,然后取这六项的代数和.

【例 2】 求行列式 $\begin{vmatrix} 3 & 4 & -1 \\ 0 & 3 & 2 \\ 1 & 2 & 4 \end{vmatrix}$ 的值.

解 原式 $=3\times3\times4+4\times2\times1+0\times2\times(-1)-(-1)\times3\times1-2\times2\times3-4\times0\times4$

$=36+8-0+3-12-0=35.$

2. n 阶行列式

定义 3 $D=\begin{vmatrix} a_{11} & a_{12} & \cdots & a_{1n} \\ a_{21} & a_{22} & \cdots & a_{2n} \\ \vdots & \vdots & & \vdots \\ a_{n1} & a_{n2} & \cdots & a_{nn} \end{vmatrix}$ 称为 n **阶行列式**.

那么,n 阶行列式如何计算呢?

定义 4 在 n 阶行列式中,划去元素 a_{ij} 所在的第 i 行和第 j 列后,余下的元素按原来的位置构成一个 $n-1$ 阶行列式,称为元素 a_{ij} 的**余子式**,记作 M_{ij},而 M_{ij} 前面添上符号 $(-1)^{i+j}$ 称为元素 a_{ij} 的**代数余子式**,记作 A_{ij},即 $A_{ij}=(-1)^{i+j}M_{ij}$.

例如,行列式 $D=\begin{vmatrix} a_{11} & a_{12} & a_{13} & a_{14} \\ a_{21} & a_{22} & a_{23} & a_{24} \\ a_{31} & a_{32} & a_{33} & a_{34} \\ a_{41} & a_{42} & a_{43} & a_{44} \end{vmatrix}$ 中 a_{23} 的余子式是 $M_{23}=\begin{vmatrix} a_{11} & a_{12} & a_{14} \\ a_{31} & a_{32} & a_{34} \\ a_{41} & a_{42} & a_{44} \end{vmatrix}$,而 a_{23} 的代数余子式是 $A_{23}=(-1)^{2+3}M_{23}=-\begin{vmatrix} a_{11} & a_{12} & a_{14} \\ a_{31} & a_{32} & a_{34} \\ a_{41} & a_{42} & a_{44} \end{vmatrix}$.

定理 1 n 阶行列式 D 等于它的任意一行(列)的元素与其对应的代数余子式的乘积之和,即

$$D=a_{i1}A_{i1}+a_{i2}A_{i2}+\cdots+a_{in}A_{in} \quad (i=1,2,\cdots,n) \quad (\text{按第 } i \text{ 行展开}),$$

或

$$D=a_{1j}A_{1j}+a_{2j}A_{2j}+\cdots+a_{nj}A_{nj} \quad (j=1,2,\cdots,n) \quad (\text{按第 } j \text{ 列展开}).$$

注 意

为了计算简便,尽可能选择 0 元素多的行(列)来展开.

推论 1 n 阶行列式 D 中某一行(列)的各元素与另一行(列)对应元素的代数余子式的乘积之和等于零,即 $a_{i1}A_{s1}+a_{i2}A_{s2}+\cdots+a_{in}A_{sn}=0 \quad (i\neq s)$,

或 $a_{1j}A_{1t}+a_{2j}A_{2t}+\cdots+a_{nj}A_{nt}=0 \quad (j\neq t)$.

推论 2 三角行列式(主对角线右上角元素全为零的行列式称为**下三角行列式**;主对角线左下角元素全为零的行列式称为**上三角行列式**)的值等于主对角线上的元素的乘积,即

$$\begin{vmatrix} a_{11} & 0 & \cdots & 0 \\ a_{21} & a_{22} & \cdots & 0 \\ \vdots & \vdots & & \vdots \\ a_{n1} & a_{n2} & \cdots & a_{nn} \end{vmatrix}=a_{11}a_{22}\cdots a_{nn}, \quad \begin{vmatrix} a_{11} & a_{12} & \cdots & a_{1n} \\ 0 & a_{22} & \cdots & a_{2n} \\ \vdots & \vdots & & \vdots \\ 0 & 0 & \cdots & a_{nn} \end{vmatrix}=a_{11}a_{22}\cdots a_{nn}.$$

8.1.2　行列式的性质

将行列式 D 的行列互换后得到的行列式称为 D 的**转置行列式**，记作 D^{T}，即若

$$D=\begin{vmatrix} a_{11} & a_{12} & \cdots & a_{1n} \\ a_{21} & a_{22} & \cdots & a_{2n} \\ \vdots & \vdots & & \vdots \\ a_{n1} & a_{n2} & \cdots & a_{nn} \end{vmatrix},\quad 则\quad D^{\mathrm{T}}=\begin{vmatrix} a_{11} & a_{21} & \cdots & a_{n1} \\ a_{12} & a_{22} & \cdots & a_{n2} \\ \vdots & \vdots & & \vdots \\ a_{1n} & a_{2n} & \cdots & a_{nn} \end{vmatrix}.$$

反之，行列式 D 也是行列式 D^{T} 的转置行列式，即行列式 D 与行列式 D^{T} 互为转置行列式.

性质 1　行列式 D 与它的转置行列式 D^{T} 的值相等.

这一性质表明，行列式中的行、列的地位是对称的，即对于“行”成立的性质，对“列”也同样成立，反之亦然.

性质 2　交换行列式的两行(列)，行列式变号.

推论 1　若行列式有两行(列)的对应元素相同，则此行列式的值等于零.

性质 3　行列式某一行(列)所有元素的公因子可以提到行列式符号的外面. 即

$$\begin{vmatrix} a_{11} & a_{12} & \cdots & a_{1n} \\ \vdots & \vdots & & \vdots \\ ka_{i1} & ka_{i2} & \cdots & ka_{in} \\ \vdots & \vdots & & \vdots \\ a_{n1} & a_{n2} & \cdots & a_{nn} \end{vmatrix}=k\begin{vmatrix} a_{11} & a_{12} & \cdots & a_{1n} \\ \vdots & \vdots & & \vdots \\ a_{i1} & a_{i2} & \cdots & a_{in} \\ \vdots & \vdots & & \vdots \\ a_{n1} & a_{n2} & \cdots & a_{nn} \end{vmatrix}.$$

推论 2　用数 k 乘行列式的某一行(列)的所有元素，等于用数 k 乘此行列式.

推论 3　若行列式某一行(列)所有元素为零，则此行列式的值等于零.

性质 4　若行列式中有两行(列)的对应元素成比例，则此行列式的值等于零.

性质 5　若行列式的某一行(列)的各元素都是两个数的和，则此行列式等于两个相应的行列式的和，即

$$\begin{vmatrix} a_{11} & a_{12} & \cdots & a_{1n} \\ \vdots & \vdots & & \vdots \\ a_{i1}+b_{i1} & a_{i2}+b_{i2} & \cdots & a_{in}+b_{in} \\ \vdots & \vdots & & \vdots \\ a_{n1} & a_{n2} & \cdots & a_{nn} \end{vmatrix}=\begin{vmatrix} a_{11} & a_{12} & \cdots & a_{1n} \\ \vdots & \vdots & & \vdots \\ a_{i1} & a_{i2} & \cdots & a_{in} \\ \vdots & \vdots & & \vdots \\ a_{n1} & a_{n2} & \cdots & a_{nn} \end{vmatrix}+\begin{vmatrix} a_{11} & a_{12} & \cdots & a_{1n} \\ \vdots & \vdots & & \vdots \\ b_{i1} & b_{i2} & \cdots & b_{in} \\ \vdots & \vdots & & \vdots \\ a_{n1} & a_{n2} & \cdots & a_{nn} \end{vmatrix}.$$

性质 6　把行列式的某一行(列)的所有元素乘以数 k 加到另一行(列)的相应元素上，行列式的值不变.

以上性质留给学生课后讨论并证明. 大家仔细观察各性质及推论的特点，学会熟练应用. 在计算行列式时，常利用行列式的性质，先将其变换成三角行列式，进而求值.

注意

行列式的运算过程，常用以下符号表示：

(1) $r_i \leftrightarrow r_j$(第 i 行与第 j 行互换)，$c_i \leftrightarrow c_j$(第 i 列与第 j 列互换)；

(2) $r_i + kr_j$(第 j 行的 k 倍加到第 i 行上)，$c_i + kc_j$(第 j 列的 k 倍加到第 i 列上).

【例 3】 计算行列式 $D=\begin{vmatrix} 3 & 1 & -1 & 2 \\ -5 & 1 & 3 & -4 \\ 2 & 0 & 1 & -1 \\ 1 & -5 & 3 & -3 \end{vmatrix}$.

解法 1 先将 D 化为三角行列式，然后按定理 1 的推论 2 计算.

$$D \xlongequal{c_1 \leftrightarrow c_2} -\begin{vmatrix} 1 & 3 & -1 & 2 \\ 1 & -5 & 3 & -4 \\ 0 & 2 & 1 & -1 \\ -5 & 1 & 3 & -3 \end{vmatrix} \xlongequal[r_4+5r_1]{r_2-r_1} -\begin{vmatrix} 1 & 3 & -1 & 2 \\ 0 & -8 & 4 & -6 \\ 0 & 2 & 1 & -1 \\ 0 & 16 & -2 & 7 \end{vmatrix}$$

$$\xlongequal{r_2 \leftrightarrow r_3} \begin{vmatrix} 1 & 3 & -1 & 2 \\ 0 & 2 & 1 & -1 \\ 0 & -8 & 4 & -6 \\ 0 & 16 & -2 & 7 \end{vmatrix} \xlongequal[r_4-8r_2]{r_3+4r_2} \begin{vmatrix} 1 & 3 & -1 & 2 \\ 0 & 2 & 1 & -1 \\ 0 & 0 & 8 & -10 \\ 0 & 0 & -10 & 15 \end{vmatrix}$$

$$\xlongequal{r_4+\frac{5}{4}r_3} \begin{vmatrix} 1 & 3 & -1 & 2 \\ 0 & 2 & 1 & -1 \\ 0 & 0 & 8 & -10 \\ 0 & 0 & 0 & \frac{5}{2} \end{vmatrix} = 40.$$

解法 2 先利用行列式的性质将某行(或列)的元素变出尽可能多的零，然后根据定理 1，按这行(列)展开.

$$D = \begin{vmatrix} 3 & 1 & -1 & 2 \\ -8 & 0 & 4 & -6 \\ 2 & 0 & 1 & -1 \\ 16 & 0 & -2 & 7 \end{vmatrix} = 1\times(-1)^{1+2}\begin{vmatrix} -8 & 4 & -6 \\ 2 & 1 & -1 \\ 16 & -2 & 7 \end{vmatrix} = -\begin{vmatrix} -16 & 4 & -2 \\ 0 & 1 & 0 \\ 20 & -2 & 5 \end{vmatrix}$$

$$= -\begin{vmatrix} -16 & -2 \\ 20 & 5 \end{vmatrix} = 40.$$

注意

化简计算行列式的关键步骤为：

(1)选择按哪一行(哪一列)展开；

(2)选择保留该行(该列)中不为零的某个元素，再利用性质 6 将该行(该列)的其余元素变为零.

8.1.3 克莱姆法则

设含有 n 个未知量 n 个方程的线性方程组为

$$\begin{cases} a_{11}x_1+a_{12}x_2+\cdots+a_{1n}x_n=b_1 \\ a_{21}x_1+a_{22}x_2+\cdots+a_{2n}x_n=b_2 \\ \cdots\cdots \\ a_{n1}x_1+a_{n2}x_2+\cdots+a_{nn}x_n=b_n \end{cases}. \tag{1}$$

它的系数 a_{ij} 构成的行列式

$$D=\begin{vmatrix} a_{11} & a_{12} & \cdots & a_{1n} \\ a_{21} & a_{22} & \cdots & a_{2n} \\ \vdots & \vdots & & \vdots \\ a_{n1} & a_{n2} & \cdots & a_{nn} \end{vmatrix}$$

称为方程组(1)的**系数行列式**.

定理 2(克莱姆法则) 如果线性方程组(1)的系数行列式 $D\neq0$,则方程组(1)有唯一解

$$x_1=\frac{D_1}{D};\quad x_2=\frac{D_2}{D};\quad \cdots;\quad x_n=\frac{D_n}{D}. \tag{2}$$

其中,$D_j(j=1,2,\cdots,n)$是 D 中第 j 列换成方程组(1)右侧常数项 $b_1,b_2,\cdots,b_n$,其余各列不变而得到的行列式.

注意

用克莱姆法则解线性方程组时,必须满足两个条件:一是方程的个数与未知量的个数相等;二是系数行列式 $D\neq0$.

【例 4】 解线性方程组 $\begin{cases} x_1-x_2+x_3+2x_4=0 \\ 2x_1+x_2-x_3+x_4=0 \\ 3x_1+2x_2+x_3+5x_4=5 \\ -x_1-x_2+x_3+x_4=-1 \end{cases}$.

解 因为 $D=\begin{vmatrix} 1 & -1 & 1 & 2 \\ 2 & 1 & -1 & 1 \\ 3 & 2 & 1 & 5 \\ -1 & -1 & 1 & 1 \end{vmatrix}=1\times(-1)^2\times\begin{vmatrix} 1 & -1 & 1 \\ 2 & 1 & 5 \\ -1 & 1 & 1 \end{vmatrix}+$

$$(-1)\times(-1)^3\times\begin{vmatrix} 2 & -1 & 1 \\ 3 & 1 & 5 \\ -1 & 1 & 1 \end{vmatrix}+1\times(-1)^4\times\begin{vmatrix} 2 & 1 & 1 \\ 3 & 2 & 5 \\ -1 & -1 & 1 \end{vmatrix}+$$

$$2\times(-1)^5\times\begin{vmatrix} 2 & 1 & -1 \\ 3 & 2 & 1 \\ -1 & -1 & 1 \end{vmatrix}$$

$$=6+4+5-6=9\neq0\quad(\text{按第一行展开}),$$

故原方程组有唯一解.同法计算 $D_k(k=1,2,3,4)$.

$$D_1=\begin{vmatrix}0&-1&1&2\\0&1&-1&1\\5&2&1&5\\-1&-1&1&1\end{vmatrix}=9,\quad D_2=\begin{vmatrix}1&0&1&2\\2&0&-1&1\\3&5&1&5\\-1&-1&1&1\end{vmatrix}=18,$$

$$D_3=\begin{vmatrix}1&-1&0&2\\2&1&0&1\\3&2&5&5\\-1&-1&-1&1\end{vmatrix}=27,\quad D_4=\begin{vmatrix}1&-1&1&0\\2&1&-1&0\\3&2&1&5\\-1&-1&1&-1\end{vmatrix}=-9.$$

所以 $x_1=1$，$x_2=2$，$x_3=3$，$x_4=-1$.

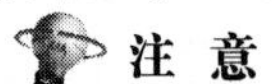
注 意

也可以利用定理1及性质6来解行列式 D.

$$D\xlongequal[c_4-2c_3]{\substack{c_1-c_3\\c_2+c_3}}\begin{vmatrix}0&0&1&0\\3&0&-1&3\\2&3&1&3\\-2&0&1&-1\end{vmatrix}=1\times(-1)^4\begin{vmatrix}3&0&3\\2&3&3\\-2&0&-1\end{vmatrix}=3\times(-1)^4\begin{vmatrix}3&3\\-2&-1\end{vmatrix}=9.$$

习 题 8.1

1. 求行列式的值：

(1) $\begin{vmatrix}1234&234\\2469&469\end{vmatrix}$；　(2) $\begin{vmatrix}1&2&1\\2&4&2\\10&14&13\end{vmatrix}$；　(3) $\begin{vmatrix}1&5&25\\1&7&49\\1&8&64\end{vmatrix}$；

(4) $\begin{vmatrix}0&1&1\\1&0&1\\1&1&0\end{vmatrix}$；　(5) $\begin{vmatrix}0&1&2&2\\2&2&2&0\\1&3&0&0\\1&0&0&0\end{vmatrix}$；　(6) $\begin{vmatrix}1&1&1&1\\4&2&-3&5\\16&4&9&25\\64&8&-27&125\end{vmatrix}$；

(7) $\begin{vmatrix}1&2000&2001&2002\\0&-1&0&2003\\0&0&-1&2004\\0&0&0&2005\end{vmatrix}$.

2. 计算行列式：

(1) $\begin{vmatrix}a+b&c&1\\b+c&a&1\\c+a&b&1\end{vmatrix}$；　(2) $D=\begin{vmatrix}1&2&-1&2\\3&0&1&-1\\1&-2&0&4\\-2&-4&1&-1\end{vmatrix}$；

(3) $\begin{vmatrix}1&1&1&1+x\\1&1&1-x&1\\1&1+y&1&1\\1-y&1&1&1\end{vmatrix}$；　(4) $\begin{vmatrix}1&a_1&a_2&a_3\\1&a_1+b_1&a_2&a_3\\1&a_1&a_2+b_2&a_3\\1&a_1&a_2&a_3+b_3\end{vmatrix}$.

3. 求解下列线性方程组：

(1) $\begin{cases}2x_1+3x_2+5x_3=2\\x_1+2x_2=5\\3x_2+5x_3=4\end{cases}$；　　(2) $\begin{cases}x_1-x_2+x_3-2x_4=2\\2x_1-x_3+4x_4=4\\3x_1+2x_2+x_3=-1\\-x_1+2x_2-x_3+2x_4=-4\end{cases}$.

4. 设曲线 $y=a_0+a_1x+a_2x^2+a_3x^3$ 通过四点(1,3),(2,4),(3,3),(4,−3)，求系数 a_0，a_1，a_2，a_3.

8.2　矩阵的概念及运算

矩阵的概念来源于生产实践和线性方程组中的数表.

引例　表 8.2.1 给出了某种工业产品在各产地和销地的产量和销量(车)，并给出了各产地到各销地的单位运价(元/车).

表　8.2.1

销地 / 产地	Ⅰ	Ⅱ	Ⅲ	Ⅳ	产量(车)
A	40	80	80	0	76
B	160	240	160	50	82
C	80	160	240	30	77
销量(车)	72	102	41	20	235

表中的单位运价可以表示为 $\begin{pmatrix}40&80&80&0\\160&240&160&50\\80&160&240&30\end{pmatrix}$.

其中，第 $i(i=1,2,3)$ 行第 $j(j=1,2,3,4)$ 列的数表示从第 i 个产地把产品运到第 j 个销地的单位运价.

8.2.1　矩阵的概念

1. 矩阵的定义

定义 1　设 $m\times n$ 个数 $a_{ij}(i=1,2,\cdots,m;j=1,2,\cdots,n)$ 排成 m 行 n 列的数表，用括号(圆括号或方括号)将其括起来，称为 $m\times n$ **矩阵**，简称为矩阵，并可用大写字母表示，即

$$\boldsymbol{A}=\begin{pmatrix}a_{11}&a_{12}&\cdots&a_{1n}\\a_{21}&a_{22}&\cdots&a_{2n}\\\vdots&\vdots&&\vdots\\a_{m1}&a_{m2}&\cdots&a_{mn}\end{pmatrix},$$

简记为 $\boldsymbol{A}=(a_{ij})_{m\times n}$. a_{ij} 称为矩阵 $\boldsymbol{A}$ 的第 i 行第 j 列的**元素**.

思　考

行列式与矩阵有何区别？

2. 矩阵相等

同阶矩阵:指行数相等、列数也相等的矩阵.同阶矩阵又称**同型矩阵**.

定义 2 设 $\boldsymbol{A}$ 与 $\boldsymbol{B}$ 是同阶矩阵,且 $\boldsymbol{A}=(a_{ij})_{m\times n}$,$\boldsymbol{B}=(b_{ij})_{m\times n}$,若 $a_{ij}=b_{ij}(i=1,2,\cdots,m;j=1,2,\cdots,n)$,则称矩阵 $\boldsymbol{A}$ 与矩阵 $\boldsymbol{B}$ **相等**,记为 $\boldsymbol{A}=\boldsymbol{B}$.

3. 矩阵的转置

设 $\boldsymbol{A}=\begin{pmatrix} a_{11} & a_{12} & \cdots & a_{1n} \\ a_{21} & a_{22} & \cdots & a_{2n} \\ \vdots & \vdots & & \vdots \\ a_{m1} & a_{m2} & \cdots & a_{mn} \end{pmatrix}$,则 $\boldsymbol{A}^{\mathrm{T}}=\begin{pmatrix} a_{11} & a_{21} & \cdots & a_{m1} \\ a_{12} & a_{22} & \cdots & a_{m2} \\ \vdots & \vdots & & \vdots \\ a_{1n} & a_{2n} & \cdots & a_{mn} \end{pmatrix}$称为矩阵 $\boldsymbol{A}$ 的**转置**.

运算律:(1) $(\boldsymbol{A}^{\mathrm{T}})^{\mathrm{T}}=\boldsymbol{A}$; (2) $(\boldsymbol{A}_{m\times n}+\boldsymbol{B}_{m\times n})^{\mathrm{T}}=\boldsymbol{A}_{m\times n}^{\mathrm{T}}+\boldsymbol{B}_{m\times n}^{\mathrm{T}}$; (3) $(k\boldsymbol{A})^{\mathrm{T}}=k\boldsymbol{A}^{\mathrm{T}}$.

4. 几种特殊矩阵

已知矩阵 $\boldsymbol{A}=(a_{ij})_{m\times n}$.

(1) $m=n$ 时,称 $\boldsymbol{A}$ 为 n **阶方阵**.

(2) $m=1,n>1$ 时,称 $\boldsymbol{A}$ 为**行矩阵**,$\boldsymbol{A}=(a_{11},a_{12},\cdots,a_{1n})$.

(3) $m>1,n=1$ 时,称 $\boldsymbol{A}$ 为**列矩阵**,$\boldsymbol{A}=\begin{pmatrix} a_{11} \\ a_{21} \\ \vdots \\ a_{n1} \end{pmatrix}=(a_{11},a_{21},\cdots,a_{n1})^{\mathrm{T}}$.

(4) **零矩阵**:所有元素都是 0 的矩阵,通常用 $\boldsymbol{O}$ 表示.

(5)**对角矩阵**:主对角线以外的元素全为 0 的**方阵**,$\boldsymbol{A}=\begin{bmatrix} \lambda_1 & 0 & \cdots & 0 \\ 0 & \lambda_2 & \ddots & \vdots \\ \vdots & \ddots & \ddots & 0 \\ 0 & \cdots & 0 & \lambda_n \end{bmatrix}$.

(6)**单位矩阵**:主对角线上的元素全为 1,其余元素全为 0 的**方阵**,记作 $\boldsymbol{E}$ 或 $\boldsymbol{E}_n$,

$$\boldsymbol{E}_n=\begin{bmatrix} 1 & 0 & \cdots & 0 \\ 0 & 1 & \ddots & \vdots \\ \vdots & \ddots & \ddots & 0 \\ 0 & \cdots & 0 & 1 \end{bmatrix}.$$

(7)**三角矩阵**:主对角线左下角的元素均为 0 的方阵,称为**上三角矩阵**.例如:

$$\boldsymbol{A}=\begin{pmatrix} a_{11} & a_{12} & \cdots & a_{1n} \\ 0 & a_{22} & \cdots & a_{2n} \\ \vdots & \vdots & \ddots & \vdots \\ 0 & 0 & \cdots & a_{nn} \end{pmatrix},\text{或简记为 }\boldsymbol{A}=\begin{pmatrix} a_{11} & a_{12} & \cdots & a_{1n} \\ & a_{22} & \cdots & a_{2n} \\ & & \ddots & \vdots \\ & & & a_{nn} \end{pmatrix}$$

主对角线右上角的元素均为 0 的方阵,称为**下三角矩阵**.例如:

$$\boldsymbol{A}=\begin{pmatrix} a_{11} & 0 & \cdots & 0 \\ a_{21} & a_{22} & \cdots & 0 \\ \vdots & \vdots & \ddots & \vdots \\ a_{n1} & a_{n2} & \cdots & a_{nn} \end{pmatrix},\text{或简记为 }\boldsymbol{A}=\begin{pmatrix} a_{11} & & & \\ a_{21} & a_{22} & & \\ \vdots & \vdots & \ddots & \\ a_{n1} & a_{n2} & \cdots & a_{nn} \end{pmatrix}$$

8.2.2　矩阵的运算

1. 矩阵的加减法

设 $\boldsymbol{A},\boldsymbol{B}$ 为同阶矩阵，且 $\boldsymbol{A}=(a_{ij})_{m\times n}$，$\boldsymbol{B}=(b_{ij})_{m\times n}$，则

$$\boldsymbol{A}\pm\boldsymbol{B}=(a_{ij}\pm b_{ij})_{m\times n}=\begin{pmatrix} a_{11}\pm b_{11} & \cdots & a_{1n}\pm b_{1n} \\ \vdots & & \vdots \\ a_{m1}\pm b_{m1} & \cdots & a_{mn}\pm b_{mn} \end{pmatrix}\text{（对应元素相加减）}$$

称为矩阵 $\boldsymbol{A},\boldsymbol{B}$ 的和或差.

运算律：设 $\boldsymbol{A},\boldsymbol{B},\boldsymbol{C}$ 为同阶矩阵，则有

(1) $\boldsymbol{A}+\boldsymbol{B}=\boldsymbol{B}+\boldsymbol{A}$；　(2) $(\boldsymbol{A}+\boldsymbol{B})+\boldsymbol{C}=\boldsymbol{A}+(\boldsymbol{B}+\boldsymbol{C})$；　(3) $\boldsymbol{A}+\boldsymbol{O}=\boldsymbol{A}$；　(4) $\boldsymbol{A}+(-\boldsymbol{A})=\boldsymbol{O}$.

2. 数乘矩阵

设 $\boldsymbol{A}=(a_{ij})_{m\times n}$，$k$ 是常数，则 $k\boldsymbol{A}=(ka_{ij})_{m\times n}=\begin{pmatrix} ka_{11} & \cdots & ka_{1n} \\ \vdots & & \vdots \\ ka_{m1} & \cdots & ka_{mn} \end{pmatrix}$（矩阵中的每一个元素都乘以 k）称为数 k 与矩阵 $\boldsymbol{A}$ 的**乘积**.

负矩阵：$-\boldsymbol{A}=(-1)\boldsymbol{A}=(-a_{ij})_{m\times n}$ 称为 $\boldsymbol{A}$ 的**负矩阵**.

运算律：设 $\boldsymbol{A},\boldsymbol{B},\boldsymbol{C}$ 为同阶矩阵，k,l 为常数，则有

(1) $k\boldsymbol{A}=\boldsymbol{A}k$；　　(2) $(k+l)\boldsymbol{A}=k\boldsymbol{A}+l\boldsymbol{A}$；

(3) $k(\boldsymbol{A}+\boldsymbol{B})=k\boldsymbol{A}+k\boldsymbol{B}$；　　(4) $(kl)\boldsymbol{A}=k(l\boldsymbol{A})$.

【例 1】　设 $\boldsymbol{A}=\begin{pmatrix} 1 & -2 & 0 \\ 4 & 3 & 5 \end{pmatrix}$，$\boldsymbol{B}=\begin{pmatrix} 8 & 2 & 6 \\ 5 & 3 & 4 \end{pmatrix}$ 求 $\boldsymbol{A}+\boldsymbol{B}$，$\boldsymbol{B}-2\boldsymbol{A}$.

解　$\boldsymbol{A}+\boldsymbol{B}=\begin{pmatrix} 9 & 0 & 6 \\ 9 & 6 & 9 \end{pmatrix}$；

$$\boldsymbol{B}-2\boldsymbol{A}=\begin{pmatrix} 8 & 2 & 6 \\ 5 & 3 & 4 \end{pmatrix}-\begin{pmatrix} 2 & -4 & 0 \\ 8 & 6 & 10 \end{pmatrix}=\begin{pmatrix} 6 & 6 & 6 \\ -3 & -3 & -6 \end{pmatrix}.$$

3. 矩阵乘法

定义 3　设矩阵 $\boldsymbol{A}=(a_{ij})_{m\times s}$，$\boldsymbol{B}=(b_{ij})_{s\times n}$，则由元素

$$c_{ij}=a_{i1}b_{1j}+a_{i2}b_{2j}+\cdots+a_{is}b_{sj}\quad(i=1,2,\cdots,m;j=1,2,\cdots,n)$$

构成的 $m\times n$ 矩阵 $\boldsymbol{C}=(c_{ij})_{m\times n}$ 称为矩阵 $\boldsymbol{A}$ 与 $\boldsymbol{B}$ 的**乘积**，记为 $\boldsymbol{C}=\boldsymbol{AB}$.

注意

(1) 左矩阵 $\boldsymbol{A}$ 的列数必须等于右矩阵 $\boldsymbol{B}$ 的行数，矩阵 $\boldsymbol{A}$ 与 $\boldsymbol{B}$ 才可以相乘，即 $\boldsymbol{AB}$ 才有意义；否则 $\boldsymbol{AB}$ 没有意义.

(2) 矩阵 $\boldsymbol{A}$ 与 $\boldsymbol{B}$ 的乘积 $\boldsymbol{C}$ 的第 i 行、第 j 列的元素等于左矩阵 $\boldsymbol{A}$ 的第 i 行与右矩阵 $\boldsymbol{B}$ 的第 j 列的对应元素的乘积之和.

$$c_{ij}=a_{i1}b_{1j}+a_{i2}b_{2j}+\cdots+a_{is}b_{sj}\quad(i=1,2,\cdots,m;j=1,2,\cdots,n).$$

(3) 在上述条件下，矩阵 $\boldsymbol{A}_{m\times s}$ 与 $\boldsymbol{B}_{s\times n}$ 相乘所得的矩阵 $\boldsymbol{C}$ 的行数等于左矩阵 $\boldsymbol{A}$ 的行数 m，列数等于右矩阵 $\boldsymbol{B}$ 的列数 n，即　$\boldsymbol{A}_{m\times s}\boldsymbol{B}_{s\times n}=\boldsymbol{C}_{m\times n}$.

运算律：(1) $(\boldsymbol{AB})\boldsymbol{C}=\boldsymbol{A}(\boldsymbol{BC})$；　(2) $(\boldsymbol{A}+\boldsymbol{B})\boldsymbol{C}=\boldsymbol{AC}+\boldsymbol{BC}$；　(3) $\boldsymbol{C}(\boldsymbol{A}+\boldsymbol{B})=\boldsymbol{CA}+\boldsymbol{CB}$；

(4) $(\boldsymbol{AB})^{\mathrm{T}}=\boldsymbol{B}^{\mathrm{T}}\boldsymbol{A}^{\mathrm{T}}$；　(5) $k(\boldsymbol{AB})=(k\boldsymbol{A})\boldsymbol{B}=\boldsymbol{A}(k\boldsymbol{B})$.

【例 2】 设 $A=\begin{pmatrix}1&2&0\\2&1&3\end{pmatrix}$, $B=\begin{pmatrix}2&3&0\\1&-2&-1\\3&1&1\end{pmatrix}$,求 AB.

解 因为 A 的列数与 B 的行数均为 3,所以 AB 有意义,且 AB 为 2×3 矩阵.

$$AB=\begin{pmatrix}1&2&0\\2&1&3\end{pmatrix}\begin{pmatrix}2&3&0\\1&-2&-1\\3&1&1\end{pmatrix}$$
$$=\begin{pmatrix}1\times2+2\times1+0\times3&1\times3+2\times(-2)+0\times1&1\times0+2\times(-1)+0\times1\\2\times2+1\times1+3\times3&2\times3+1\times(-2)+3\times1&2\times0+1\times(-1)+3\times1\end{pmatrix}$$
$$=\begin{pmatrix}4&-1&-2\\14&7&2\end{pmatrix}.$$

如果将矩阵 B 作为左矩阵,A 作为右矩阵相乘,则没有意义,即 BA 没意义,因为 B 的列数为 3,而 A 的行数为 2.

【例 3】 已知 $A=\begin{pmatrix}1&2\\1&2\end{pmatrix}$, $B=\begin{pmatrix}1&-1\\-1&1\end{pmatrix}$, $E=\begin{pmatrix}1&0\\0&1\end{pmatrix}$,求 AB,BA,AE,EA.

解 $AB=\begin{pmatrix}-1&1\\-1&1\end{pmatrix}$, $BA=\begin{pmatrix}0&0\\0&0\end{pmatrix}$, $AE=\begin{pmatrix}1&2\\1&2\end{pmatrix}$, $EA=\begin{pmatrix}1&2\\1&2\end{pmatrix}$.

结论:(1)矩阵乘法一般不满足交换律 $AB\neq BA$;(2)对于任一矩阵 A,有 $AE=EA=A$;(3)不能从 $AB=O$ 推出 $A=O$ 或 $B=O$.

【例 4】 已知 $A=\begin{pmatrix}1&2\\3&4\end{pmatrix}$, $B=\begin{pmatrix}6&2\\8&4\end{pmatrix}$, $C=\begin{pmatrix}0&0\\1&1\end{pmatrix}$,求 AC,BC.

解 $AC=\begin{pmatrix}1&2\\3&4\end{pmatrix}\begin{pmatrix}0&0\\1&1\end{pmatrix}=\begin{pmatrix}2&2\\4&4\end{pmatrix}$, $BC=\begin{pmatrix}6&2\\8&4\end{pmatrix}\begin{pmatrix}0&0\\1&1\end{pmatrix}=\begin{pmatrix}2&2\\4&4\end{pmatrix}$.

结论:矩阵乘法一般不满足消去律,即不能由 $AC=BC$ 推出 $A=B$.

4. 方阵的行列式

定义 4 由 n 阶方阵 A 的元素所构成的行列式(各元素的位置不变),称为方阵 A 的行列式,记作 $|A|$ 或 $\det A$.

运算律:(1) $|A^{T}|=|A|$;(2) $|kA|=k^{n}|A|$;(3) $|AB|=|A||B|=|B||A|$.

习 题 8.2

1. 设 $A=\begin{pmatrix}1&1&1\\1&1&-1\\1&-1&1\end{pmatrix}$, $B=\begin{pmatrix}1&2&3\\-1&-2&4\\0&5&1\end{pmatrix}$,求 $A+B$ 及 $3B-2A$.

2. 计算下列矩阵乘积:

(1) $\begin{pmatrix}4&3&1\\1&-2&3\\5&7&0\end{pmatrix}\begin{pmatrix}7\\2\\1\end{pmatrix}$;　　(2) $(1,2,3)\begin{pmatrix}3\\2\\1\end{pmatrix}$;

(3) $\begin{pmatrix}2\\1\\3\end{pmatrix}(-1,2)$；　　(4) $\begin{pmatrix}2 & 1 & 4 & 0\\1 & -1 & 3 & 4\end{pmatrix}\begin{pmatrix}1 & 3 & 1\\0 & -1 & 2\\1 & -3 & 1\\4 & 0 & -2\end{pmatrix}$.

3. 设 $\boldsymbol{A}=\begin{pmatrix}1 & 2\\1 & 3\end{pmatrix}$，$\boldsymbol{B}=\begin{pmatrix}1 & 0\\1 & 2\end{pmatrix}$，问：

(1) $\boldsymbol{AB}=\boldsymbol{BA}$ 是否成立？

(2) $(\boldsymbol{A}+\boldsymbol{B})^2=\boldsymbol{A}^2+2\boldsymbol{AB}+\boldsymbol{B}^2$ 是否成立？

(3) $(\boldsymbol{A}+\boldsymbol{B})(\boldsymbol{A}-\boldsymbol{B})=\boldsymbol{A}^2-\boldsymbol{B}^2$ 是否成立？

8.3 逆 矩 阵

前面介绍了矩阵的加减法、乘法.因此我们很自然地想到，能否定义矩阵的除法，即矩阵的乘法是否存在一种逆运算？如果这种逆运算存在，它应该满足什么条件？下面，我们将学习何种矩阵存在这种逆运算，以及这种逆运算如何去实施等问题.

我们知道，对于非零常数 a，存在 a^{-1}，使得 $aa^{-1}=a^{-1}a=1$，类似地，在矩阵的运算中我们也可以考虑，对于矩阵 $\boldsymbol{A}$，是否存在唯一的一个类似 a^{-1} 的矩阵 $\boldsymbol{A}^{-1}$，使得 $\boldsymbol{AA}^{-1}=\boldsymbol{A}^{-1}\boldsymbol{A}=\boldsymbol{E}$.

为此引入逆矩阵的概念.

1. 逆矩阵的定义

定义1 对于 n 阶方阵 $\boldsymbol{A}$，如果存在一个 n 阶方阵 $\boldsymbol{B}$，使得 $\boldsymbol{AB}=\boldsymbol{BA}=\boldsymbol{E}$，则称 $\boldsymbol{A}$ 为**可逆矩阵**，称 $\boldsymbol{B}$ 为 $\boldsymbol{A}$ 的**逆矩阵**，简称 $\boldsymbol{A}$ 的**逆**，记为 $\boldsymbol{B}=\boldsymbol{A}^{-1}$.

注意

(1)矩阵 $\boldsymbol{A}$ 与 $\boldsymbol{B}$ 在等式 $\boldsymbol{AB}=\boldsymbol{BA}=\boldsymbol{E}$ 中的地位是平等的，即 $\boldsymbol{A}$，$\boldsymbol{B}$ 互为逆矩阵，且 $\boldsymbol{A}$ 的逆矩阵 $\boldsymbol{B}=\boldsymbol{A}^{-1}$ 是唯一的；

(2)如果矩阵 $\boldsymbol{A}$ 可逆，则 $\boldsymbol{A}$ 的逆矩阵 $\boldsymbol{A}^{-1}$ 也可逆，且 $(\boldsymbol{A}^{-1})^{-1}=\boldsymbol{A}$.

(3)如果方阵 $\boldsymbol{A}$，$\boldsymbol{B}$ 可逆，则 $\boldsymbol{A}^{\mathrm{T}}$ 和 $\boldsymbol{AB}$ 也可逆，且有

① $(\boldsymbol{A}^{\mathrm{T}})^{-1}=(\boldsymbol{A}^{-1})^{\mathrm{T}}$；　　② $(\boldsymbol{AB})^{-1}=\boldsymbol{B}^{-1}\boldsymbol{A}^{-1}$.

2. 逆矩阵的应用

记线性方程组 $\begin{cases}a_{11}x_1+a_{12}x_2+\cdots+a_{1n}x_n=b_1\\a_{21}x_1+a_{22}x_2+\cdots+a_{2n}x_n=b_2\\\cdots\cdots\\a_{n1}x_1+a_{n2}x_2+\cdots+a_{nn}x_n=b_n\end{cases}$ 的**系数矩阵**为 $\boldsymbol{A}=\begin{pmatrix}a_{11} & a_{12} & \cdots & a_{1n}\\a_{21} & a_{22} & \cdots & a_{2n}\\\vdots & \vdots & & \vdots\\a_{n1} & a_{n2} & \cdots & a_{nn}\end{pmatrix}$，并记**未知量矩阵**和**常数项矩阵**分别为

$$\boldsymbol{X}=\begin{pmatrix}x_1\\x_2\\\vdots\\x_n\end{pmatrix},\quad \boldsymbol{B}=\begin{pmatrix}b_1\\b_2\\\vdots\\b_n\end{pmatrix},$$

则有
$$AX=\begin{pmatrix}a_{11} & a_{12} & \cdots & a_{1n}\\ a_{21} & a_{22} & \cdots & a_{2n}\\ \vdots & \vdots & & \vdots\\ a_{n1} & a_{n2} & \cdots & a_{nn}\end{pmatrix}\begin{pmatrix}x_1\\ x_2\\ \vdots\\ x_n\end{pmatrix}=\begin{pmatrix}a_{11}x_1+a_{12}x_2+\cdots+a_{1n}x_n\\ a_{21}x_1+a_{22}x_2+\cdots+a_{2n}x_n\\ \cdots\cdots\\ a_{n1}x_1+a_{n2}x_2+\cdots+a_{nn}x_n\end{pmatrix}=\begin{pmatrix}b_1\\ b_2\\ \vdots\\ b_n\end{pmatrix}.$$
所以上面的方程组可以表示为矩阵方程形式:$\boldsymbol{AX}=\boldsymbol{B}$.

若 $\boldsymbol{A}$ 可逆,则 $\boldsymbol{X}=\boldsymbol{A}^{-1}\boldsymbol{B}$.

这样,解线性方程组可以转化为解矩阵方程.

下面讨论逆矩阵的求法.

3. 逆矩阵的求法(伴随矩阵法)

定义 2 设 $\boldsymbol{A}_{ij}$ 是 n 阶方阵 $\boldsymbol{A}=(a_{ij})_{n\times n}$ 的行列式 $|\boldsymbol{A}|$ 中的元素 a_{ij} 的代数余子式,矩阵
$$\boldsymbol{A}^*=\begin{pmatrix}A_{11} & A_{21} & \cdots & A_{n1}\\ A_{12} & A_{22} & \cdots & A_{n2}\\ \vdots & \vdots & & \vdots\\ A_{1n} & A_{2n} & \cdots & A_{nn}\end{pmatrix}$$
称为矩阵 $\boldsymbol{A}$ 的**伴随矩阵**.

定理 1 对任一 n 阶矩阵 $\boldsymbol{A}$,有 $\boldsymbol{AA}^*=\boldsymbol{A}^*\boldsymbol{A}=|\boldsymbol{A}|\boldsymbol{E}$.

定理 2 n 阶矩阵 $\boldsymbol{A}$ 可逆的充分必要条件是 $|\boldsymbol{A}|\neq 0$,且 $\boldsymbol{A}^{-1}=\dfrac{1}{|\boldsymbol{A}|}\boldsymbol{A}^*$.

定义 3 若 $|\boldsymbol{A}|\neq 0$,称 $\boldsymbol{A}$ 是**非奇异矩阵**.反之,若 $|\boldsymbol{A}|=0$,称 $\boldsymbol{A}$ 是**奇异矩阵**.

【例 1】 判断下列矩阵是否可逆?若可逆,求其逆矩阵.

(1) $\boldsymbol{A}=\begin{pmatrix}1 & 2\\ 5 & -4\end{pmatrix}$; (2) $\boldsymbol{C}=\begin{pmatrix}2 & 2 & -4\\ 1 & 1 & -2\\ 1 & 3 & 5\end{pmatrix}$.

解 (1) $|\boldsymbol{A}|=\begin{vmatrix}1 & 2\\ 5 & -4\end{vmatrix}=-14\neq 0$,所以 $\boldsymbol{A}$ 是可逆矩阵.

由于 $\boldsymbol{A}^*=\begin{pmatrix}A_{11} & A_{21}\\ A_{12} & A_{22}\end{pmatrix}=\begin{pmatrix}-4 & -2\\ -5 & 1\end{pmatrix}$,故 $\boldsymbol{A}^{-1}=\dfrac{1}{|\boldsymbol{A}|}\boldsymbol{A}^*=\dfrac{1}{-14}\begin{pmatrix}-4 & -2\\ -5 & 1\end{pmatrix}$.

(2) $|\boldsymbol{C}|=\begin{vmatrix}2 & 2 & -4\\ 1 & 1 & -2\\ 1 & 3 & 5\end{vmatrix}=0$,故 $\boldsymbol{C}$ 是奇异方阵,不可逆.

【例 2】 解方程组 $\begin{cases}x_1+x_2+x_3=6\\ 3x_1+2x_2-x_3=4\\ 3x_1+x_2+2x_3=11\end{cases}$.

解　设 $\boldsymbol{A}=\begin{pmatrix}1&1&1\\3&2&-1\\3&1&2\end{pmatrix}$，$\boldsymbol{X}=\begin{pmatrix}x_1\\x_2\\x_3\end{pmatrix}$，$\boldsymbol{B}=\begin{pmatrix}6\\4\\11\end{pmatrix}$，

则原方程组可表示为矩阵形式 $\boldsymbol{AX}=\boldsymbol{B}$.

因为 $|\boldsymbol{A}|=\begin{vmatrix}1&1&1\\3&2&-1\\3&1&2\end{vmatrix}=-7\neq 0$，故 $\boldsymbol{A}$ 是可逆矩阵，

$$\boldsymbol{A}^{-1}=\frac{1}{|\boldsymbol{A}|}\boldsymbol{A}^*=\frac{1}{-7}\begin{pmatrix}5&-1&-3\\-9&-1&4\\-3&2&-1\end{pmatrix},$$

所以，方程 $\boldsymbol{AX}=\boldsymbol{B}$ 两边同时左乘 $\boldsymbol{A}^{-1}$ 得

$$\boldsymbol{X}=\boldsymbol{A}^{-1}\boldsymbol{B}=\frac{1}{-7}\begin{pmatrix}5&-1&-3\\-9&-1&4\\-3&2&-1\end{pmatrix}\begin{pmatrix}6\\4\\11\end{pmatrix}=\begin{pmatrix}1\\2\\3\end{pmatrix}.$$

即 $x_1=1, x_2=2, x_3=3$.

习　题　8.3

1. 求下列矩阵的逆矩阵：

(1) $\begin{pmatrix}1&2\\2&5\end{pmatrix}$；　(2) $\begin{pmatrix}\cos\theta&-\sin\theta\\\sin\theta&\cos\theta\end{pmatrix}$；　(3) $\begin{pmatrix}1&2&-1\\3&4&-2\\5&-4&1\end{pmatrix}$.

2. 解下列矩阵方程：

(1) $\begin{pmatrix}2&5\\1&3\end{pmatrix}\boldsymbol{X}=\begin{pmatrix}4&-6\\2&1\end{pmatrix}$；　(2) $\boldsymbol{X}\begin{pmatrix}2&1&-1\\2&1&0\\1&-1&1\end{pmatrix}=\begin{pmatrix}1&-1&3\\4&3&2\end{pmatrix}$；

(3) $\begin{pmatrix}1&4\\-1&2\end{pmatrix}\boldsymbol{X}\begin{pmatrix}2&0\\-1&1\end{pmatrix}=\begin{pmatrix}3&1\\0&-1\end{pmatrix}$.

3. 利用逆矩阵解下列线性方程组：

(1) $\begin{cases}x_1+2x_2+3x_3=1\\2x_1+2x_2+5x_3=2\\3x_1+5x_2+x_3=3\end{cases}$；　(2) $\begin{cases}x_1-x_2-x_3=2\\2x_1-x_2-3x_3=1\\3x_1+2x_2-5x_3=0\end{cases}$.

8.4　矩阵的初等变换及矩阵的秩

线性方程组最常用的解法就是消元法，消元法的变换过程如果在矩阵中进行，能够简捷明

了,这样就引出了矩阵的初等变换.

8.4.1 矩阵的初等变换

1. 矩阵的初等变换及表示

定义 1 矩阵的下列变换称为矩阵的**初等行(列)变换**:

(1) 互换矩阵第 i 行(列)与第 j 行(列)的位置,记 $r_i \leftrightarrow r_j(c_i \leftrightarrow c_j)$;

(2) 用非零数 k 乘矩阵的第 i 行(列),记 $kr_i(kc_i)(k \neq 0)$;

(3) 将矩阵的第 j 行(列)的 k 倍加到第 i 行(列)上,记 $r_i + kr_j(c_i + kc_j)$.

矩阵的初等行、列变换统称为**矩阵的初等变换**.

定义 2 如果矩阵 $\boldsymbol{A}$ 经有限次初等变换可以变成矩阵 $\boldsymbol{B}$,就称矩阵 $\boldsymbol{A}$ 与矩阵 $\boldsymbol{B}$ 等价.

2. 行阶梯形矩阵

定义 3 如果矩阵满足下面两个条件:

(1)矩阵的零行(若存在)在矩阵的最下方;

(2)各非零行的第一个非零元素的列标随着行标的增大而严格增大,则称其为**阶梯形矩阵**.

例如,$\begin{pmatrix} 1 & 2 & 0 & 4 \\ 0 & 0 & 3 & 0 \\ 0 & 0 & 0 & 2 \end{pmatrix}$,$\begin{pmatrix} 1 & 2 & 3 & 0 & 5 \\ 0 & -2 & 0 & 2 & 6 \\ 0 & 0 & 0 & 8 & 7 \\ 0 & 0 & 0 & 0 & 0 \end{pmatrix}$都是阶梯形矩阵.

定义 4 如果阶梯形矩阵满足下面两个条件:

(1) 非零行中首个非零元素为 1;

(2) 所有首个非零元素所在列的其余元素全为零,则称其为**最简阶梯形矩阵**.

例如,$\begin{pmatrix} 1 & 6 & 0 & 0 & 0 & 6 \\ 0 & 0 & 1 & 2 & 0 & 4 \\ 0 & 0 & 0 & 0 & 1 & 1 \\ 0 & 0 & 0 & 0 & 0 & 0 \end{pmatrix}$是一个最简行阶梯形矩阵.

【例 1】 用初等行变换将矩阵 $\boldsymbol{A} = \begin{pmatrix} 1 & 0 & 1 \\ 2 & 2 & 0 \\ 4 & 2 & 1 \end{pmatrix}$化为阶梯形矩阵.

解 $\boldsymbol{A} = \begin{pmatrix} 1 & 0 & 1 \\ 2 & 2 & 0 \\ 4 & 2 & 1 \end{pmatrix} \xrightarrow[r_3 - 4r_1]{r_2 - 2r_1} \begin{pmatrix} 1 & 0 & 1 \\ 0 & 2 & -2 \\ 0 & 2 & -3 \end{pmatrix} \xrightarrow{r_3 - r_2} \begin{pmatrix} 1 & 0 & 1 \\ 0 & 2 & -2 \\ 0 & 0 & -1 \end{pmatrix}$.

思 考

如何再利用初等行变换将矩阵变成最简阶梯形矩阵.

3. 用初等变换求逆矩阵

若 n 阶方阵 $\boldsymbol{A}$ 可逆,则总可以经过一系列初等行变换将 $\boldsymbol{A}$ 化成单位矩阵,这就提供了一个求逆矩阵的方法:

作 $n \times 2n$ 矩阵$[\boldsymbol{A} \mid \boldsymbol{E}]$,对此矩阵作初等行(列)变换,使左边子块 $\boldsymbol{A}$ 化为 $\boldsymbol{E}$,得到的右边子

块 $\boldsymbol{E}$ 则为方阵 $\boldsymbol{A}$ 的逆矩阵 $\boldsymbol{A}^{-1}$.

上面过程可表示为: $[\boldsymbol{A} \,\vdots\, \boldsymbol{E}] \xrightarrow[\text{(初等列变换)}]{\text{初等行变换}} [\boldsymbol{E} \,\vdots\, \boldsymbol{A}^{-1}]$.

【例 2】 设 $\boldsymbol{A}=\begin{pmatrix}1&2&3\\2&1&2\\1&3&4\end{pmatrix}$,用初等变换法求 $\boldsymbol{A}^{-1}$.

解

$$(\boldsymbol{A} \,\vdots\, \boldsymbol{E})=\left(\begin{array}{ccc:ccc}1&2&3&1&0&0\\2&1&2&0&1&0\\1&3&4&0&0&1\end{array}\right)\xrightarrow[r_3-r_1]{r_2-2r_1}\left(\begin{array}{ccc:ccc}1&2&3&1&0&0\\0&-3&-4&-2&1&0\\0&1&1&-1&0&1\end{array}\right)$$

$$\xrightarrow{r_2\leftrightarrow r_3}\left(\begin{array}{ccc:ccc}1&2&3&1&0&0\\0&1&1&-1&0&1\\0&-3&-4&-2&1&0\end{array}\right)\xrightarrow{r_3+3r_2}\left(\begin{array}{ccc:ccc}1&2&3&1&0&0\\0&1&1&-1&0&1\\0&0&-1&-5&1&3\end{array}\right)$$

$$\xrightarrow[\substack{r_2+r_3\\(-1)\times r_3}]{r_1+3r_3}\left(\begin{array}{ccc:ccc}1&2&0&-14&3&9\\0&1&0&-6&1&4\\0&0&1&5&-1&-3\end{array}\right)\xrightarrow{r_1-2r_2}\left(\begin{array}{ccc:ccc}1&0&0&-2&1&1\\0&1&0&-6&1&4\\0&0&1&5&-1&-3\end{array}\right).$$

所以

$$\boldsymbol{A}^{-1}=\begin{pmatrix}-2&1&1\\-6&1&4\\5&-1&-3\end{pmatrix}.$$

8.4.2　矩阵的秩

1. 秩的概念

定义 5　在 $\boldsymbol{A}_{m\times n}$ 中，任取 k 行与 k 列，位于交叉处的 k^2 个数按照原来的相对位置构成 k 阶行列式,称为 $\boldsymbol{A}$ 的一个 k **阶子式**，记作 D_k.

若 $\boldsymbol{A}$ 中至少有一个 r 阶子式 $D_r\neq0$;而所有的 $r+1$ 阶子式(存在的话)$D_{r+1}=0$,则称 $\boldsymbol{A}$ 的**秩**为 r，记作 $r(\boldsymbol{A})=r$. 如 $\boldsymbol{A}=\begin{pmatrix}2&2&-4&3\\1&1&-2&4\\0&0&0&0\end{pmatrix}$,则 $r(\boldsymbol{A})=2$.

规定: $r(\boldsymbol{O})=0$.

注 意

(1) 初等变换不改变矩阵的秩.

(2) 与 $\boldsymbol{A}$ 等价的阶梯形矩阵中非零行的行数 r 就是矩阵 $\boldsymbol{A}$ 的秩.(可通过先将矩阵变换成阶梯形矩阵的方法来求矩阵的秩)

定义 6　对于方阵 $\boldsymbol{A}_{n\times n}$,若 $r(\boldsymbol{A})=n$,称 $\boldsymbol{A}$ 为**满秩矩阵**(也称可逆矩阵或非奇异矩阵);若 $r(\boldsymbol{A})<n$,则称 $\boldsymbol{A}$ 为**降秩矩阵**(也称**不可逆矩阵**或**奇异矩阵**).

2. 秩的计算

【例 3】 求矩阵 $\boldsymbol{A}=\begin{pmatrix}1&1&0&0\\1&0&1&1\\2&-1&3&3\end{pmatrix}$的秩.

解法 1: $D_2(\boldsymbol{A})=\begin{vmatrix}1&0\\0&1\end{vmatrix}=1\neq0$,而 $\boldsymbol{A}$ 的所有三阶子式(4 个)

$$\begin{vmatrix}1&1&0\\1&0&1\\2&-1&3\end{vmatrix}=0,\quad\begin{vmatrix}1&1&0\\1&0&1\\2&-1&3\end{vmatrix}=0,\quad\begin{vmatrix}1&0&0\\1&1&1\\2&3&3\end{vmatrix}=0,\quad\begin{vmatrix}1&0&0\\0&1&1\\-1&3&3\end{vmatrix}=0,$$

所以
$$r(\boldsymbol{A})=2.$$

解法 2:(用行初等变换)

$$\boldsymbol{A}=\begin{pmatrix}1&1&0&0\\1&0&1&1\\2&-1&3&3\end{pmatrix}\xrightarrow{r_3-3r_2}\begin{pmatrix}1&1&0&0\\1&0&1&1\\-1&-1&0&0\end{pmatrix}\xrightarrow[r_3+r_1]{r_2-r_1}\begin{pmatrix}1&1&0&0\\0&-1&1&1\\0&0&0&0\end{pmatrix}.$$

所以
$$r(\boldsymbol{A})=2.$$

习　题　8.4

1. 已知矩阵 $\boldsymbol{A}=\begin{pmatrix}3&2&9&6\\-1&-3&4&-17\\1&4&-7&3\\-1&-4&7&-3\end{pmatrix}$,对其作初等行变换,先化为行阶梯形矩阵,再化为行最简形矩阵,并求矩阵的秩.

2. 用初等变换将下列矩阵化为对角阵$\begin{pmatrix}0&2&-4\\-1&-4&5\\3&1&7\\0&5&-10\\2&3&0\end{pmatrix}$,并求矩阵的秩.

3. 设有矩阵 $\boldsymbol{A}=\begin{pmatrix}3&0&1\\1&-1&2\\0&1&1\end{pmatrix}$,用初等变换法求逆矩阵.

4. 求矩阵 $\boldsymbol{X}$,使 $\boldsymbol{AX}=\boldsymbol{B}$,其中 $\boldsymbol{A}=\begin{pmatrix}1&2&3\\2&2&1\\3&4&3\end{pmatrix}$,$\boldsymbol{B}=\begin{pmatrix}2&5\\3&1\\4&3\end{pmatrix}$.

8.5　线性方程组

解线性方程组的消元法,本质上就是对方程组进行的一系列同解变换,变到最简之后就得到了方程组的解.消元法的变换过程如果在矩阵中进行,就是解线性方程组的**高斯消元法**.

8.5.1　用初等行变换解线性方程组

设有 n 个未知量 m 个方程的线性方程组为

$$\begin{cases} a_{11}x_1+a_{12}x_2+\cdots+a_{1n}x_n=b_1 \\ a_{21}x_1+a_{22}x_2+\cdots+a_{2n}x_n=b_2 \\ \cdots\cdots \\ a_{m1}x_1+a_{m2}x_2+\cdots+a_{mn}x_n=b_m \end{cases}.$$

它的矩阵方程形式为 $\boldsymbol{AX}=\boldsymbol{B}$，其中，

$$\boldsymbol{A}=\begin{pmatrix} a_{11} & a_{12} & \cdots & a_{1n} \\ a_{21} & a_{22} & \cdots & a_{2n} \\ \vdots & \vdots & & \vdots \\ a_{m1} & a_{m2} & \cdots & a_{mn} \end{pmatrix},\quad \boldsymbol{X}=\begin{pmatrix} x_1 \\ x_2 \\ \vdots \\ x_n \end{pmatrix},\quad \boldsymbol{B}=\begin{pmatrix} b_1 \\ b_2 \\ \vdots \\ b_m \end{pmatrix}.$$

我们称矩阵 $\widetilde{\boldsymbol{A}}=\begin{pmatrix} a_{11} & a_{12} & \cdots & a_{1n} & b_1 \\ a_{21} & a_{22} & \cdots & a_{2n} & b_2 \\ \vdots & \vdots & & \vdots & \vdots \\ a_{m1} & a_{m2} & \cdots & a_{mn} & b_m \end{pmatrix}$ 为方程组的**增广矩阵**.

下面考察增广矩阵中的初等行变换与方程组中的变换的关系：

(1)互换矩阵第 i 行与第 j 行的位置 $r_i \leftrightarrow r_j \Leftrightarrow$ 互换第 i 个方程与第 j 个方程；

(2)用非零数 k 乘矩阵的第 i 行 $r_i \times k(k\neq 0) \Leftrightarrow$ 用非零数 k 乘第 i 个方程的两边；

(3)将矩阵的第 j 行的 k 倍加到第 i 行上 $r_i+kr_j \Leftrightarrow$ 将第 j 个方程的 k 倍加到第 i 个方程上.

可以看出，对增广矩阵进行的三种初等行变换，对方程组来说，都是同解变换. 因此有：

高斯消元法：用矩阵的初等行变换，将方程组的增广矩阵变换成最简阶梯形矩阵，则由该矩阵可以求得方程组的解.

定理　对于线性方程组

$$\begin{cases} a_{11}x_1+a_{12}x_2+\cdots+a_{1n}x_n=b_1 \\ a_{21}x_1+a_{22}x_2+\cdots+a_{2n}x_n=b_2 \\ \cdots\cdots \\ a_{m1}x_1+a_{m2}x_2+\cdots+a_{mn}x_n=b_m \end{cases}.$$

(1) $m=n, R(\boldsymbol{A})=R(\widetilde{\boldsymbol{A}})=n \Leftrightarrow$ 方程组有唯一解；

(2) $R(\boldsymbol{A})=R(\widetilde{\boldsymbol{A}})<n \Leftrightarrow$ 方程组有无穷多解；

(3) $R(\boldsymbol{A})\neq R(\widetilde{\boldsymbol{A}}) \Leftrightarrow$ 方程组无解.

8.5.2　用初等行变换解线性方程组的应用举例

【例 1】　解线性方程组 $\begin{cases} x_1-x_2+x_3+2x_4=0 \\ 2x_1+x_2-x_3+x_4=0 \\ 3x_1+2x_2+x_3+5x_4=5 \\ -x_1-x_2+x_3+x_4=-1 \end{cases}$.

解 $\widetilde{\mathbf{A}}=\begin{pmatrix}1&-1&1&2&0\\2&1&-1&1&0\\3&2&1&5&5\\-1&-1&1&1&-1\end{pmatrix}\xrightarrow[r_4+r_1]{\substack{r_2-2r_1\\r_3-3r_1}}\begin{pmatrix}1&-1&1&2&0\\0&3&-3&-3&0\\0&5&-2&-1&5\\0&-2&2&3&-1\end{pmatrix}$

$\xrightarrow{r_2+r_4}\begin{pmatrix}1&-1&1&2&0\\0&1&-1&0&-1\\0&5&-2&-1&5\\0&-2&2&3&-1\end{pmatrix}\xrightarrow[r_4+2r_2]{\substack{r_1+r_2\\r_3-5r_2}}\begin{pmatrix}1&0&0&2&-1\\0&1&-1&0&-1\\0&0&3&-1&10\\0&0&0&3&-3\end{pmatrix}$

$\xrightarrow{\frac{1}{3}r_3}\begin{pmatrix}1&0&0&2&-1\\0&1&-1&0&-1\\0&0&1&-\frac{1}{3}&\frac{10}{3}\\0&0&0&3&-3\end{pmatrix}\xrightarrow{r_2+r_3}\begin{pmatrix}1&0&0&2&-1\\0&1&0&-\frac{1}{3}&\frac{7}{3}\\0&0&1&-\frac{1}{3}&\frac{10}{3}\\0&0&0&3&-3\end{pmatrix}$

$\xrightarrow{\frac{1}{3}r_4}\begin{pmatrix}1&0&0&2&-1\\0&1&0&-\frac{1}{3}&\frac{7}{3}\\0&0&1&-\frac{1}{3}&\frac{10}{3}\\0&0&0&1&-1\end{pmatrix}\xrightarrow[r_3+\frac{1}{3}r_4]{\substack{r_1-2r_4\\r_2+\frac{1}{3}r_4}}\begin{pmatrix}1&0&0&0&1\\0&1&0&0&2\\0&0&1&0&3\\0&0&0&1&-1\end{pmatrix}.$

即方程组的解为 $x_1=1$, $x_2=2$, $x_3=3$, $x_4=-1$.

【例 2】 求解线性方程组$\begin{cases}x_1-x_2+6x_3-x_4=1\\x_1+x_2-2x_3+3x_4=7\\3x_1-x_2+10x_3+x_4=9\\x_1+3x_2-10x_3+7x_4=13\end{cases}$.

解 $\widetilde{\mathbf{A}}=\begin{pmatrix}1&-1&6&-1&1\\1&1&-2&3&7\\3&-1&10&1&9\\1&3&-10&7&13\end{pmatrix}\xrightarrow[r_4-r_1]{\substack{r_2-r_1\\r_3-3r_1}}\begin{pmatrix}1&-1&6&-1&1\\0&2&-8&4&6\\0&2&-8&4&6\\0&4&-16&8&12\end{pmatrix}$

$\xrightarrow{\frac{1}{2}r_2}\begin{pmatrix}1&-1&6&-1&1\\0&1&-4&2&3\\0&2&-8&4&6\\0&4&-16&8&12\end{pmatrix}\xrightarrow[r_4-4r_1]{\substack{r_2+r_1\\r_3-2r_1}}\begin{pmatrix}1&0&2&1&4\\0&1&-4&2&3\\0&0&0&0&0\\0&0&0&0&0\end{pmatrix}.$

由于 $R(\mathbf{A})=R(\widetilde{\mathbf{A}})=2<4$,所以原方程有无穷多组解,最简阶梯形矩阵对应的方程组为

$$\begin{cases}x_1+2x_3+x_4=4\\x_2-4x_3+2x_4=3\end{cases},$$

所以原方程组的一般解为

$$\begin{cases}x_1=4-2x_3-x_4\\x_2=3+4x_3-2x_4\end{cases},$$

其中,x_3,x_4是自由变量.

习 题 8.5

1. 用初等变换法求下列线性方程组：

(1) $\begin{cases}2x_1-x_2+5x_3=1\\4x_1-2x_2+7x_3=-2\\2x_1-x_2+4x_3=3\end{cases}$；　(2) $\begin{cases}5x_1-x_2+3x_3+2x_4-x_5=2\\4x_1-2x_2+x_4+2x_5=0\\3x_1-x_2+4x_3-4x_4-2x_5=3\end{cases}$；

(3) $\begin{cases}x_1-2x_2+3x_3-4x_4=4\\x_2-x_3+x_4=-3\\x_1+3x_2+x_4=1\\-7x_2+3x_3+x_4=-3\end{cases}$；　(4) $\begin{cases}x_1-2x_2+3x_3-4x_4=0\\x_2-x_3+x_4=0\\x_1+3x_2+x_4=0\\2x_1+x_2+3x_3-3x_4=0\end{cases}$.

2. 确定方程组中的参数 λ，使其有非零解.

$$\begin{cases}2x_1-x_2+3x_3=0\\4x_1-2x_2+\lambda x_3=0.\\\lambda x_1-x_2+4x_3=0\end{cases}$$

8.6 用 MATLAB 求解矩阵及线性方程组

行列式和矩阵在实际应用中，一般都涉及大量的数据，手算费时费力，效率低下. 如能借助于数学软件，将使计算效率大大提高.

8.6.1 MATLAB 软件命令与功能

MATLAB 软件命令与功能如表 8.6.1 所示。

表 8.6.1

命　令	说　明
zeros(m,n),zeros(n)	生成一个 $m\times n$，n 阶零矩阵
eye(m)	生成一个 m 阶单位矩阵
A(k,:)	提取矩阵 **A** 的第 k 行
A(:,k)	提取矩阵 **A** 的第 k 列
A(i1:i2,ji:j2)	提取矩阵 **A** 的第 i_1 至 i_2 行、第 j_1 至 j_2 列，构成新矩阵
A(i1:i2,:)=[ ]	删除矩阵 **A** 的第 i_1 至 i_2 行，构成新矩阵
A(:,j1:j2)=[ ]	删除矩阵 **A** 的第 j_1 至 j_2 列，构成新矩阵
[A B]或[A;B]	将矩阵 **A** 和矩阵 ***B*** 拼接成新矩阵
A′	矩阵 **A** 的转置
det(A)	求矩阵 **A** 的行列式
inv(A)	求矩阵 **A** 的逆矩阵
size(A)	求矩阵 **A** 的阶数

续表

命　令	说　明
rank(A)	求矩阵 **A** 的秩
rref(A)	化矩阵 **A** 为最简阶梯形矩阵
[x1,x2,…,xn]=solve('eq1','eq2',…,'eqn','x1','x2',…,'xn')	解方程或解方程组

8.6.2 应用举例

【例 1】 已知矩阵 $\boldsymbol{A}=\begin{pmatrix}1&3&0\\-2&4&2\end{pmatrix}$，$\boldsymbol{B}=\begin{pmatrix}1&2\\3&-2\\-1&5\end{pmatrix}$，计算 $2\boldsymbol{A}-\boldsymbol{B}^{\mathrm{T}}$，$\boldsymbol{AB}$，$\boldsymbol{BA}$ 及 $|\boldsymbol{BA}|$.

解

```
>> A=[1 3 0;-2 4 2];B=[1 2;3 -2; -1 5];      % 定义A,B
>> C=2*A-B', D=A*B, E=B*A,E1=det(E)
                              % 计算C=2A-B^T,D=AB,E=BA,E1=|BA|
C =     1    3    1
       -6   10   -1
D =    10   -4
        8   -2
E =    -3   11    4
        7    1   -4
      -11   17   10
E1  = 0
```

所以，$2\boldsymbol{A}-\boldsymbol{B}^{\mathrm{T}}=\begin{pmatrix}1&3&1\\-6&10&-1\end{pmatrix}$，$\boldsymbol{AB}=\begin{pmatrix}10&-4\\8&-2\end{pmatrix}$，$\boldsymbol{BA}=\begin{pmatrix}-3&11&4\\7&1&-4\\-11&17&10\end{pmatrix}$，$|\boldsymbol{BA}|=0$.

【例 2】 解矩阵方程 $\boldsymbol{XA}=\boldsymbol{B}$，其中 $\boldsymbol{A}=\begin{pmatrix}3&4\\5&6\end{pmatrix}$，$\boldsymbol{B}=\begin{pmatrix}1&0\\0&2\\-1&0\end{pmatrix}$.

解

```
>> A=[3 4;5 6]; B=[1 0;0 2;-1 0];   % 定义A,B
>> X=B*inv(A)  (或X=B/A)            % 计算X=BA^-1
X =
      -3.0000     2.0000
       5.0000    -3.0000
       3.0000    -2.0000
```

所以 $\boldsymbol{X}=\begin{pmatrix}-3&2\\5&-3\\3&-2\end{pmatrix}$.

【例 3】 讨论线性方程组

$$\begin{cases}x_1+2x_2-x_3+2x_4=3\\x_1+x_2+x_3+4x_4=2\\x_1+3x_2-3x_3-2x_4=4\end{cases}$$

的解是否存在，如果存在，求线性方程组的解.

解

```
>> A=[1,2,-1,2;1,1,1,4;1,3,-3,-2];b=[3;2;4];
                                              % 定义系数矩阵A、常数矩阵b.
>> [x1,x2,x3,x4]=solve('x1+2*x2-x3+2*x4=3','x1+x2+x3+4*x4=2',
   'x1+3*x2-3*x3-2*x4=4','x1','x2','x3','x4')    % 求线性方程组的通解
      x1=1-3*x3
      x2=1+2*x3
      x3=x3
      x4=0
```

所以，方程组有无穷解$\begin{cases}x_1=1-3x_3\\x_2=1+2x_3\\x_3=x_3\\x_4=0\end{cases}$，$x_3$是任意常数.

【例 4】 一工厂有 1000 h 用于生产、维修和检验各工序的工作时间分别为 P,M,I，且满足 $P+M+I=1000$，$P=I-100$，$P+I=M+100$，求各工序所用时间分别为多少？

分析 已知条件可表示为

$$\begin{cases}P+M+I=1000\\P+0M-I=-100,\\P-M+I=100\end{cases}$$

设矩阵 $\boldsymbol{A}=\begin{pmatrix}1&1&1\\1&0&-1\\1&-1&1\end{pmatrix}$，矩阵 $\boldsymbol{X}=\begin{pmatrix}P\\M\\I\end{pmatrix}$，矩阵 $\boldsymbol{b}=\begin{pmatrix}1000\\-100\\100\end{pmatrix}$.

由题意，方程组可写作 $\boldsymbol{AX}=\boldsymbol{b}$，其中 $\boldsymbol{A}$ 为线性方程组的系数矩阵，

其增广矩阵 $\boldsymbol{B}=(\boldsymbol{A},\boldsymbol{b})=\begin{pmatrix}1&1&1&1000\\1&0&-1&-100\\1&-1&1&100\end{pmatrix}$.

解 使用 MATLAB 求 $\boldsymbol{A}$ 和 $\boldsymbol{B}$ 的秩：

```
>> A=[1 1 1;1 0 -1;1 -1 1];B=[1 1 1 1000;1 0 -1 -100;1 -1 1 100];b=[1000;-100;100];
% 定义系数矩阵A、增广矩阵B,常数矩阵b.
>> r1=rank(A),r2=rank(B)    % 求系数矩阵A,增广矩阵B的秩
   r1=3
   r2=3
                            % r(A)=r(B)  说明该线性方程组有解,且唯一解
>>X=A\\b                    % 求方程组的唯一解X=A^-1 b
   X=225
     450
     325
```

所以，该线性方程组的唯一解为 $P=225$，$M=450$，$I=325$.

习 题 8.6

1. 已知矩阵 $\boldsymbol{A}=\begin{pmatrix}1&3&0\\-2&4&2\\1&0&3\end{pmatrix}$，$\boldsymbol{B}=\begin{pmatrix}1&2\\3&-2\\-1&5\end{pmatrix}$，计算 $|\boldsymbol{A}|$，$\boldsymbol{AB}$，$\boldsymbol{B}'$ 及 $\boldsymbol{A}^{-1}$.

2. 将下列线性方程组表达为矩阵方程，并求解之：

$$\begin{cases}x_1-2x_2+3x_3-4x_4=4\\x_1+3x_2-3x_3-3x_4=1\\x_2-x_3+x_4=-3\\2x_2-3x_3-x_4=3\end{cases}.$$

3. 求解下列线性方程组：

(1) $\begin{cases}4x_1+2x_2-x_3=2\\3x_1-x_2+2x_3=10\\11x_1+3x_2=8\end{cases}$；　(2) $\begin{cases}x_1-x_2+x_3-x_4=0\\x_1-x_2+2x_3-3x_4=1\\x_1-x_2+3x_3-5x_4=2\end{cases}$.

4. 解下列矩阵方程：

$$\begin{pmatrix}0&1&0\\1&0&0\\0&0&1\end{pmatrix}\boldsymbol{X}\begin{pmatrix}1&0&0\\0&0&1\\0&1&0\end{pmatrix}=\begin{pmatrix}1&-4&3\\2&0&-1\\1&-2&0\end{pmatrix}.$$

5. 某公司有三个生产基地，都生产两种型号的计算机，已知每天三个基地生产的两种型号的计算机数量分别为 100，150，120 和 200，180，210（单位：台），已知两种计算机的单价和单位利润分别为 5000，4500 和 400，300（单位：元），求这三个基地一天的总产值和总利润.

小结

8.1 行列式

一、主要内容与要求

(1)掌握二阶、三阶、n 行列式的概念. 理解行列式元素的余子式及代数余子式的概念.

(2)了解行列式的主要性质：

① 行列式与它的转置行列式的值相等.

② 行列式某一行(列)的所有元素的公因子可以提到行列式符号的外面.

③ 交换行列式的两行(列)，行列式变号.

④ 如果行列式的某一行（列)的各元素都是两个数的和，则此行列式等于两个相应的行列式的和.

⑤ 把行列式的某一行（列)的所有元素乘以数 k 加到另一行(列)的相应元素上，行列式的值不变.

⑥ n 阶行列式 D 等于它的任意一行(列)的元素与其对应的代数余子式的乘积之和，即

$$D=a_{i1}A_{i1}+a_{i2}A_{i2}+\cdots+a_{in}A_{in}, (i=1,2,\cdots,n)\ (\text{按第 } i \text{ 行展开})$$

或

$$D=a_{1j}A_{1j}+a_{2j}A_{2j}+\cdots+a_{nj}A_{nj}, (j=1,2,\cdots,n)(\text{按第 } j \text{ 列展开})$$

(3)掌握克莱姆法则,并会用来解线性方程组.

对于线性方程组,当其系数行列式 $D\neq0$,则方程组有唯一解:

$$x_1=\frac{D_1}{D};\quad x_2=\frac{D_2}{D};\quad \cdots;\quad x_n=\frac{D_n}{D},$$

其中,$D_j(j=1,2,\cdots,n)$是 D 中第 j 列换成线性方程组右侧常数项 $b_1,b_2,\cdots,b_n$,其余各列不变而得到的行列式.

二、方法小结

(1)二、三阶行列式可按定义直接展开计算.

$$\begin{vmatrix} a_{11} & a_{12} \\ a_{21} & a_{22} \end{vmatrix}=a_{11}a_{22}-a_{12}a_{21}.$$

$$\begin{vmatrix} a_{11} & a_{12} & a_{13} \\ a_{21} & a_{22} & a_{23} \\ a_{31} & a_{32} & a_{33} \end{vmatrix}=a_{11}a_{22}a_{33}+a_{12}a_{23}a_{31}+a_{13}a_{21}a_{32}-a_{13}a_{22}a_{31}-a_{12}a_{21}a_{33}-a_{11}a_{23}a_{32}.$$

(2)四阶及以上的行列式通常有两种方法计算:

① n 阶行列式 D 等于它的任意一行(列)的元素与其对应的代数余子式的乘积之和,即

$$D=a_{i1}A_{i1}+a_{i2}A_{i2}+\cdots+a_{in}A_{in}\quad (i=1,2,\cdots,n)\quad (\text{按第 } i \text{ 行展开}),$$

或

$$D=a_{1j}A_{1j}+a_{2j}A_{2j}+\cdots+a_{nj}A_{nj}\quad (j=1,2,\cdots,n)\quad (\text{按第 } j \text{ 列展开}).$$

② 利用行列式的性质,把行列式化为三角行列式,而三角行列式的值等于主对角线上的元素的乘积.

(3)用克莱姆法则解线性方程组时,要注意其适用条件,即方程的个数与未知数的个数要相等,且系数行列式非零.

8.2 矩阵的概念及运算

一、主要内容与要求

(1)掌握矩阵的概念.理解矩阵的阶、矩阵的相等、矩阵的转置的含义.

(2)掌握矩阵的运算:

① 加减法 $\boldsymbol{A}\pm\boldsymbol{B}=(a_{ij}\pm b_{ij})_{m\times n}$(对应元素相加减,必须是同阶矩阵才能进行).

② 数乘矩阵 $k\boldsymbol{A}=(ka_{ij})_{m\times n}$(矩阵中的每一个元素都乘以 k).

③ 矩阵乘法 $\boldsymbol{C}=\boldsymbol{AB}$,其中 $\boldsymbol{A}=(a_{ik})_{m\times s}$,$\boldsymbol{B}=(b_{ik})_{s\times n}$(左矩阵的列数等于右矩阵的行数),则 $\boldsymbol{C}$ 是 $m\times n$ 阶矩阵 $\boldsymbol{C}=(c_{ij})_{m\times n}$,其元素为 $c_{ij}=a_{i1}b_{1j}+a_{i2}b_{2j}+\cdots+a_{is}b_{sj}(i=1,2,\cdots,m;j=1,2,\cdots,n)$.矩阵乘法不满足交换律.

二、方法小结

(1)要特别注意不要把矩阵与行列式混淆:行列式是算式,而矩阵是数表.

(2)做矩阵运算时,通常要先考察矩阵的阶数,如:同阶矩阵才能相加减;矩阵相乘时,左矩阵的列数要等于右矩阵的行数.

8.3 逆矩阵

一、主要内容与要求

(1)掌握逆矩阵的概念:对于 n 阶方阵 $\boldsymbol{A}$,如果存在一个 n 阶方阵 $\boldsymbol{B}$,使得 $\boldsymbol{AB}=\boldsymbol{BA}=\boldsymbol{E}$,则

$\boldsymbol{B}$ 为 $\boldsymbol{A}$ 的逆矩阵，记为 $\boldsymbol{B}=\boldsymbol{A}^{-1}$.

(2)n 阶矩阵 $\boldsymbol{A}$ 可逆的充分必要条件是 $|\boldsymbol{A}|\neq 0$. 且当 $\boldsymbol{A}$ 可逆时，$\boldsymbol{A}^{-1}=\frac{1}{|\boldsymbol{A}|}\boldsymbol{A}^{*}$.

(3)线性方程组可表示为矩阵形式 $\boldsymbol{AX}=\boldsymbol{B}$，其中，$\boldsymbol{A}$ 是系数矩阵，$\boldsymbol{X}$ 是未知数矩阵，$\boldsymbol{B}$ 是右侧常数矩阵.

二、方法小结

(1)逆矩阵的求法.

① 伴随矩阵法：$\boldsymbol{A}^{-1}=\frac{1}{|\boldsymbol{A}|}\boldsymbol{A}^{*}$.

② 初等变换法：$[\boldsymbol{A} \vdots \boldsymbol{E}]\xrightarrow{\text{初等行变换}}[\boldsymbol{E} \vdots \boldsymbol{A}^{-1}]$.

(2)利用逆矩阵求解线性方程组.

把线性方程组表示为矩阵形式 $\boldsymbol{AX}=\boldsymbol{B}$，当 $\boldsymbol{A}$ 可逆时，$\boldsymbol{X}=\boldsymbol{A}^{-1}\boldsymbol{B}$.

8.4 矩阵的初等变换及矩阵的秩

一、主要内容与要求

(1)掌握矩阵的初等变换及表示方法：(1)互换矩阵的两行($r_i\leftrightarrow r_j$)；(2)用一个非零数乘矩阵的某一行 $r_i\times k(k\neq 0)$；(3)将矩阵的某一行乘以数 k 后，加到另一行(r_i+kr_j). 如果是列变换，把 r 换成 c 即可.

(2)了解阶梯形矩阵和最简阶梯形矩阵的特征.

(3)理解矩阵的秩的两种解释：(1)所含非零子式的最高阶数；(2)与之等价的阶梯形矩阵的非零行数.

二、方法小结

(1)将矩阵化为阶梯形矩阵(或最简阶梯形矩阵)，通常沿着主对角线进行运算：

① 观察主对角线第一个元素，如果为零，可以通过整行(列)互换，使这个位置的元素为非零(可称为主元素)；

② 把第一行的适当倍数，加到下方各行上，使得主元素下方的元素都变成零(为使计算简单，可尽量使主元素简单，比如为1)；

③ 视线转移到主对角线的第二个元素，重复前面的步骤，先使它为非零，再使它下方的元素全为零；

④ 沿着主对角线继续进行，如果无法使得主对角线上的元素为非零，则观察后面各行，把非零元最靠前的行换上来，以该行的首个非零元为主元素，重复前面的运算，直到各行均完成运算或无法找到主元素为止.

这样得到的是阶梯形矩阵. 如果想得到最简阶梯形矩阵，还需在把主对角线下方的元素变成零的同时，上方的元素也变成零(方法一样)，并且把每行的首个非零元变成1(整行乘以该元素的倒数即可).

(2)求矩阵的秩，常用的方法是：把矩阵化为等价的阶梯形矩阵，阶梯形矩阵中非零行的个数就是矩阵的秩.

8.5 线性方程组

一、主要内容与要求

掌握线性方程组解的判定：对于线性方程组

$$\begin{cases} a_{11}x_1+a_{12}x_2+\cdots+a_{1n}x_n=b_1 \\ a_{21}x_1+a_{22}x_2+\cdots+a_{2n}x_n=b_2 \\ \cdots\cdots \\ a_{m1}x_1+a_{m2}x_2+\cdots+a_{mn}x_n=b_m \end{cases}.$$

(1) $m=n, r(\boldsymbol{A})=r(\widetilde{\boldsymbol{A}})=n \Leftrightarrow$ 方程组有唯一解；

(2) $r(\boldsymbol{A})=r(\widetilde{\boldsymbol{A}})<n \Leftrightarrow$ 方程组有无穷多解；

(3) $r(\boldsymbol{A})\neq r(\widetilde{\boldsymbol{A}}) \Leftrightarrow$ 方程组无解.

二、方法小结

对于线性方程组，无论解的情况如何，都可以用高斯消元法求解：利用矩阵的初等行变换，把方程组的增广矩阵化为最简阶梯形矩阵，则其最后的矩阵就对应方程组的解(无论是有唯一解，有无穷解，还是无解，都可以看出).

8.6　用 MATLAB 求解行列式、矩阵、线性方程组

一、主要内容与要求

(1)计算行列式的命令 det(A)；

(2)矩阵 $\boldsymbol{A}$ 的转置：A′；求矩阵 $\boldsymbol{A}$ 的逆矩阵：inv(A)；求矩阵 $\boldsymbol{A}$ 的阶数：size(A)；求矩阵 $\boldsymbol{A}$ 的秩：rank(A)；化矩阵 $\boldsymbol{A}$ 为最简阶梯形矩阵：rref(A)；解线性方程组：solve(′方程 1′,′方程 2′,…,′x1′,′x2′,…).

二、方法小结

解线性方程组或矩阵方程常用下列方法：

(1) 对于矩阵方程 $\boldsymbol{AX}=\boldsymbol{B}$，可以两边同时左除 $\boldsymbol{A}$，即用命令 $\boldsymbol{X}=\boldsymbol{A}\backslash\boldsymbol{B}$；对于矩阵方程 $\boldsymbol{XA}=\boldsymbol{B}$，可以两边同时右除 $\boldsymbol{A}$，即用命令 $\boldsymbol{X}=\boldsymbol{B}/\boldsymbol{A}$. 但这一方法只适应于方程有唯一解的情况，当方程有无数解或无解时，这样做会出现偏差.

(2)可直接用命令 solve，格式为：[x1,x2,…,]= solve(′方程 1′,′方程 2′,…,′x1′,′x2′,…).

(3) 对线性方程组的增广矩阵 $\widetilde{\boldsymbol{A}}$ 施以命令：rref($\widetilde{\mathrm{A}}$)，化为最简阶梯形矩阵，方程组的解的各种情况很容易在最终的矩阵中看出，这一方法通用性较强.

第9章 线性规划初步

运筹学是在第二次世界大战期间出现的一门新兴的应用学科，当时英美成立了名为“运作研究”(Oprtational Research)的小组，通过研究和运用运筹学方法解决了许多非常复杂的战略和战术问题.

运筹学分为许多分支：线性规划、整数规划、非线性规划、动态规划、对策论、存贮论、决策分析等，其中线性规划是最重要的一个分支，它在处理线性目标函数及线性约束限制等问题方面理论完善，方法成熟，实际应用广泛，它主要用于研究有限资源的最佳分配问题.由于有成熟的计算机应用软件的支持，采用线性规划模型安排生产计划不再是一件困难的事情.

本章初步介绍线性规划的数学模型及相关概念，并用图解法、MATLAB数学软件求解线性规划问题.

9.1 线性规划问题的数学模型

9.1.1 引例

【例1】（生产计划问题）某工厂生产Ⅰ，Ⅱ两种产品.每件产品的单位利润，所消耗的两种材料数、设备工时及这两种材料、设备工时的限额如表9.1.1所示.

表 9.1.1

产品	Ⅰ	Ⅱ	资源限量
设备工时	1	2	8 台时
材料 A	4	0	16 kg
材料 B	0	4	12 kg
利润	2	3	

如何安排生产才能使利润最大？

解 设 x_1，x_2 分别表示产品Ⅰ和Ⅱ的产量，Z 表示总利润，那么：

(1)总利润可以表示为 $Z=2x_1+3x_2$，我们追求的是它的最大值.

(2)限制条件为：

设备台时限制 $x_1+2x_2\leqslant 8$；

材料 A 的限制 $4x_1 \leqslant 16$；

材料 B 的限制 $4x_2 \leqslant 12$.

(3)变量非负：$x_1, x_2 \geqslant 0$.

将上面的式子组合起来，该问题的数学模型可表示为：

$$\max Z = 2x_1 + 3x_2,$$

$$\text{s.t.} \begin{cases} x_1 + 2x_2 \leqslant 8 \\ 4x_1 \leqslant 16 \\ 4x_2 \leqslant 12 \\ x_1, x_2 \geqslant 0 \end{cases}.$$

其中，x_1, x_2 的取值代表生产方案，称之为**决策变量**，$Z = 2x_1 + 3x_2$ 表示产生的利润，称为**目标函数**，max 代表追求的是最大值；而后面的不等式组，表示达成目标的过程中需要满足的各种条件，称为**约束条件**.

【例 2】 (运输问题) 设有两个砖厂 A_1, A_2，产量分别为 23 万块、27 万块，现将其产品联合供应三个施工现场 B_1, B_2, B_3，其需要量分别为 17 万块、18 万块、15 万块. 各产地到各施工现场的单位运价如表 9.1.2 所示.

表 9.1.2

工地 / 砖厂	B_1	B_2	B_3	产量
A_1	5	14	7	23
A_2	6	18	9	27
需要量	17	18	15	50

问如何调运才能使总运费最省？

解 设 x_{ij} $(i=1,2; j=1,2,3)$ 表示从 A_i 砖厂运往 B_j 工地的砖数量，Z 表示总运费，那么：

(1)总运费可以表示为 $Z = 5x_{11} + 14x_{12} + 7x_{13} + 6x_{21} + 18x_{22} + 9x_{23}$，我们追求的是它的最小值.

(2)注意到需求量恰好等于供应量，限制条件为：

两个砖厂的产量都能运出去

$$x_{11} + x_{12} + x_{13} = 23, \quad x_{21} + x_{22} + x_{23} = 27,$$

三个工地的用量都能得到满足

$$x_{11} + x_{21} = 17, \quad x_{12} + x_{22} = 18, \quad x_{13} + x_{23} = 15.$$

(3)变量非负：$x_{xj} \geqslant 0 \quad (i=1,2; j=1,2,3)$.

这样，该问题的数学模型可表示为：

$$\min Z = 5x_{11} + 14x_{12} + 7x_{13} + 6x_{21} + 18x_{22} + 9x_{23},$$

$$\text{s.t.} \begin{cases} x_{11} + x_{12} + x_{13} = 23 \\ x_{21} + x_{22} + x_{23} = 27 \\ x_{11} + x_{21} = 17 \\ x_{12} + x_{22} = 18 \\ x_{13} + x_{23} = 15 \\ x_{ij} \geqslant 0 \quad (i=1,2; j=1,2,3) \end{cases}.$$

这里决策变量有六个(大型问题会更多),目标函数是总运费,min 表示追求最小值. 而约束条件中以线性等式为主.

以上两个问题的共同特征是:

(1) 求目标函数的最大值或最小值,目标函数是线性的多元函数.

(2) 约束条件是线性等式或线性不等式.

(3) 一组决策变量 x 表示一个方案,一般地,x 大于等于零.

这些特征,就是线性规划数学模型的特征.

线性规划问题:求线性目标函数在线性约束条件下的最大值或最小值的问题.

线性规划问题的**三要素**:决策变量、约束条件、目标函数.

9.1.2 线性规划模型

线性规划是研究在一定的约束条件下,如何使目标最优化. 线性规划问题数学模型的**一般形式**如下:

$$\min(\max)Z=c_1x_1+c_2x_2+\cdots+c_nx_n, \tag{1}$$

$$\text{s.t.}\begin{cases} a_{11}x_1+a_{12}x_2+\cdots+a_{1n}x_n\leqslant(\text{或}=,\text{或}\geqslant)b_1 \\ a_{21}x_1+a_{22}x_2+\cdots+a_{2n}x_n\leqslant(\text{或}=,\text{或}\geqslant)b_2 \\ \cdots\cdots \\ a_{m1}x_1+a_{m2}x_2+\cdots+a_{mn}x_n\leqslant(\text{或}=,\text{或}\geqslant)b_m \\ x_1,x_2,\cdots,x_n\geqslant 0 \end{cases}. \tag{2}$$

式(1)为**目标函数**,表示将要优化的目标,min 表示追求**目标最小化**,max 表示追求**目标最大化**;式(2)为**约束条件**,表示实现目标时受到的各种约束.

这个数学模型可以等价地表述为更为简洁的矩阵形式

$$\min(\max)Z=\boldsymbol{CX},$$
$$\text{s.t.}\begin{cases} \boldsymbol{AX}\geqslant(\text{或}=,\text{或}\leqslant)\boldsymbol{B} \\ \boldsymbol{X}\geqslant\boldsymbol{0} \end{cases}.$$

其中,Z 为**目标函数**,$\boldsymbol{C}=(c_1,c_2,\cdots,c_n)$ 为**价值系数矩阵**,$\boldsymbol{A}=\begin{pmatrix} a_{11} & a_{12} & \cdots & a_{1n} \\ a_{21} & a_{22} & \cdots & a_{2n} \\ \vdots & \vdots & & \vdots \\ a_{m1} & a_{m2} & \cdots & a_{mn} \end{pmatrix}$ 为**约束矩阵**,$\boldsymbol{X}=\begin{pmatrix} x_1 \\ x_2 \\ \vdots \\ x_n \end{pmatrix}$ 为**决策变量矩阵**,$\boldsymbol{B}=\begin{pmatrix} b_1 \\ b_2 \\ \vdots \\ b_m \end{pmatrix}$ 为约束条件的右侧**常数矩阵**.

如果使用求和符号,还可以表示为如下形式:

$$\min(\max)Z=\sum_{j=1}^{n}c_jx_j,$$

$$\text{s. t.} \begin{cases} \sum_{j=1}^{n} a_{ij}x_j \geqslant (\text{或} =, \text{或} \leqslant) b_i \quad (i=1,2,\cdots,m) \\ x_j \geqslant 0 \quad (j=1,2,\cdots,n) \end{cases}.$$

注意

(1)实际问题化为线性规划问题可以按下列方式表述.

① 假设有 m 项有限的资源要在 n 项活动中间进行分配. 给各项资源规定脚标 $1,2,\cdots,m$,给各项活动规定脚标 $1,2,\cdots,n$.

② 设 x_j 为决策变量,有时亦称控制变量,表示为 j 项活动的水平,$j=1,2,\cdots,n$. 决策变量 $x_1,x_2,\cdots,x_n$ 的一组数值代表一个方案(或计划).

③ 设 Z 为选定的某个效益量度(总效益指标),它的数值衡量当采取一组活动水平$(x_1,x_2,\cdots,x_n)$时所得到的总效益.

④ 设 c_j 为每一单位的 x_j 所提供的效益.

⑤ 设 b_i 为 i 项资源在分配时可被利用的量.

⑥ 设 $a_{ij}(i=1,2,\cdots,m,j=1,2,\cdots,n)$ 为 i 项资源被每单位 j 项活动所消耗(或使用)的量.

(2) 建立线性规划数学模型的一般步骤是:

① 确定决策变量(确定合适的决策变量是建立数学模型的关键).

② 确定目标函数(线性规划的目标函数是关于决策变量的线性函数,可以是求最大值($\max Z$)如追求利润最大,也可以是求最小值($\min Z$)如追求成本最低).

③ 确定约束条件方程(约束条件方程是含决策变量的线性等式或不等式,有"$\leqslant$""$=$""$\geqslant$"三种形式,分别表示不同的意义. 另外,决策变量本身的取值范围一般是非负的($\geqslant 0$)).

习 题 9.1

建立下列问题的线性规划模型:

1. 某工厂家具车间造 A,B 型两类桌子,每张桌子需木工和漆工两道工序完成. 已知木工做一张 A,B 型桌子分别需要 1 h 和 2 h,漆工油漆一张 A,B 型桌子分别需要 3 h 和 1 h;又知木工、漆工每天工作分别不得超过 8 h 和 9 h,而工厂造一张 A,B 型桌子分别获得利润 2 千元和 3 千元,试问工厂每天应生产 A,B 型桌子各多少张,才能获得最大利润?

2. 已知甲、乙两煤矿每年的产量分别为 200 万吨和 260 万吨,需经过东车站和西车站两个车站运往外地. 东车站每年最多能运 280 万吨煤,西车站每年最多能运 360 万吨煤,甲煤矿运往东车站和西车站的运费价格分别为 1 元/吨和 1.5 元/吨,乙煤矿运往东车站和西车站的运费价格分别为 0.8 元/吨和 1.6 元/吨. 试问煤矿应怎样安排调运方案,才能使总运费最少?

3. 现有一批钢筋每根长度均为 10 m,要求用它们来截取 3 m 长和 4 m 长的短钢筋各 100 根,问怎样的截法最好?

4. 某调度所需昼夜值班,该所每天各时间段(每 4 h 为一时间段)所需的值班人数如表 9.1.3所示,这些值班人员在某一时段开始上班后要连续工作 8 h,问该调度所至少需要多少名工作人员才能满足值班的需要.

表 9.1.3

班次	时间段	所需人数
1	6:00～10:00	19
2	10:00～14:00	24
3	14:00～18:00	19
4	18:00～22:00	16
5	22:00～2:00	13
6	2:00～6:00	9

9.2 线性规划问题的图解法

线性规划的基本解法有**图解法**和**单纯形法**.图解法一般只适用于解 2～3 个变量的线性规划问题,实用价值不大,但它阐明了线性规划问题的基本原理.单纯形法是针对多变量线性规划问题的常用解法,它就是受到图解法的启发而形成的,但理论较为烦琐,人工计算时计算量很大.我们可利用这些理论,直接使用数学软件进行求解.事实上,数学软件(如 MATLAB、LINGO 等)求解线性规划问题的部分,主要都是根据单纯形法的原理编制的.

9.2.1 两个变量线性规划问题的图解法

【例 1】 解线性规划问题 $\max Z=2x_1+3x_2$,

$$\text{s. t.}\begin{cases}x_1+2x_2\leqslant 8\\4x_1\leqslant 16\\4x_2\leqslant 12\\x_1,x_2\geqslant 0\end{cases}.$$

解 (1)在直角坐标系中作出**可行域**——满足所有约束条件的变量的集合,即图 9.2.1 中的 $OABCD$ 区域;可行域内的每一点,称为线性规划问题的一个**可行解**;

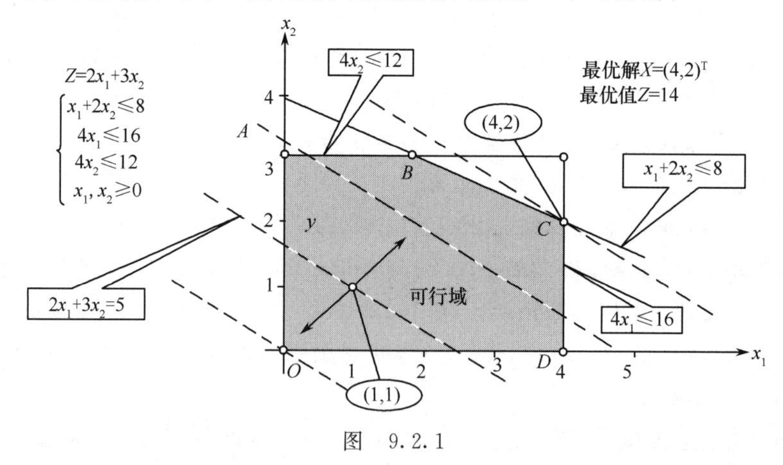

图 9.2.1

(2) 作目标函数 $Z=2x_1+3x_2$ 的**等值线**(如 $2x_1+3x_2=0$,$2x_1+3x_2=5$,$2x_1+3x_2=8$,$2x_1+3x_2=14$等,图中用虚线表示,同一条等值线上,每一点对应的目标函数值都是相等的);

(3) 可以看出,当目标函数的等值线平移到两直线 $x_1+2x_2=8$,$4x_1=16$ 的交点(4,2)时,目标函数值取得最大.即最优解为 $x_1=4$,$x_2=2$,它所对应的最优目标函数值是 $Z=14$.这是线性规划问题有唯一最优解的情况.

【例 2】 解线性规划问题 $\max Z=2x_1+4x_2$,

$$\text{s.t.}\begin{cases}x_1+2x_2\leqslant 8\\4x_1\leqslant 16\\4x_2\leqslant 12\\x_1,x_2\geqslant 0\end{cases}.$$

解 本例与例 1 相比,约束条件完全相同,只改变了目标函数的一个系数,在上图中,重新作目标函数的等值线可以看出(见图 9.2.2),该等值线与可行域的边界 BC 平行,并且当目标函数的等值线平移到与 BC 重合时,目标函数值取得最大,即线段 BC 上的每一点都是最优解,例如 $x_1=4$,$x_2=2$;$x_1=2$,$x_2=3$;$x_1=3$,$x_2=2.5$ 等,它们所对应的最优目标函数值都是 $Z=16$.这是线性规划问题有多重最优解的情况.

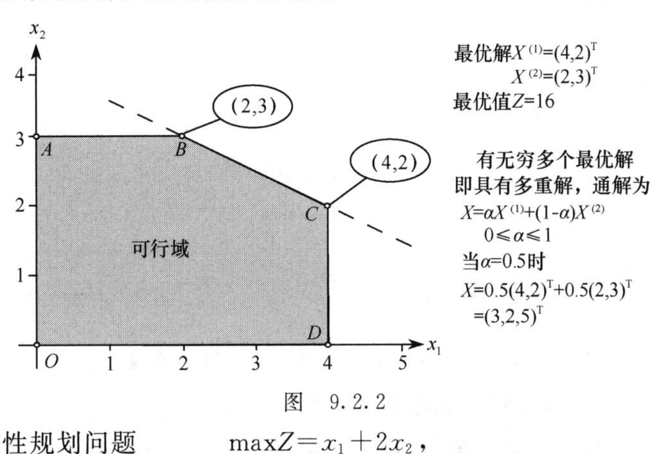

图 9.2.2

【例 3】 解线性规划问题 $\max Z=x_1+2x_2$,

$$\text{s.t.}\begin{cases}3x_1+x_2\geqslant 6\\x_1+x_2\geqslant 4\\x_1+3x_2\geqslant 6\\x_1,x_2\geqslant 0\end{cases}.$$

解 画出可行域,发现它是一个无界集(不封闭区域).当目标函数的等值线在可行域中平移时,无法得到最优值,因此,该问题无最优解(见图 9.2.3).

问题思考:例 3 的目标函数如果改为求最小值,是否存在最优解?

由上面三个例子可以得出图解法的几点结论:

(1) 可行域是有界或无界的凸多边形;

(2) 若线性规划问题存在最优解,它一定可以在可行域的顶点得到;

(3) 若两个顶点同时得到最优解,则其连线上的所有点都是最优解;

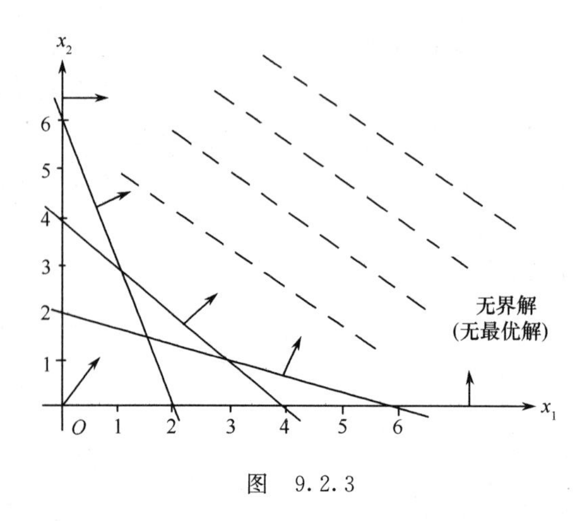

图 9.2.3

(4)可能出现无最优解的情况.

解题思路:找出凸多边形的顶点,计算其目标函数值,比较即得.

注意

线性规划的解有4种形式:

(1) 有唯一最优解;

(2) 有无穷多最优解;

(3) 有无界解(无最优解);

(4) 无可行解(即可行域为空集,当然也没有最优解).

9.2.2 线性规划的图解法的启示

图解法虽然只能用来求解只具有两个变量的线性规划问题,但它的解题思路和几何上直观得到的一些概念判断,对多变量的线性规划问题的解法有很大启示:

(1)求解线性规划问题时,解的情况有:唯一最优解;无穷多最优解;无界解;无可行解.

(2)若线性规划问题的可行域存在,则可行域是一个凸集,顶点个数只有有限个.这些顶点对应的可行解称为**基本可行解**,基本可行解中的变量称为**基变量**.可以证明:基本可行解中基变量的个数不会超过约束方程的个数.

(3)若可行域非空且有界,则必有最优解,若可行域无界,则可能有最优解,也可能无最优解.

(4)可以证明:线性规划问题如果存在最优解,一定可以在基本可行解中找到.

针对以上四点启示,得到一般线性规划问题的解题思路:

先找出可行域的任一顶点(称为**初始基本可行解**),计算该点处的目标函数值.比较周围相邻顶点的目标函数值是否比这个更优(看追求的是最大值还是最小值),如果为否,则该顶点就是最优解的点或最优解的点之一,否则转到比这个点的目标函数值更优的另一顶点,重复上述过程,直到找到最优解为止.

这就是线性规划问题的一般解法——单纯形法的解题思想.但由于篇幅所限,这里不再详细介绍.

由于计算机软件的介入,这些模型求解的过程可以交给计算机来完成,对只注重应用的学习者来说,可以不必去理会那些烦琐的求解理论和方法,只需要针对不同的模型类型,熟悉相应的软件命令就可以高效率地解决问题.

习　题　9.2

用图解法解下列线性规划问题:

(1) $\max Z=3x_1+2x_2$,

$$\text{s. t.}\begin{cases}2x_1+x_2\leqslant 40\\ x_1+1.5x_2\leqslant 30;\\ x_1,x_2\geqslant 0\end{cases}$$

(2) $\max Z=2x_1+x_2$,

$$\text{s. t.}\begin{cases}3x_1+x_2\geqslant 6\\ x_1+x_2\geqslant 4\\ x_1+3x_2\geqslant 6\\ x_1,x_2\geqslant 0\end{cases};$$

(3) $\min Z=x_1+2x_2$,

$$\text{s. t.}\begin{cases}3x_1+x_2\geqslant 6\\ x_1+x_2\geqslant 4\\ x_1+3x_2\geqslant 6\\ x_1,x_2\geqslant 0\end{cases};$$

(4) $\max Z=10x_1+x_2$,

$$\text{s. t.}\begin{cases}2x_1+x_2\leqslant 40\\ x_1+1.5x_2\leqslant 30\\ x_1+x_2\geqslant 50\\ x_1,x_2\geqslant 0\end{cases}.$$

9.3　用 MATLAB 求解线性规划问题

超过三个变量的线性规划问题不可能再用图解法求解,理论上讲可以用单纯形法进行求解,但过程烦琐,计算量很大.随着软件技术的飞速发展,很多数学软件可以解决这一问题,如 MATLAB、LINGO 等,这里主要介绍用 MATLAB 数学软件求解线性规划问题,它极大地提高了计算效率.

9.3.1　MATLAB 软件命令

在 MATLAB 工具箱中,线性规划问题的标准形式是

$$\min Z=\boldsymbol{cx},$$
$$\text{s. t.}\begin{cases}\boldsymbol{Ax}\leqslant \boldsymbol{b}\\ \text{Aeq}\cdot \boldsymbol{x}=\text{beq}.\\ \text{lb}\leqslant \boldsymbol{x}\leqslant \text{ub}\end{cases}$$

用于求解上述问题的命令是 linprog( ),根据线性规划问题的条件,其主要运用格式如表 9.3.1所示.

表　9.3.1

命　　令	说　　明
x=linprog(c,A,b)	求解 min($\boldsymbol{c}*\boldsymbol{x}$),约束条件为 $\boldsymbol{Ax}\leqslant\boldsymbol{b}$
x=linprog(c,A,b,Aeq,beq)	同上,但增加约束条件 Aeq$\boldsymbol{X}$=beq;当 $\boldsymbol{Ax}\leqslant\boldsymbol{b}$ 不存在时,则令 $\boldsymbol{A}$=[],$\boldsymbol{b}$=[]
x=linprog(c,A,b,Aeq,beq, lb,ub)	同上,但增加上界、下界约束条件 lb≤$\boldsymbol{X}$≤ub
[x,fval]=linprog(c,A,b,Aeq,beq,lb,ub)	同上,返回最优解 $\boldsymbol{x}$ 及 $\boldsymbol{x}$ 处目标函数值 fval

9.3.2 MATLAB 求解线性规划的应用举例

【例 1】 解线性规划问题.

$$\max Z=2x_1+3x_2,$$

$$\text{s.t.}\begin{cases}x_1+2x_2\leqslant 8\\4x_1\leqslant 16\\4x_2\leqslant 12\\x_1,x_2\geqslant 0\end{cases}.$$

分析 将原题转化为 MATLAB 工具箱中线性规划的标准型:

$$\min(-Z)=-2x_1-3x_2,$$

$$\begin{cases}x_1+2x_2\leqslant 8\\x_1\leqslant 4\\x_2\leqslant 3\\x_1,x_2\geqslant 0\end{cases}.$$

解

```
>> c=[-2 -3]; A=[1 2;1 0;0 1];b=[8;4;3];Aeq=[];beq=[];lb=[0;0];ub=[];
% 定义价值系数矩阵c,约束矩阵A,常数矩阵b,约束方程Aeq,beq,约束变量下界、上界lb,ub.
>> [x,fval]=linprog(c,A,b,Aeq,beq,lb,ub)
% 求解线性规划min(c*x)在约束条件下的极小值.
x =
     4.0000
     2.0000
fval =
     -14.0000
```

则 $\max Z=-\text{fval}=14$.

所以,最优解为 $x_1=4,x_2=2$,最大值为 $Z=14$.

【例 2】 解线性规划问题.

$$\min Z=2x_1-2x_2-x_4,$$

$$\begin{cases}x_1+x_2+x_3=5\\-x_1+x_2+x_4=6\\6x_1+2x_2+x_5=21\\x_j\geqslant 0,j=1,2,\cdots,5\end{cases}.$$

解

```
>> c=[2 -2 0 -1 0]; A=[]; b=[];Aeq=[1 1 1 0 0;-1 1 0 1 0;6 2 0 0 1]; beq=[5;6;21];
   LB=[0;0;0;0;0];UB=[];[x,fval]=linprog(c,A,b,Aeq,beq,LB,UB)
% 定义价值系数矩阵c,约束矩阵A,常数矩阵b,约束方程Aeq,beq,约束变量下界、上界LB,UB,求解
% 线性规划min(c*x)在约束条件A*X≤b,AeqX=beq,LB≤X≤UB下的极小值.
x =
     0.0000
     5.0000
```

```
    0.0000
    1.0000
    11.0000
fval=
      -11.0000
```

所以，最优解为 $x_1=0, x_2=5, x_3=0, x_4=1, x_5=11$，最小值为 -11.

【例 3】 解线性规划问题.

$$\max Z=2x_1+4x_2,$$
$$\begin{cases}-x_1+2x_2\leqslant 4\\ x_1+2x_2\leqslant 10\\ x_1+x_2\leqslant 2\\ x_1,x_2\geqslant 0\end{cases}.$$

分析 将原题转化为 MATLAB 工具箱中线性规划的标准型：$\min(-Z)=-2x_1-4x_2$.

解

```
>> c=[-2 -4];A=[-1 2;1 2;1 1];b=[4;10;2];Aeq=[];beq=[];LB=[0;0];UB=[];
%   定义矩阵 c,A,b,Aeq,beq,LB,UB
>>[x,fval]=linprog(c,A,b,Aeq,beq,LB,UB)
% 求解线性规划 min(c * x)在约束条件 AeqX=beq,LB≤X≤UB 下的最小值.
x =
     0.0000
     2.0000
fval =
      -8.0000
```

所以最优解为 $x_1=0, x_2=2, \max Z=2x_1+4x_2=-\text{fval}=8.0000$.

【例 4】 生产计划问题.

某电车厂制造三种车辆：甲、乙和丙. 三种车辆的利润各为 270 元、400 元、450 元. 每辆车的电池需要量如下：甲 1 套，乙 2 套，丙 3 套. 装在车上的充电发动机需要量如下：甲 2 台，乙 2 台，丙 3 台. 设该厂仓库中有 100 套电池和 120 台充电发动机，并且本周内不可能再提供这些货物，为了获得最大的利润，该厂本周的产品组合应该怎样安排？

分析 设本周制造甲车辆 x_1 台，乙车辆 x_2 台，丙车辆 x_3 台，则本周利润

$$Z=270x_1+400x_2+450x_3,$$

由题意得规划模型

$$\max Z=270x_1+400x_2+450x_3,$$
$$\begin{cases}x_1+2x_2+3x_3\leqslant 100\\ 2x_1+2x_2+3x_3\leqslant 120.\\ x_1,x_2,x_3\geqslant 0\end{cases}$$

解

```
>> c=[-270 -400 -450];A=[1 2 3;2 2 3]; b=[100;120];Aeq=[];beq=[]; LB=[0;0;
0];UB=[]; [x,fval]=linprog(c,A,b,Aeq,beq,LB,UB)
x=
    20.0000
```

```
    40.0000
     0.0000
fval =
   -2.1400e+004                                        % 表示-2.14×10^4
```

则本周应生产甲车辆 20 台,乙车辆 40 台,丙车辆 0 台即可获得最大利润 21400 元.

【例 5】 厂址选择问题.

考虑 A,B,C 三地,每地都出产一定数量的原料,也消耗一定数量的产品(见表 9.3.2),已知制成每吨产品需 3 吨原料,各地之间的距离为:$|AB|=150$ km,$|AC|=100$ km,$|BC|=200$ km,假定每万吨原料运输 1 km 的运价是 5000 元,每万吨产品运输 1 km 的运价是 6000 元,由于地区条件的差异,在不同地点设厂的生产费用也不同.问究竟在哪些地方设厂,规模多大,才能使总费用最小?另外,由于其他条件限制,在 B 处建厂的规模(生产的产品数量)不能超过 5 万吨.

表 9.3.2

地　点	年产原料(万吨)	年销产品(万吨)	生产费用(万元/万吨)
A	20	7	150
B	16	13	120
C	24	0	100

解 设 x_{ij} 为由 i 地运到 j 地的原料数量(万吨),y_{ij} 为由 i 地运到 j 地的产品数量(万吨),$i,j=1,2,3$(分别对应 A,B,C 三地).根据题意,可以建立目标函数为包括原料运输费用、产品运输费用和生产费用(万元)的数学模型.

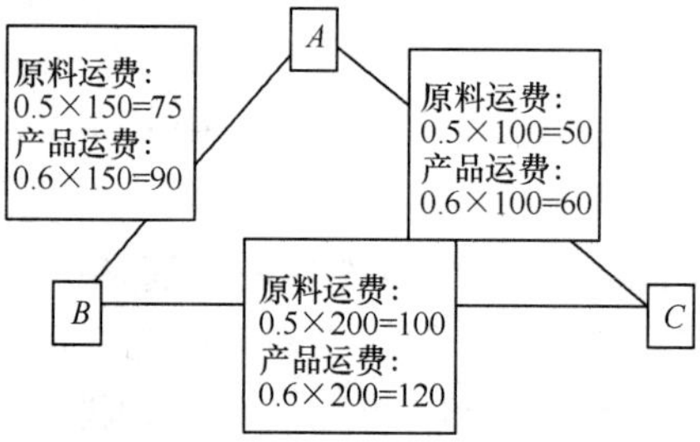

A
原料运费:
0.5×150=75
产品运费:
0.6×150=90
原料运费:
0.5×100=50
产品运费:
0.6×100=60
B
原料运费:
0.5×200=100
产品运费:
0.6×200=120
C

$$\min Z=[(75x_{12}+50x_{13})+(75x_{21}+100x_{23})+(50x_{31}+100x_{32})]+[(150y_{11}+240y_{12})+(210y_{21}+120y_{22})+(160y_{31}+220y_{32})],$$

$$\text{s. t.}\begin{cases}(x_{12}+x_{13})-(x_{21}+x_{31})+(3y_{11}+3y_{12})\leqslant 20\\(x_{21}+x_{23})-(x_{12}+x_{32})+(3y_{21}+3y_{22})\leqslant 16\\(x_{31}+x_{32})-(x_{13}+x_{23})+(3y_{31}+3y_{32})\leqslant 24\\y_{21}+y_{22}\leqslant 5\\y_{11}+y_{21}+y_{31}=7\\y_{12}+y_{22}+y_{32}=13\\x_{ij}\geqslant 0,j=1,2,3;i\neq j,y_{ij}\geqslant 0,i=1,2,3,j=1,2\end{cases}$$

```
>> c=[75,50,75,100,50,100,150,240,210,120,160,220];   % 定义价值系数矩阵c
>> A=[1,1,-1,0,-1,0,3,3,0,0,0,0;-1,0,1,1,0,0,0,0,3,3,0,0;0,-1,0,-1,1,1,0,0,0,0,3,
```

```
3;0,0,0,0,0,0,0,0,0,1,1,0,0];                        % 定义不等式约束矩阵 A
    >> b=[20;16;24;5];                                % 定义不等式约束常数矩阵 b
    >> Aeq=[0,0,0,0,0,0,1,0,1,0,1,0;0,0,0,0,0,0,0,1,0,1,0,1];beq=[7;13];
    % 定义等式约束矩阵 A,等式约束常数矩阵 beq
    >> lb=zeros(12,1);                             % 定义下界(生成一个 12 行 1 列的列矩阵)
    >> ub=[];                                      % 定义上界
    >> [x,fval]=linprog(c,A,b,Aeq,beq,lb,ub)       % 求解线性规划 min(c * x)在约束条件
                                                   % A * X≤b,AeqX=beq,lb≤X≤ub 下的最小值.
    x =
        0.0000
        0.0000
        1.0000
        0.0000
        0.0000
        0.0000
        7.0000
        0.0000
        0.0000
        5.0000
        0.0000
        8.0000
    fval=
        3.4850e+003                                % 表示 3.485×10^3
```

因此,要使总费用最小,需要 B 向 A 运送 1 万吨原料,A,B,C 三地建厂规模分别为 7 万吨、5 万吨、8 万吨,最小费用为 3485 万元.

利用数学规划(包括线性规划)解决实际问题的一般步骤为:

(1)明确问题.通过调查和分析,弄清:问题所在、要求目标、限制条件、假设前提、可能的各种解决方案等,在此基础上把问题明确表达出来.

(2)建立模型.模型是客观事物的一种映像,它既要反映实际,又要进行抽象而高于实际.建模是一种创造性活动,包括拟定变量和参数,建立目标函数和正确写出约束条件.

(3)模型求解.根据模型的性质和结构选用适宜的方法求解,如果没有合适的现成方法,也可用随机模拟或构造启发式方法等手段寻求问题的“近似解”.

(4)解的检验.检查求解过程有无错误,结果是否与现实一致.如出现问题还要分析问题所在,必要时修改模型和解法.

(5)解的实施.对实际问题来说,求出的解往往就是某种决策方案,要考虑具体实施中可能遇到的问题,以及实施中需要的修改.

习　题　9.3

1. 试用 MATLAB 求解线性规划问题:

(1) $\max Z=x_1+2x_2+4x_3$,

$$\text{s. t.}\begin{cases}x_1\leqslant 2\\ x_1+x_2+2x_3\leqslant 4\\ 3x_2+4x_3\leqslant 6\\ x_1,x_2,x_3\geqslant 0\end{cases};$$

(2) $\max Z=6x_1+5x_2+x_3+7x_4$,

$$\text{s. t.}\begin{cases}x_1+2x_2+6x_3+9x_4\leqslant 260\\ 8x_1-5x_2+2x_3-x_4\geqslant 150\\ 7x_1+x_2+x_3=30\\ x_1-x_2\geqslant 0\\ x_3-x_4\geqslant 0\\ x_1,x_2\geqslant 0,10\leqslant x_3\leqslant 20,x_4\text{无约束}\end{cases}.$$

2. 人员安排问题.

某商场对售货员的需求情况如表 9.3.3 所示,为保证售货人员充分休息,每周工作五天,休息两天,并要求休息的两天是连续的.问应如何安排售货人员的作息,使其既能满足工作需要又使配备的售货人员的人数最少.

表 9.3.3

时　间	需售货员人数(人)	时　间	需售货员人数(人)
星期一	300	星期五	480
星期二	300	星期六	600
星期三	350	星期日	550
星期四	400		

3. 投资问题.

某投资公司在第一年有 200 万元资金,每年都有如下的投资方案可供考虑采纳:"假设第一年投入一笔资金,第二年又继续投入此资金的 50%,那么到第三年就可回收第一年投入资金的一倍金额."试制定投资策略,使投资公司第六年所掌握的资金最多.

4. 生产计划中产品搭配问题.

某企业生产 A,B,C,D 四种产品,由Ⅰ,Ⅱ,Ⅲ,Ⅳ,Ⅴ车间加工而成,生产数据和经营资料如表 9.3.4 所示.

表 9.3.4

产品工时定额 车间	单位产品的工时定额(小时)				可用工时 (小时/月)
	产品 A	产品 B	产品 C	产品 D	
Ⅰ车间	0.03	0.15	0.05	0.10	400
Ⅱ车间	0.06	0.12	—	0.10	400
Ⅲ车间	0.05	0.10	0.05	0.12	500
Ⅳ车间	0.04	0.20	0.03	0.12	450
Ⅴ车间	0.02	0.06	0.02	0.05	400
销售趋势	400～600	<500	1500～3000	100～1000	
单件利润	4	10	5	6	

已知产品 B 和产品 D 使用的金属板下月的最大供应量为 2000 m^2,产品 B 每个需 2 m^2,产品 D 每个需 1.2 m^2.现要求拟定一个最大利润的月生产计划.

小结

9.1 线性规划问题

一、主要内容与要求

(1)理解线性规划解决的主要问题:资源合理利用和资源合理调配问题,即:①计划任务确定,如何统筹安排,用最少的资源来实现这个任务,这方面的问题涉及系统的投入和求极小值问题;②资源的数量确定,如何合理利用,合理调度,使得完成的任务最大.这方面的问题涉及系统的产出和求最大值问题.

(2)掌握线性规划问题数学模型的一般形式

$$\min(\max)Z=c_1x_1+c_2x_2+\cdots+c_nx_n,$$

$$\text{s. t.}\begin{cases}a_{11}x_1+a_{12}x_2+\cdots+a_{1n}x_n\leqslant(\text{或}=,\text{或}\geqslant)b_1\\a_{21}x_1+a_{22}x_2+\cdots+a_{2n}x_n\leqslant(\text{或}=,\text{或}\geqslant)b_2\\\cdots\cdots\\a_{m1}x_1+a_{m2}x_2+\cdots+a_{mn}x_n\leqslant(\text{或}=,\text{或}\geqslant)b_m\\x_1,x_2,\cdots,x_n\geqslant0\end{cases}.$$

二、方法小结

建立线性规划数学模型的一般步骤是:

(1) 确定决策变量.确定合适的决策变量是能否成功的建立数学模型的关键.

(2) 确定目标函数.线性规划的目标函数是关于决策变量的线性函数,可以是求最大值($\max Z$),如追求利润最大,也可以是求最小值($\min Z$),如追求成本最低.

(3) 确定约束条件方程.约束条件方程是含决策变量的线性等式或不等式,有"$\leqslant$""$=$""$\geqslant$"三种形式,分别表示不同的意义.另外,决策变量本身的取值范围一般是非负的($\geqslant0$).

9.2 线性规划的图解法

一、主要内容与要求

了解线性规划问题图解法的意义:图解法又称几何法,一般只适用于两或三个变量的线性规划问题,实用价值有限,但它阐明了线性规划问题的基本原理.

二、方法小结

两个变量的线性规划问题可用图解法,其步骤如下:

(1) 根据题意,设出变量 x_1,x_2;

(2) 找出线性约束条件;

(3) 确定线性目标函数 $Z=f(x_1,x_2)$;

(4) 在直角坐标系中画出可行域(即各约束条件所示区域的公共区域);

(5) 利用线性目标函数作平行直线系 $f(x,y)=t$(t 为参数);

(6) 观察图形,找到直线 $f(x_1,x_2)=t$ 在可行域上使 t 取得欲求最值的位置,以确定最优解,给出答案.

图解法解决线性规划问题时,根据约束条件画出可行域是关键的一步.一般地,可行域可以是封闭的多边形,也可以是一侧开放的非封闭平面区域.然后画好线性目标函数对应的平行直线系,特别是其斜率与可行域边界直线斜率的大小关系要判断准确.通常最优解在可行域的顶点(即边界线的交点)处取得,但最优整数解不一定是顶点坐标的近似值.它应是目标函数所对应的直线平移进入可行域最先或最后经过的那一整点的坐标.

9.3 用 MATLAB 求解线性规划问题

一、命令格式

在 MATLAB 的优化工具箱中,线性规划问题的标准形式是

$$\min z = cx,$$

$$\text{s.t.}\begin{cases} Ax \leqslant b \\ Aeq \cdot x = beq. \\ lb \leqslant x \leqslant ub \end{cases}$$

用于解上述问题的命令是 linprog( )根据规划问题的条件,其主要运用格式有以下几种:

(1)x=linprog(c,A,b).求 $\min z=cx$ 在约束条件 $Ax\leqslant b$ 下的最优解.

(2)x=linprog(c,A,b,Aeq,beq).等式约束 $Aeqx=beq$,若没有不等式约束 $Ax\leqslant b$,则置 A=[ ],b=[ ].

(3)x=linprog(c,A,b,Aeq,beq, lb,ub).指定 x 的范围 $lb\leqslant x\leqslant ub$,若没有等式约束 $Aeqx=beq$,则置 Aeq=[ ],beq=[ ].

(4)当需要返回最优目标函数值时,命令格式为:[x,fval]=linprog(…).

二、非标准型怎样化为标准型

(1)当目标函数为 $\max Z$ 时,可改为 $\min(-Z)$.

(2)当不等式约束为“≥”时,可两边同乘以−1,变为“≤”.

第10章 数理统计初步

中学阶段我们学习了概率论的基础知识，数理统计是以概率论理论为基础，通过对某个随机现象的观察或实验，得到一组数据，并对这组数据进行加工分析，用以对所研究对象的客观规律性作出种种合理推断的一种方法.

本章在简要回顾中学概率论知识的基础上，重点介绍数理统计的基础知识：常见统计量的分布、正态总体的参数估计和检验、一元线性回归的基本思想与方法，并用 MATLAB 数学软件求解常见的数理统计问题.

10.1 概率论基础知识回顾

本节主要回顾随机事件、古典概型、常见随机变量的分布及其数字特征等相关概念与性质.

10.1.1 随机事件的相关概念

1. 随机现象、随机试验、随机事件

自然界与人类社会生活中存在着各式各样的现象，我们对其中的某个现象的一次观察、调查或记录就是一次试验.根据试验的所得结果，我们可以把现象分为两类：一类现象是每次试验必然发生某一种结果或每次试验必然不发生某一种结果，这种现象称之为**确定性现象**，此试验称之为**确定性试验**，试验的确定性结果称为**确定性事件**，必然发生的结果称之为**必然事件**，常用 Ω 表示；必然不发生的结果称之为**不可能事件**，常用$\varnothing$表示.例如，在欧氏几何中，“三角形的内角和为 $180°$”是必然事件，“三角形的内角和不等于 $180°$”是不可能事件.在电磁学中，“同性电荷互相排斥，异性电荷互相吸引”也是必然事件.

另一类现象是：在同样条件下，多次进行同一试验，每次试验所得结果不全相同，每次试验之前不能预知将会发生哪一种结果.这种现象称之为**随机现象**，试验称之为**随机试验**，试验的结果称之为**随机事件**(简称**事件**)，常用大写字母 $A,B,C,\cdots$ 表示.例如，随机抽查某批产品中的三件产品作质量检查，设 A_k 表示“在产品中任意抽取三件进行质检，恰有 k 件次品”，$k=0,1,2,3$，B 表示“在产品中任意抽取三件质检，次品数不超过三件”，C 表示“在产品中任意抽取三件质检，次品数超过三件”，可见 A_0,A_1,A_2,A_3 都是随机事件，B 是必然事件，C 是不可能事件.通常，为讨论方便把必然事件、不可能事件看成随机事件的特例.

为了研究随机事件之间的关系，我们把一次试验发生的所有事件中不能再分解的事件称为**基本事件**，记为 $e_1, e_2, \cdots$. 试验的全体基本事件的集合称为**样本空间**. 于是从集合论的观点看，样本空间就是基本事件的集合，即 $\Omega=\{e_1, e_2, \cdots, e_n\}$ 或 $\Omega=\{e_1, e_2, \cdots\}$，就是必然事件，而任一个随机事件就是基本事件的集合运算.

注 意

（1）随机试验的特点：

① 在相同条件下实验可以重复进行；② 试验前知道试验可能出现的所有结果，但不能预知会发生哪一个结果. 具有上述两个特点的试验称为随机试验.

（2）随机事件的特点：

① 在一次试验中可能发生，也可能不发生，即是否发生带有偶然性；② 在一次试验中发生的可能性大小可以度量(即可以用数字表示).

(3)偶然与必然的关系：

随机现象是偶然性与必然性的辩证统一：偶然性表现在试验前不能预言发生哪种结果，必然性表现在相同条件下进行大量重复试验时，发生的结果呈现出统计规律性，必然性通过偶然性表现出来. 概率论就是一门从表面看起来不可思议的偶然现象中，理清、揭示事物的本来的必然规律.

思 考

请你列举身边发生的三个随机事件的例子.

2. 随机事件的关系与运算

事件是样本点的集合，因而事件间的关系与运算可以按照集合论中集合间的关系与运算来处理. 这就是借助于集合论的观点与方法来研究概率论.

1）事件的包含关系与相等关系

如果事件 A 发生，必然导致事件 B 发生，则称事件 B **包含**事件 A，或称事件 A **包含于**事件 B，记为 $B\supset A$ 或 $A\subset B$，如图 10.1.1 所示.

特例：如果事件 A 与事件 B 互相包含，则称事件 A 与事件 B **相等**，记为 $A=B$.

2）事件的和运算与积运算

(1)事件的和运算.

“事件 A,B 至少有一个发生”的事件，称为事件 A 与 B 的**和**或事件 A 与 B 的**并**. 记为 $A+B$ 或 $A\cup B$，如图 10.1.2 所示.

对任意事件 A，有 $A+\varnothing=A, A+\Omega=\Omega$. 事件的和运算的概念可推广为有限个情形，即“事件 $A_1, A_2, \cdots, A_n$ 至少发生一个”的事件，称为事件 $A_1, A_2, \cdots, A_n$ 的和，记为 $A_1\cup A_2\cup\cdots\cup A_n=\bigcup\limits_{k=1}^{n} A_k$.

(2)事件的积运算.

“事件 A,B 同时发生”的事件，称为事件 A 与 B 的**积**或事件 A 与 B 的**交**. 记为 AB 或 $A\cap B$，如图 10.1.3 所示.

如果 A,B 不可能同时发生，记 $A\cap B=\varnothing$. 对任意事件 A，有 $A\cap\varnothing=\varnothing, A\cap\Omega=A$. 事件

的积运算的概念可推广为有限个情形，即“事件 $A_1,A_2,\cdots,A_n$ 同时发生”的事件，称为事件 A_1，$A_2,\cdots,A_n$ 的积，记为 $A_1\cap A_2\cap\cdots\cap A_n=\prod\limits_{k=1}^{n}A_k$.

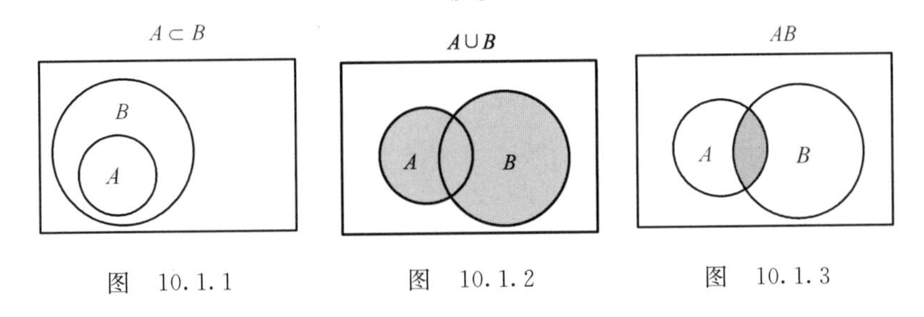

图　10.1.1　　图　10.1.2　　图　10.1.3

3）事件的互不相容关系与对立关系

如果事件 A 与事件 B 不可能同时发生，即 $AB=\varnothing$，则称事件 A 与事件 B 为**互不相容事件**，或者为**互斥事件**，如图 10.1.4 所示. 互不相容事件的概念可推广到有限个事件的情形：事件组 $A_1,A_2,\cdots,A_n$ 中，如果其中任意两个都是互不相容的，则称该事件组是两两互不相容的.

特例：如果事件 A 与事件 B 不可能同时发生但又必有一个发生，即 $AB=\varnothing$ 且 $A+B=\Omega$，则称事件 A 与事件 B 为**对立事件**（或**互逆事件**），同时也称 B 是 A 的**逆事件**（或 A 是 B 的**逆事件**），记为 $\overline{A}=B$. 可见 $\overline{\overline{A}}=A$，如图 10.1.5 所示.

注 意

事件 A 与 B 对立，则必互斥，但事件 A 与 B 互斥，却不一定对立，并且对任意事件 A，有 $A+\overline{A}=\Omega$，$A\overline{A}=\varnothing$.

4）事件的差运算

“事件 A 发生而事件 B 不发生”的事件，称为事件 A 与 B 的**差**，记为 $A-B$. 可见 $A-B=A\overline{B}=A-AB$，$\overline{A}=\Omega-A$，如图 10.1.6 所示.

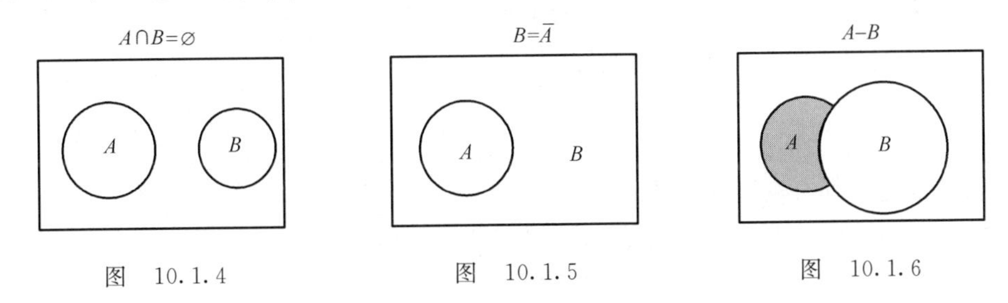

图　10.1.4　　图　10.1.5　　图　10.1.6

10.1.2　概率的计算

纵观概率论发展的历史，曾有过概率的古典定义、概率的几何定义、概率的频率定义、概率的公理化定义. 其中，概率的古典定义是针对某一类概率问题给出的，相应的问题称为古典概型. 它是概率史上最简单的概率模型.

1. 古典概率的定义与计算

如果随机试验满足：(1)有限性：试验只有有限个基本事件；(2)等可能性：每个基本事件发生的可能性相等. 则称试验模型为**古典概型**.

在古典概型中，设一次试验的基本事件总数是 n，事件 A 包含的基本事件数为 m，则事件

A 发生的概率为

$$P(A)=\frac{\text{事件 } A \text{ 包含的基本事件数}}{\text{基本事件的总数}}=\frac{m}{n}.$$

显然,古典概率有下列性质:

(1) 有界性:对于任意事件 A,$0\leqslant P(A)\leqslant 1$;

(2) 规范性:$P(\Omega)=1$,$P(\varnothing)=0$;

(3) 可加性:如果 $AB=\varnothing$,则 $P(A+B)=P(A)+P(B)$.

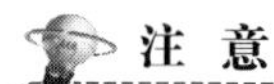
注 意

如果 $AB\neq\varnothing$,则 $P(A\cup B)=P(A)+P(B)-P(AB)$.这就是概率的**加法公式**.

用古典概型求概率,关键是要弄清样本空间 Ω 及所求的随机事件 A 是什么.在确定基本事件的总数和事件 A 包含的基本事件数时,往往要用到排列与组合的知识.

【例 1】 (生日问题)一个班级 50 个同学中,假设在同一年出生,问生日各不相同的概率是多少?

解 显然,这是古典概型的问题.

一次试验是:"从 365 天中任意且可重复的选取 50 天安排为学生的生日",样本空间的基本事件数 $n=365^{50}=1.3021\times 10^{128}$(种).所关注的随机事件 A 是:"从 365 天中任意不重复的选 50 天安排为学生的生日",A 包含的基本事件数 $m=\mathrm{P}_{365}^{50}=3.8576\times 10^{126}$(种),所以 $P(A)=\frac{m}{n}=0.0296$.

思 考

班级至少有两人生日相同的概率是多少?

【例 2】 (彩票问题)一种体育彩票称为"为奥运加油 35 选 7",即从 01,02,…,35 中不重复地开出 7 个基本号码和一个特殊号码,中奖规则如表 10.1.1所示.

表 10.1.1

中奖等级	中奖规则
一等奖	7 个基本号码全中
二等奖	中 6 个基本号码及特殊号码
三等奖	中 6 个基本号码
四等奖	中 5 个基本号码及特殊号码
五等奖	中 5 个基本号码
六等奖	中 4 个基本号码及特殊号码
七等奖	中 4 个基本号码,或中 3 个基本号码及特殊号码

求任抽一张彩票中奖的概率.

解 显然,这是古典概型的问题.

一次实验是从 35 个号码中不重复地任选 7 个号码,样本空间的基本事件数 $n=\mathrm{C}_{35}^{7}=6\ 724\ 520$,所求随机事件 A 是从 35 个号码中不重复地任选 7 个中奖的号码.为此把 35 个号码分成三种类型:第一类:7 个基本号码;第二类:1 个特殊号码;第三类:27 个无用号码.要中奖,必须按中奖规则,设 p_k 表示中 k 等奖($k=1,2,3,4,5,6,7$)的概率.则

$$p_1=\frac{\mathrm{C}_7^7}{n}=\frac{1}{6\ 724\ 520},\quad p_2=\frac{\mathrm{C}_7^6\cdot\mathrm{C}_1^1}{n}=\frac{7}{6\ 724\ 520},\quad p_3=\frac{\mathrm{C}_7^6\cdot\mathrm{C}_{27}^1}{n}=\frac{189}{6\ 724\ 520},$$

$$p_4=\frac{\mathrm{C}_7^5\cdot\mathrm{C}_1^1\cdot\mathrm{C}_{27}^1}{n}=\frac{567}{6\ 724\ 520},\quad p_5=\frac{\mathrm{C}_7^5\cdot\mathrm{C}_{27}^2}{n}=\frac{7371}{6\ 724\ 520},$$

$$p_6=\frac{C_7^4 \cdot C_1^1 \cdot C_{27}^2}{n}=\frac{12\ 285}{6\ 724\ 520}, \quad p_7=\frac{C_7^4 \cdot C_{27}^3+C_7^3 \cdot C_1^1 \cdot C_{27}^2}{n}=\frac{204\ 750}{6\ 724\ 520}.$$

所以,中奖的概率是 $P(A)=p_1+p_2+p_3+p_4+p_5+p_6+p_7=\frac{225\ 170}{6\ 724\ 520}=0.033\ 485$. 此题说明:一百个人中约有 3 个人中奖;两千万个人中约有 3 个人中一等奖. 因此靠买彩票发财是小概率事件. 购买彩票要心态平和,不能期望过高.

思 考

不中奖的概率 $P(\overline{A})$ 是多少?

2. 条件概率

设 A,B 是两个事件,且 $P(A)\neq 0$,则在 A 已发生的前提条件下,B 发生的概率称之为在 A 已发生条件下,B 发生的**条件概率**,记为 $P(B|A)$.

注 意

① 条件概率 $P(B|A)$ 与普通概率的区别就是多了一个"事件 A 已经发生"的限制条件,显然有 $P(B|A)=\frac{P(AB)}{P(A)}$;由此得:$P(AB)=P(A)\cdot P(B|A)=P(B)\cdot P(A|B)$. 这就是概率的**乘法公式**.

② 特别地,如果事件 A(或 B)是否发生对事件 B(或 A)发生的概率没有影响,即 $P(B|A)=P(B)$,$P(A|B)=P(A)$,这样的两个事件 A,B 叫做**相互独立事件**. 对于两个相互独立的事件,显然有 $P(A\cdot B)=P(A)\cdot P(B)$. 这就是独立性事件的概率**乘法公式**. 也是两个事件相互独立的定义;如果 A、B 相互独立,则 A 与 $\overline{B}$、$\overline{A}$ 与 B、$\overline{A}$ 与 $\overline{B}$ 也是相互独立的.

③ 在应用条件概率的知识时,我们常用到全概率公式:设某试验的样本空间为 S,A 为该试验的事件,$B_1,B_2,\cdots,B_n$ 满足:(1)$B_i\cap B_j=\varnothing,i\neq j,i,j=1,2,\cdots,n$;(2)$B_1\cup B_2\cup\cdots\cup B_n=S$;且 $P(B_i)>0(i=1,2,\cdots,n)$,则 $P(A)=P(A|B_1)P(B_1)+P(A|B_2)P(B_2)+\cdots+P(A|B_n)P(B_n)$.

【例 3】 人们为了了解一只股票未来一定时期内价格的变化,往往会去分析影响价格的基本因素,比如利率的变化. 现假设人们经分析估计利率下调的概率为 60%,利率不变的概率为 40%. 根据经验,人们估计,在利率下调的情况下,该只股票价格上涨的概率为 80%,而在利率不变的情况下,其价格上涨的概率为 40%,求该只股票将上涨的概率.

解 设 A="利率下调",$\overline{A}$="利率不变",B="价格上涨",由题设知

$$P(A)=60\%, \quad P(\overline{A})=40\%,$$
$$P(B|A)=80\%, \quad P(B|\overline{A})=40\%,$$

则
$$\begin{aligned}P(B)&=P(AB)+P(\overline{A}B)\\&=P(A)\cdot P(B|A)+P(\overline{A})\cdot P(B|\overline{A})=60\%\times 80\%+40\%\times 40\%=64\%.\end{aligned}$$

10.1.3 两类常见的随机变量

为了能够运用微积分知识研究概率论,我们必须在概率论中引入变量和函数. 把随机现象的结果数量化,即将变量的取值或取值范围与样本空间的基本事件建立对应关系. 此时,我们关注的各种事件就可用一个变量的取值(或取值范围)来表示. 这个变量称为**随机变量**,通常用希腊字母 ξ,η,ς 或大写英语字母 X,Y 等来表示随机变量. 引进随机变量后,随机事件可以表

示为 $A=\{\xi=k\}$ 或 $A=\{\xi<x\}$ 等. 比如,某城市120急救电话一昼夜接到的呼唤次数 $\xi=k,k\in\{0,1,2,\cdots,n\}$($n$ 是自然数);某品牌电视机显像管的使用寿命 $\eta=t(t>0)$ 都是随机变量. 有了随机变量,就能借助于微积分的知识更全面、更深入地研究随机现象的客观规律.

1. 随机变量的概念、分布函数、数字特征

1)随机变量的概念

定义1 如果随机变量 X 的取值可以一一列出:$x_1,x_2,\cdots,x_n,\cdots$($x_n$ 可以是有限个或无限个,下同),则称这类随机变量为**离散型随机变量**.

称表格形式

X	x_1	x_2	$\cdots$	x_n	$\cdots$
P_k	p_1	p_2	$\cdots$	p_n	$\cdots$

为离散型随机变量 X 的分布列,也可以简写为 $P(X=x_k)=p_k,k=1,2,\cdots$.

注 意

(1)分布列的性质. 有界性:$0\leqslant p_k\leqslant 1,k=1,2,\cdots$;归一性:$\sum_k p_k=1$.

(2)离散型随机变量的分布列 $P(X=x_k)=p_k,k=1,2,\cdots$,是一个实值函数,自变量是随机变量 X,定义域就是该随机变量可能取的所有数值 x_k 的集合,因变量是随机事件的概率 $P(X=x_k)$,值域是闭区间 $[0,1]$ 的子集,对应法则是 $(X=x_k)\to p_k=P(X=x_k)$.

(3)如果某个函数 $P(X=x_k)=p_k,k=1,2,\cdots$,满足①的两个性质,则它必定是某个离散型随机变量的分布列.

定义2 对于随机变量 X,如果在 $(-\infty,+\infty)$ 内存在非负可积函数 $f(x)$,使得对任意实数 $a<b$,有 $P(a<X\leqslant b)=\int_a^b f(x)\mathrm{d}x$,则称 X 为**连续型随机变量**,并称 $f(x)$ 为 X 的**概率密度函数**,简称**密度函数**.

注 意

(1)密度函数 $f(x)$ 的性质. 非负性:$f(x)\geqslant 0$;归一性:$\int_{-\infty}^{+\infty} f(x)\mathrm{d}x=1$.

(2)从几何上看,概率密度函数曲线 $y=f(x)$ 是位于 x 轴的上方,而随机变量 X 落入区间 $[a,b]$ 内的概率 $P(a\leqslant X\leqslant b)$ 就是由密度函数 $y=f(x)$,直线 $x=a$,$x=b$,x 轴所围成的曲边梯形的面积,如图10.1.7所示. 因此,密度函数全面描述了连续型随机变量的概率分布. 另外,对任意实数 c,$P(X=c)=\int_c^c f(x)\mathrm{d}x=0$;对任意实数 $a,b(a<b)$,有 $P(a\leqslant X<b)=P(a<X<b)=P(a\leqslant X\leqslant b)=P(a<X\leqslant b)=\int_a^b f(x)\mathrm{d}x$. 所以,连续型随机变量落入某个区间内的概率与该区间是否包含端点无关.

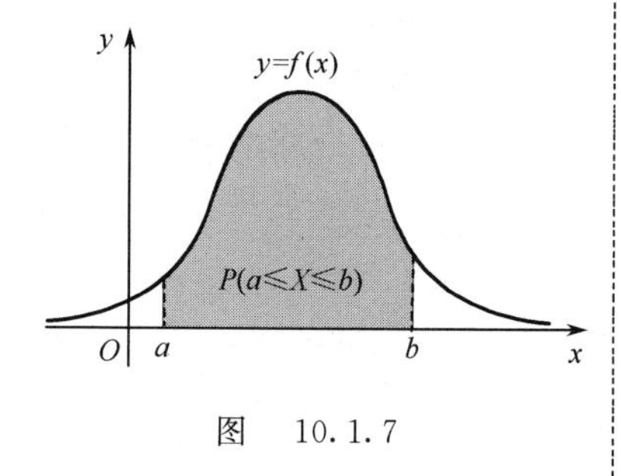

图 10.1.7

2)随机变量的分布函数

定义3 设 X 为一随机变量,对任意实数 x,称 $F(x)=P(X\leqslant x)$,$-\infty<x<+\infty$ 为

随机变量 X 的概率分布函数(简称 X 的**分布函数**). 称 $F(x)=P(X\leqslant x)=\sum\limits_{x_k\leqslant x}P(x=x_k)$ 为**离散型随机变量的分布函数**. 称 $F(x)=P(X\leqslant x)=\int_{-\infty}^{x}f(x)\mathrm{d}x$ 为**连续型随机变量的分布函数**.

注 意

(1) 分布函数 $F(x)$ 是定义在 $(-\infty,+\infty)$ 上的实值函数,值域是 $[0,1]$,每一个自变量 x 对应一个随机事件 $\{X\leqslant x\}$,$F(x)$ 的对应法则是 $x\rightarrow X\leqslant x\rightarrow P(X\leqslant x)$,$X\leqslant x$ 相当于中间变量. 于是任意一个随机事件的概率都可以用函数 $F(x)$ 来表示. 如

$$P(x_1<X\leqslant x_2)=P(X\leqslant x_2)-P(X\leqslant x_1)=F(x_2)-F(x_1).$$

(2) 离散型随机变量的分布函数 $F(x)=P(X\leqslant x)=\sum\limits_{x_k\leqslant x}P(x=x_k)$ 是一个分段函数,其图像是上升的阶梯函数. 由离散型随机变量的分布列可以写其分布函数,反之,由分布函数也可以写其分布列.

(3) 由于连续型随机变量 ξ 的分布函数 $F(x)=\int_{-\infty}^{x}f(x)\mathrm{d}x$,所以,$F'(x)=f(x)$. 由连续型随机变量的密度函数可以写其分布函数,反之,由分布函数也可以写其密度函数.

分布函数 $F(x)=P(X\leqslant x)$,$-\infty<x<+\infty$ 能把常见的两类随机变量 X 的统计规律性用一个表达式完整地描述,还可以用高等数学的微积分来分析相关性质,可见分布函数应用得更广泛. 然而在实际问题中,一是分布函数难求,二是有时只需要了解随机变量 X 的某些数字特征,如数学期望、方差就可以解决大多数的实际问题,因此实际问题中更关注随机变量的数字特征.

3) 随机变量的数字特征

定义 4 设离散型随机变量 X 的分布列 $P(X=x_k)=p_k$,$k=1,2,\cdots$,如果 $\sum\limits_{k=1}x_kp_k$ 绝对收敛,则和式 $\sum\limits_{k=1}x_kp_k=x_1p_1+x_2p_2+\cdots+x_kp_k+\cdots$ 称为**离散型随机变量** X 的**数学期望**(简称**期望或均值**),记为 $E(X)$ 或 EX,即 $E(X)=\sum\limits_{k}x_kp_k$;和式 $\sum\limits_{k=1}^{\infty}[x_k-E(X)]^2p_k$ 称为**离散型随机变量的方差**,记为 $D(X)$ 或 DX,即 $D(X)=\sum\limits_{k=1}^{\infty}[x_k-E(X)]^2p_k$. 而对于离散型随机变量 X 的函数 $Y=f(X)$ 的数学期望,则有 $E(Y)=E[f(X)]=\sum\limits_{k}f(x_k)p_k$.

定义 5 设连续型随机变量 X 的概率密度函数为 $f(x)$,如果 $\int_{-\infty}^{+\infty}xf(x)\mathrm{d}x$ 绝对可积,则无穷积分 $\int_{-\infty}^{+\infty}xf(x)\mathrm{d}x$ 称为连续型随机变量 X 的**数学期望**,记为 $E(X)$,即 $E(X)=\int_{-\infty}^{+\infty}xf(x)\mathrm{d}x$;无穷积分 $\int_{-\infty}^{+\infty}[x-E(X)]^2f(x)\mathrm{d}x$ 称为连续型随机变量 X 的方差,记为 $D(X)$,即 $D(X)=\int_{-\infty}^{+\infty}[x-E(X)]^2f(x)\mathrm{d}x$.

注 意

(1) 数学期望反映随机变量取值的平均值;且设 X,Y 为随机变量,a,b,c 均为常数,则有 $E(aX+bY+c)=aE(X)+bE(Y)+c$;

(2) 方差是一个非负数,它描述了随机变量 X 相对于其数学期望 $E(X)$ 的离散程度,故方差的大小可以描述随机变量分布的分散程度;且设 X,Y 为随机变量,a,b,c 均为常数,则有 $D(X)=E(X^2)-[E(X)]^2$,$D(aX+bY+c)=a^2D(X)+b^2D(Y)$.

【例 4】 已知随机变量 X 的分布列

X	1	2	3	4
p_k	0.3	0.2	0.3	0.2

求:(1) X 的概率分布函数,作出分布函数的图像;

(2) X 的期望、方差.

解 (1) 当 $x\in(-\infty,1)$ 时,$F(x)=P(X\leqslant x)=P(X<1)=\sum_{x_i<1}P_i=0$.

当 $x\in[1,2)$ 时,$F(x)=P(X\leqslant x)=P(X<2)=\sum_{x_i<2}P_i=P(X=1)=0.3$.

当 $x\in[2,3)$ 时,$F(x)=P(X\leqslant x)=P(X<3)=\sum_{x_i<3}P_i=P(X=1)+P(X=2)=0.5$.

当 $x\in[3,4)$ 时,$F(x)=P(X\leqslant x)=P(X<4)=\sum_{x_i<4}P_i$

$$=P(X=1)+P(X=2)+P(X=3)=0.8.$$

当 $x\in[4,+\infty)$ 时,$F(x)=P(X\leqslant x)=P(X\leqslant 4)=\sum_{x_i\leqslant 4}P_i$

$$=P(X=1)+P(X=2)+P(X=3)+P(X=4)=1.$$

因此分布函数为

$$F(x)=P(X\leqslant x)=\begin{cases}0 & \text{当 } x<1\\ 0.3 & \text{当 } 1\leqslant x<2\\ 0.5 & \text{当 } 2\leqslant x<3\\ 0.8 & \text{当 } 3\leqslant x<4\\ 1 & \text{当 } x\geqslant 4\end{cases}$$

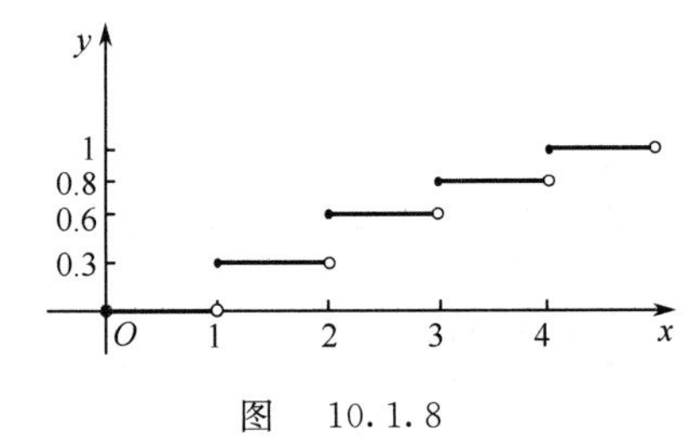

图 10.1.8

$F(x)$ 的图像如图 10.1.8 所示.

(2) $E(X)=\sum_{k=1}^{4}x_kP(x=x_k)=1\times0.3+2\times0.2+3\times0.3+4\times0.2=2.4$,

因为 $E(X^2)=\sum_{k=1}^{4}x_k^2P(x=x_k)=1\times0.3+4\times0.2+9\times0.3+16\times0.2=7$,

所以 $D(X)=E(X^2)-(EX)^2=7-5.76=1.24$.

2. 常见随机变量

1) 离散型随机变量

(1) 两点分布.

如果离散型随机变量 X 的取值是 0,1,且概率分布为

$$P(X=1)=p,\quad P(X=0)=q\quad(0<p<1,q=1-p)$$

则称 X 服从参数为 p 的**两点分布**(又称 **0-1 分布**),记为 $X\sim B(1,p)$.

注　意

① 两点分布的期望为 p，方差为 pq.

② 通常，只有两个可能结果的随机变量都可认为服从两点分布. 如射击试验的“中靶与脱靶”，产品质检的“合格”与“不合格”，电路的“通路”与“断路”等可以用两点分布的随机变量进行描述.

(2) 二项分布.

如果离散型随机变量 X 的概率分布为

$$P(X=k)=C_n^k p^k q^{n-k} \quad (k=0,1,2,\cdots,n) \quad 0<p<1, q=1-p,$$

则称 X 服从参数为 n,p 的**二项分布**，记为 $X \sim B(n,p)$.

注　意

① 二项分布的期望为 np，方差为 npq.

② 二项分布又称 n 重伯努利概型. 其特点为：n 次实验是独立重复的；每次试验只有两个结果 $A,\overline{A}$，且 A 在每次试验中发生的概率 $P(A)=p$ 不变. 设 $X=k$ 表示在 n 重伯努利实验中，事件 A 恰好发生了 k 次，则概率 $P(X=k)=C_n^k p^k q^{n-k}$.

③ 通常，“产品的次品件数”，“射击 n 发子弹命中靶的次数”等都服从二项分布.

(3) 泊松分布.

设随机变量 X 可取一切非负整数值，且概率分布为

$$P(X=k)=\frac{\lambda^k}{k!}e^{-\lambda} \quad (\lambda>0), \quad k=0,1,2,\cdots,$$

则称 X 服从参数为 λ 的**泊松分布**，简记作 $X \sim \pi(\lambda)$.

注　意

① 泊松分布的期望为 λ，方差为 λ.

② 通常，“某电话交换台接到的呼叫数”“某页书上印刷的错误数”“某商场来到的顾客数”等都服从泊松分布.

2) 连续型随机变量

(1) 均匀分布.

若随机变量 X 的密度函数为

$$f(x)=\begin{cases}\dfrac{1}{b-a} & \text{当 } a<x<b \\ 0 & \text{其他}\end{cases},$$

则称 X 在区间 (a,b) 上服从**均匀分布**，记为 $X \sim U(a,b)$.

注　意

① 均匀分布的期望为 $\dfrac{a+b}{2}$，方差为 $\dfrac{(b-a)^2}{12}$.

② 均匀分布的密度函数图像如图 10.1.9 所示.

③ 在实际问题中，可变电阻器中的变化的电阻值，公交汽车站的候车时间，数值计算中由于四舍五入引起的误差都可看作服从均匀分布.

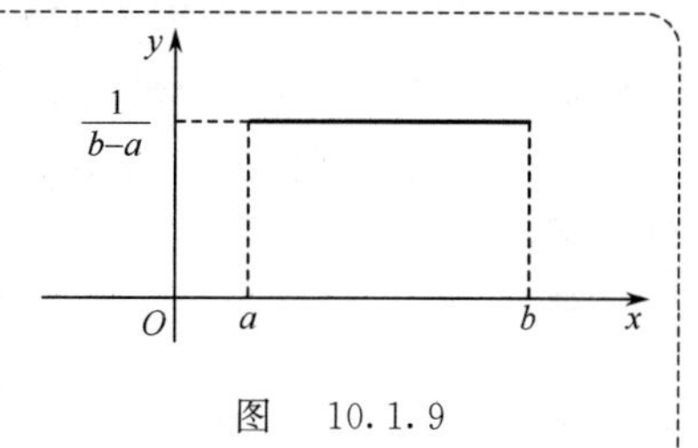

图　10.1.9

(2) 正态分布.

若随机变量 X 的密度函数为 $f(x)=\frac{1}{\sqrt{2\pi}\sigma}e^{-\frac{(x-\mu)^2}{2\sigma^2}}(-\infty<x<+\infty)$,$\mu$ 与 $\sigma>0$ 都是常数,则称 X 服从参数为 μ,σ 的**正态分布**,记为 $X\sim N(\mu,\sigma^2)$.

注 意

(ⅰ) 正态分布的期望为 μ,方差为 σ^2.

(ⅱ) 如图 10.1.10 所示,正态分布 $N(\mu,\sigma^2)$ 的密度函数 $f(x)$ 的图像.显然,$f(x)$ 具有下列性质:

曲线 $y=f(x)$ 关于均值直线 $x=\mu$ 对称;在 $x=\mu$ 处 $f(x)$ 取得最大值$\frac{1}{\sqrt{2\pi}\sigma}$.

曲线 $y=f(x)$ 在 $x=\mu\pm\sigma$ 对应点处有两个拐点.当 $|x|\to+\infty$ 时,以 x 轴为渐近线.

当参数 μ,σ^2 取不同值时,就得出不同曲线.固定 $\sigma=1$,分别取 $\mu=-1,0,1$,作出图像如图 10.1.11 所示.由此看出对称轴是 $x=\mu$.

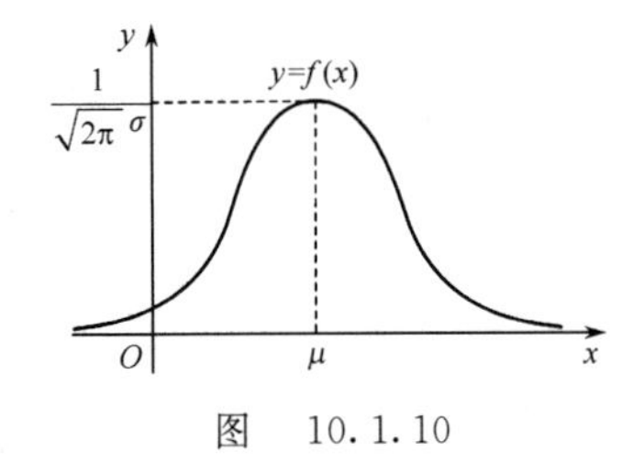

图 10.1.10

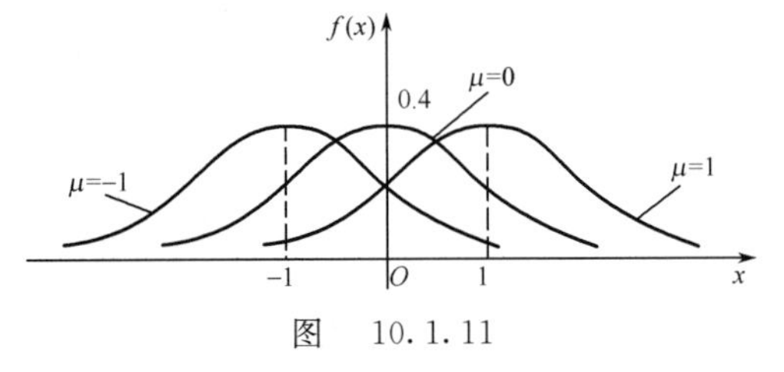

图 10.1.11

固定 $\mu=0$,分别取 $\sigma=0.5$,$\sigma=1$,$\sigma=2$,作出图像如图 10.1.12 所示.

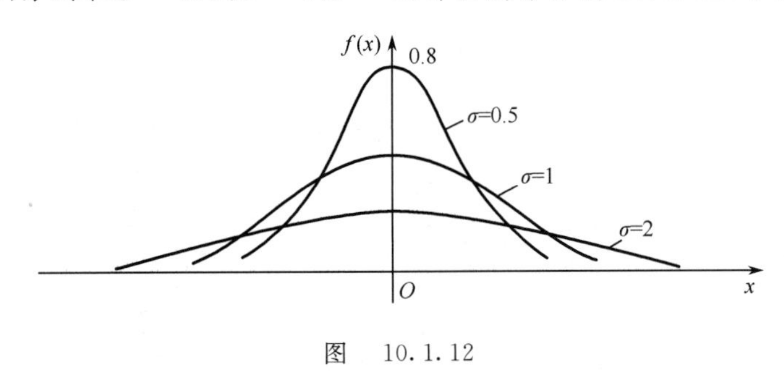

图 10.1.12

由此看出参数 σ 决定了曲线的形状,σ 越大分布越分散,也就是越“矮胖”,σ 越小分布越集中于 μ 的附近,曲线越“高瘦”.

正态分布在概率统计中占有特殊的重要地位.可以证明:只要某个随机变量由大量的相互独立的随机因素的综合影响所构成,而且每一个因素的个体影响都很微小,那么这个随机变量可以认为服从或近似服从正态分布.在实际应用中,大量的随机变量都服从或近似服从正态分布,例如实验测量的误差,灯泡使用的寿命,农作物的收获量,动物、植物的身高与体重,学生的学习成绩等服从正态分布;

特例:若 $X\sim N(0,1)$,则称 X 服从参数为 $\mu=0,\sigma=1$ 的**标准正态分布**,其密度函数为 $\varphi(x)$,即 $\varphi(x)=\frac{1}{\sqrt{2\pi}}e^{-\frac{x^2}{2}},-\infty<x<+\infty$.

通常，记 $\Phi(x)=P(X<x)=\int_{-\infty}^{x}\frac{1}{\sqrt{2\pi}}\cdot e^{-\frac{t^2}{2}}dt$ 为标准正态分布的分布函数，如图 10.1.13 所示的阴影部分，其值可通过查标准正态分布表得出(见附录 B.1).$\Phi(x)$ 的性质：

(1) $\Phi(x)=1-\Phi(-x)$；

(2) $P(a<X<b)=\Phi(b)-\Phi(a)$.

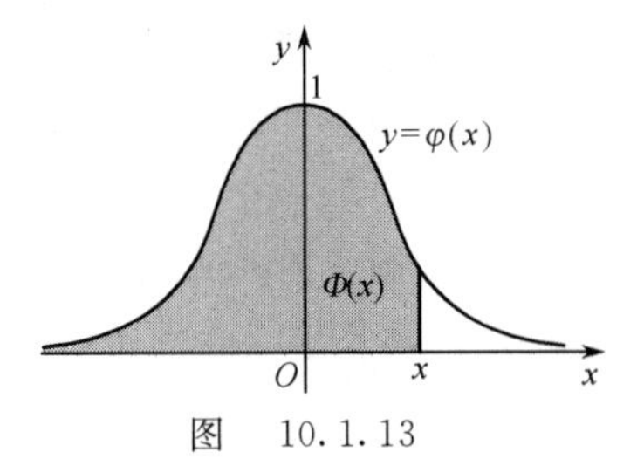

图 10.1.13

注 意

若随机变量 $X\sim N(\mu,\sigma^2)$，可以证明 $\frac{X-\mu}{\sigma}\sim N(0,1)$，这样 $P(a<X\leqslant b)=P\left(\frac{a-\mu}{\sigma}<\frac{X-\mu}{\sigma}\leqslant\frac{b-\mu}{\sigma}\right)=\Phi\left(\frac{b-\mu}{\sigma}\right)-\Phi\left(\frac{a-\mu}{\sigma}\right)$. 于是

$$P(|X-\mu|<3\sigma)=P(\mu-3\sigma<X<\mu+3\sigma)=\Phi\left(\frac{\mu+3\sigma-\mu}{\sigma}\right)-\Phi\left(\frac{\mu-3\sigma-\mu}{\sigma}\right)$$
$$=\Phi(3)-\Phi(-3)=2\Phi(3)-1=0.9974.$$

结果表明，服从正态分布 $N(\mu,\sigma^2)$ 的随机变量有 99.74% 的可能性落在 $(\mu-3\sigma,\mu+3\sigma)$ 之间，取值在该区间外的可能性很小(只有 0.26%)，这就是正态分布的 3σ 原理.

【例 5】 假设某高等院校入学考试的数学成绩近似服从正态分布 $N(70,10^2)$，若 85 分以上为优秀，问数学成绩为优秀的考生占总数的百分之几？

解 设考生的数学成绩为随机变量 X，那么 $X\sim N(70,10^2)$，于是

$$P(X\geqslant 85)=1-P(X<85)=1-\Phi\left(\frac{85-70}{10}\right)=1-\Phi(1.5)=1-0.9332=0.0668.$$

因此数学成绩为优秀的考生约占总数的 7%.

习 题 10.1

1. 50 件产品中有 3 件次品，从中任取 2 件，可作为随机变量的是( ).

(A) 取到产品的件数　　(B) 取到正品的概率

(C) 取到次品的件数　　(D) 取到次品的概率

2. 随机变量 ξ 所有可能值的集合是 $\{-20,-10,10,20\}$，且 $P(\xi=-20)=\frac{1}{2}$，$P(\xi=10)=\frac{1}{4}$，$P(\xi=20)=\frac{1}{12}$，则 $P(\xi=-10)=$( ).

(A) $\frac{1}{8}$　　(B) $\frac{1}{6}$　　(C) $\frac{1}{4}$　　(D) $\frac{1}{3}$

3. 设连续型随机变量 X 的概率密度函数是

$$P(x)=\begin{cases}\frac{A}{\sqrt{1-x^2}} & 当\ |x|<1\\ 0 & 其他\end{cases}.$$

求：(1) 系数 A；　(2) X 落在区间 $\left(-\frac{1}{2},\frac{1}{2}\right)$，$\left(-\frac{\sqrt{3}}{2},2\right)$ 内的概率.

4. 某工厂每天用水量保持正常的概率为0.8,求最近6天内用水量正常天数的分布.

5. 若 $X \sim N(1,2^2)$,求下列概率:

(1) $P\{1 < X \leqslant 3\}$; (2) $P\{X < -1\}$; (3) $P\{X > 0\}$; (4) $P\{|X| > 2\}$.

6. 参加录用工人考试的考生为2000名,拟录取前300名.已知考试成绩 $X \sim N(400, 100^2)$,问录取分数线应大概定为多少分?

10.2 常见的统计量

我们对"统计"一词并不陌生,通俗地说,统计学就是一门收集数据、分析数据、根据数据进行推断的科学,但人们常常将统计误解为收集大量数据并对这些数据做一些简单的运算(如求和、求平均值、求百分比等)或用图表形式表示出来,其实这只是统计的基础工作.统计的任务第一是用科学的方法收集、整理有限的数据;第二是用数理统计方法对有限数据进行加工分析、计算,找出由有限数据构造的统计量的分布规律或数字特征,即从所要研究的的全体对象中,科学抽取少数对象,按一定程序计算得出某些统计特性,以此来推断整体的统计特性.

本节介绍数理统计的基本概念及来自正态总体的样本统计量的分布.

10.2.1 样本及抽样方法

1. 总体与样本

定义1 在数理统计中,把研究对象的某项数量指标可能取值的全体称为**总体**,把组成总体的每个元素称为**个体**.根据总体元素的数目是否有限分为**有限总体**、**无限总体**,通常总体用大写字母 X,Y,Z 表示.

例如,考察某高职院校一年级新生的视力情况时,则该校一年级全体新生的视力就构成了一个有限总体,而其中每一位新生的视力就是一个个体.由此看来,总体就是一堆数据,只不过有些数据出现的机会多,有些数据出现的机会少,所以**总体就是描述一堆数据的统计规律的一个分布**.

又如,某日抽取100只灯泡检验其寿命,用以推断某灯泡厂该日生产的1万只灯泡的使用寿命.可见这1万只的灯泡的使用寿命就组成一个总体,其中每只灯泡的使用寿命就是个体.注意到由于随机抽取100只灯泡的使用寿命的不同(它是随机变量),导致推断总体的使用寿命也会发生变化,所以**总体就是一个随机变量**.

定义2 从总体中按一定的方式抽取一部分个体的过程称为**抽样**,从总体中抽取有限的 n 个个体组成的集合称为一个**样本**,记为 $(X_1,X_2,\cdots,X_n)$,n 称为**样本容量**,在实际问题中,观测样本 $(X_1,X_2,\cdots,X_n)$ 得到的一组具体数据 $(x_1,x_2,\cdots,x_n)$ 称为样本的**观察值**.

就总体和样本的关系而言,样本是局部,总体是整体.由于数理统计的任务是通过处理、加工所抽样本的手段来推断总体的统计规律,因此,在抽取样本时,一般要满足两个要求:

(1) 代表性:样本 $(X_1,X_2,\cdots,X_n)$ 中的每个个体 X_k 与总体 X 有相同的概率分布;

(2) 独立性:n 个个体 $X_1,X_2,\cdots,X_n$ 两两相互独立,即它们之间互不影响.这样的抽样过程称为**简单随机抽样**,所抽取的样本称为**简单随机样本**.

在实际统计工作中有两种抽样方式:不重复抽样(即连续抽取 n 次,每次抽取后不放回所

构成一个容量为 n 的样本）及重复抽样（即连续抽取 n 次，每次抽取后又放回所构成一个容量为 n 的样本）. 如果是无限总体，不重复抽取有限个个体不会影响总体的分布；如果是有限总体，当总体的元素个数很大，而所抽样本的容量 n 相对较小（不超过总体的 5%）时，即可认为总体是无限的.

2. 常见的随机抽样方法

在实际中采取怎样的收集数据方法才能较精确地知道总体分布或其数字特征？最可靠的方法是采用普查的方法，但实际上这样做既不必要也不可行. 比如，灯泡寿命的检验、钢丝拉力强度的检验、电视机显像管无故障工作时间的检验等，由于此类实验是破坏性实验，普查方式不可行，也不必要. 所以，应当采用科学方法从总体中抽取部分样品，然后通过对它们做统计分析来推断总体的统计特征. 常见的科学随机抽样方法如下：

1）简单随机抽样

将抽样对象全部编上号码，将号码写在纸片上搓成团，采用抽签法或抓阄法随机抽样；也可以用 MATLAB 软件命令取随机数、查随机数表法或用摇奖机法随机抽样.

2）等距随机抽样（机械随机抽样或系统随机抽样）

首先，把总体分成若干均衡部分，然后从每一个均衡部分抽取相同数量的个体. 比如，高考中为了更好地把握评分标准，需要抽取小部分试卷试评，假设从总体 1 万份考卷中抽取样本数 100 份的试卷，可以将准考证号为 1 ～ 100 的 100 个号中任选一个，比如选到的是 23 号，然后等距随机抽样，将尾数是 23 号的全部选来，即可得 23，123，223，…，9923，共 100 份试卷的样本.

3）分类随机抽样

当整体由几类具有显著差异的部分组成时，就按每一部分所占的比例进行抽样. 比如，要了解某市 400 个国有企业的生产经营情况（总体），决定抽取 20 个企业作为样本进行调查，采取分类随机抽样法. 首先，假定将这 400 个企业按产业（也可按行政区或盈利情况或规模大小等某个规则分类）分为三类，第一产业有 40 个，第二产业有 200 个，第三产业有 160 个；然后，按 1∶5∶4 确定各类企业抽取样本单位的数量. 即应抽第一产业 2 个，第二产业 10 个，第三产业 8 个. 最后，采用简单随机抽样方法，从各类企业中抽出上述数量的样本.

10.2.2 常见的统计量

1. 统计量的概念

虽然从总体中按科学的方法抽取的样本与总体有相同的分布，但是针对不同的总体，甚至针对同一个总体，人们所关心的问题往往是不一样的，因此，必须根据实际问题的目标对所抽样本进行适当的“加工处理”，将我们关心的信息提炼出来，即针对不同问题构造出适当的样本函数，然后再利用样本函数的统计特性来对总体的统计特性进行推断.

对于这种用于统计推断的样本函数，有一个很重要的要求，即它不应含有任何未知的参数. 事实上这些参数正是人们希望了解的内容.

定义 3 设$(X_1,X_2,\cdots,X_n)$为总体 X 的一个样本，如果样本函数 $f(X_1,X_2,\cdots,X_n)$ 不包含任何未知参数，则称样本函数 $f(X_1,X_2,\cdots,X_n)$ 为样本$(X_1,X_2,\cdots,X_n)$的一个**统计量**.

【例 1】 设总体 $X \sim N(\mu,\sigma^2)$，且 μ 已知，σ^2 未知(X_1,X_2,X_3,X_4)是总体 X 的一个容量

为 4 的样本,则 $X_1-3X_2+\mu,\sum_{k=1}^{4}X_k^5$ 是统计量,而 $X_1^2+X_3^2+X_4^2+\sigma$ 不是统计量.

由定义 3 可知,统计量是随机变量$(X_1,X_2,\cdots,X_n)$的函数,因此,统计量也是一个随机变量,它也有概率分布.把样本统计量的分布称为**抽样分布**.

2. 常见的样本统计量

定义 4 设$(X_1,X_2,\cdots,X_n)$为总体 X 的一个样本,则称 $\overline{X}=\frac{1}{n}\sum_{k=1}^{n}X_k$ 为**样本均值**;称 $S^2=\frac{1}{n-1}\sum_{k=1}^{n}(X_k-\overline{X})^2$ 为**样本方差**;称 $S=\sqrt{\frac{1}{n-1}\sum_{k=1}^{n}(X_k-\overline{X})^2}$ 为**样本标准差**.

注 意

样本均值反映数据的集中趋势;样本方差反映数据的离中趋势.

【例 2】 来自总体 X 的一个样本为$(X_1,X_2,\cdots,X_5)$,其一组观察值为 54.3,66.4,67.6,70,64.9.试求:

(1) 样本平均值$\overline{X}$; (2) 样本方差 S^2; (3) 样本标准差 S.

解 (1) 由样本均值公式得

$$\overline{X}=\frac{1}{5}\sum_{i=1}^{n}X_i=\frac{1}{5}(54.3+66.4+67.6+70+64.9)=64.64.$$

(2) 由样本方差公式得

$$S^2=\frac{1}{5-1}\sum_{i=1}^{5}(X_i-\overline{X})^2=\frac{1}{4}\sum_{i=1}^{5}(X_i-64.64)^2=36.8930.$$

(3) 由样本标准差公式得

$$S=\sqrt{36.8930}=6.0740.$$

10.2.3 来自正态总体的样本统计量的分布

由于实际生产及日常生活中的许多总体都服从正态分布,所以来自正态总体的样本均值 $\overline{X}$ 及样本方差 S^2 作为随机变量,由其构成的某些统计量的概率分布应用极其广泛.要注意的是虽然样本均值 $\overline{X}$ 及样本方差 S^2 不依赖于正态总体的参数 μ,σ^2,但由样本均值 $\overline{X}$ 及样本方差 S^2 构造的统计量或样本函数却依赖于总体的参数 μ,σ^2,我们正是基于这点来估计、推断总体参数 μ,σ^2 的.

考虑到后面经常用到临界值,临界值一般情况就是从分布给定水平的分位数得到,因此,在介绍常用样本统计量分布之前,先引入分位数的概念.

设随机变量 X 的分布函数为 $F(x)$,对给定的实数 $\alpha(0<\alpha<1)$,若实数 λ 满足不等式 $P(X\geqslant\lambda)=\alpha$ 且 $P(X\leqslant\lambda)=1-\alpha$,则称 λ 为随机变量 X 的水平为 $1-\alpha$ 的**分位数**.

若实数 λ 满足不等式 $P(|X|\geqslant\lambda)=\alpha$ 或 $P(|X|\leqslant\lambda)=1-\alpha$,则称 λ 为随机变量 X 的水平为 $1-\alpha$ 的**双侧分位数**.

在讨论正态总体分布的问题时,常用到标准正态分布的临界值.设 $U\sim N(0,1)$,对给

定的 $\alpha(0<\alpha<1)$，称满足 $P(U\leqslant U_\alpha)=\int_{-\infty}^{U_\alpha}\frac{1}{\sqrt{2\pi}}\mathrm{e}^{-\frac{x^2}{2}}\mathrm{d}x=1-\alpha$ 的点 U_α 为标准正态分布的水平为 $1-\alpha$ 的分位数，简称下 α 点，如图 10.2.1 所示．称满足 $P(|U|\leqslant U_{\frac{\alpha}{2}})=1-\alpha$ 的点 $\lambda=U_{\frac{\alpha}{2}}$ 为标准正态分布的水平为 $1-\alpha$ 的双侧分位数，简称双 α 点，如图 10.2.2 所示.

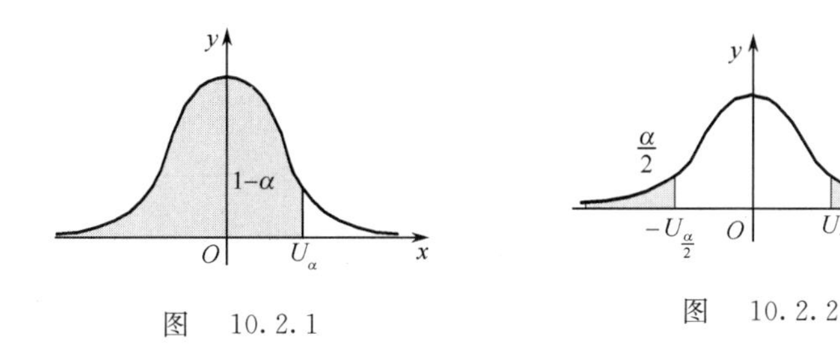

图 10.2.1　　图 10.2.2

1. $U=\dfrac{\overline{X}-\mu}{\frac{\sigma}{\sqrt{n}}}$ 的分布

设总体 $X\sim N(\mu,\sigma^2)(X_1,X_2,\cdots,X_n)$ 为 X 的一个样本，则 $U=\dfrac{\overline{X}-\mu}{\frac{\sigma}{\sqrt{n}}}\sim N(0,1)$.

注 意

(1) 由于 $E(\overline{X})=E\left(\frac{1}{n}\sum_{k=1}^{n}X_k\right)=\frac{1}{n}\cdot n\mu=\mu,D(\overline{X})=D\left(\frac{1}{n}\sum_{k=1}^{n}X_k\right)=\frac{1}{n^2}\cdot n\sigma^2=\frac{\sigma^2}{n}$，所以，$\overline{X}\sim N\left(\mu,\frac{\sigma^2}{n}\right)$，将 $\overline{X}$ 标准化为 $U=\dfrac{\overline{X}-\mu}{\frac{\sigma}{\sqrt{n}}}$，则 $E(U)=0,D(U)=1$.

(2) 如果已知总体 $X\sim N(\mu,\sigma^2)$ 的方差 σ^2 而未知均值 μ 时，利用样本函数 $U=\dfrac{\overline{X}-\mu}{\frac{\sigma}{\sqrt{n}}}\sim N(0,1)$ 可以估计总体均值参数 μ 的置信区间(10.3 节介绍)，还可以检验总体均值参数是否为 μ(10.4 节介绍).

2. $t=\dfrac{\overline{X}-\mu}{S/\sqrt{n}}$ 的分布

设 $(X_1,X_2,\cdots,X_n)$ 为来自总体 $X\sim N(\mu,\sigma^2)$ 的一个样本，$S^2=\dfrac{1}{n-1}\sum_{n=1}^{n}(X_k-\overline{X})^2$ 是样本方差，则 $t=\dfrac{\overline{X}-\mu}{S/\sqrt{n}}\sim t(n-1)$(称为自由度为 $n-1$ 的 **t 分布**).

注 意

(1) $t(n)$ 分布的密度函数只依赖于 n，这里仅仅介绍自由度 $n=1,4,10$ 的 t 分布概率密度函数曲线 $f(x)$，如图 10.2.3 所示. 可以证明，$t(n)$ 分布的概率密度函数曲线 $f(x)$ 关于 y 轴对称，且当 n 越大时($n>35$)，$t(n)$ 分布越接近标准正态分布.

(2) 自由度为 $n-1$ 是因为存在一个线性约束条件

$$(X_1-\overline{X})+(X_2-\overline{X})+\cdots+(X_n-\overline{X})=0.$$

(3) 对于 t 统计量,如果给定概率 $\alpha(0<\alpha<1)$ 和自由度 n,则称满足条件

$$P(T>t_\alpha(n))=\int_{t_\alpha(n)}^{+\infty}f(x)\mathrm{d}x=\alpha$$

的点 $\lambda=t_\alpha(n)$ 为自由度为 n 的 t — 分布的上侧 α 分位数,如图 10.2.4 所示.对不同的 α,n 可以查附录 B.2 求出相应的分位数或相应的临界值.

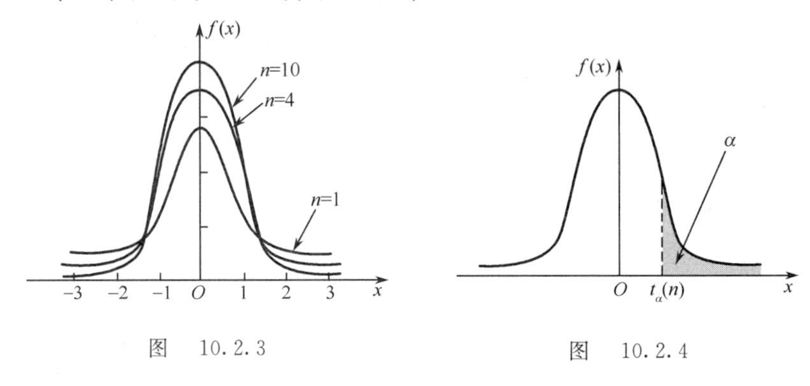

图 10.2.3　　　　图 10.2.4

(4) 若实际问题未知总体的方差 σ^2 及均值 μ 时,可利用样本函数 $t=\dfrac{\overline{X}-\mu}{S/\sqrt{n}}\sim t(n-1)$ 的分布可以估计总体均值 μ 的置信区间(10.3 节介绍),还可以检验总体均值参数是否为 μ(10.4 节介绍).

3. $\chi^2=\dfrac{(n-1)S^2}{\sigma^2}$ 的分布

设$(X_1,X_2,\cdots,X_n)$为来自总体 $X\sim N(\mu,\sigma^2)$ 的一个样本,$S^2=\dfrac{1}{n-1}\sum\limits_{n=1}^{n}(X_k-\overline{X})^2$ 是样本方差,则$\chi^2=\dfrac{(n-1)S^2}{\sigma^2}\sim\chi^2(n-1)$(称为自由度是 $n-1$ 的 **χ^2 分布**).

注 意

(1) $\chi^2(n)$ 分布只有一个参数 n,$\chi^2(n)$ 的密度函数只依赖于 n.这里仅仅介绍$\chi^2(n)$分布当自由度 $n=1,4,10$ 的概率密度函数曲线 $f(x)$,如图 10.2.5 所示.可以证明,$n\to\infty$ 时,$\dfrac{\chi^2(n)-n}{\sqrt{2n}}\to N(0,1)$.

(2) 自由度为 $n-1$,原因是存在一个线性约束条件

$$(X_1-\overline{X})+(X_2-\overline{X})+\cdots+(X_n-\overline{X})=0.$$

(3) 对于$\chi^2(n)$ 统计量,如果给定概率 $\alpha(0<\alpha<1)$ 和自由度 n,称满足 $P(\chi^2>\chi^2_\alpha(n))=\int_{\chi^2_\alpha(n)}^{+\infty}f(x)\mathrm{d}x$ 的点 $\lambda=\chi^2_\alpha(n)$ 为自由度为 n 的χ^2 分布的上侧 α 分位数,如图 10.2.6 所示.对不同的 α,n 可以查附录 B.3 求出相应的分位数或相应的临界值.

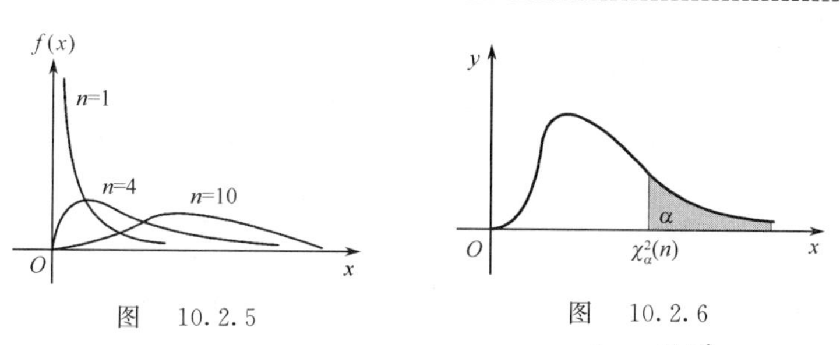

图　10.2.5　　　　图　10.2.6

(4) 若未知总体的均值μ及方差σ^2，利用样本函数$\chi^2=\frac{(n-1)S^2}{\sigma^2}\sim\chi^2(n-1)$的分布可以估计总体方差$\sigma^2$的置信区间(10.3 节介绍)，还可以检验总体方差参数是否为σ^2(10.4 节介绍).

4. 统计量 $F=\frac{S_1^2}{S_2^2}$ 的分布

设$(X_1,X_2,\cdots,X_{n_1})(Y_1,Y_2,\cdots,Y_{n_2})$分别为来自两个正态总体$X\sim N(\mu_1,\sigma_1^2)$和$Y\sim N(\mu_2,\sigma_2^2)$的样本，且$X,Y$相互独立，$S_1^2,S_2^2$是样本方差，则在$\sigma_1^2=\sigma_2^2$的条件下，称统计量$F=\frac{S_1^2}{S_2^2}\sim F(n_1-1,n_2-1)$(称为第一自由度为$n_1-1$(或分子自由度)，第二自由度为$n_2-1$(或分母自由度)的 $\boldsymbol{F(n_1-1,n_2-1)}$ **分布**).

注　意

(1) $F(n_1,n_2)$分布的密度函数只依赖于n_1,n_2，这里仅仅介绍$F(n_1,n_2)$分布当第一自由度$n_1=20$，第二自由度$n_2=1,4,10$的概率密度函数曲线$f(x)$，如图 10.2.7 所示. 由图可见，当n_1,n_2越来越大时，$F(n_1,n_2)$曲线越接近对称.

(2) 对于$F(n_1,n_2)$统计量，如果给定概率$\alpha(0<\alpha<1)$和自由度n_1,n_2，称满足条件$P(F>F_\alpha(n_1,n_2))=\int_{f_\alpha(n_1,n_2)}^{+\infty}f(x)\mathrm{d}x=\alpha$的点$F_\alpha(n_1,n_2)$为自由度分别为$n_1,n_2$的$F(n_1,n_2)$分布的水平$\alpha$分位数，如图 10.2.8 所示. 对不同的$n_1,n_2$可以查附录 B.4 求出相应的分位数或相应的临界值.

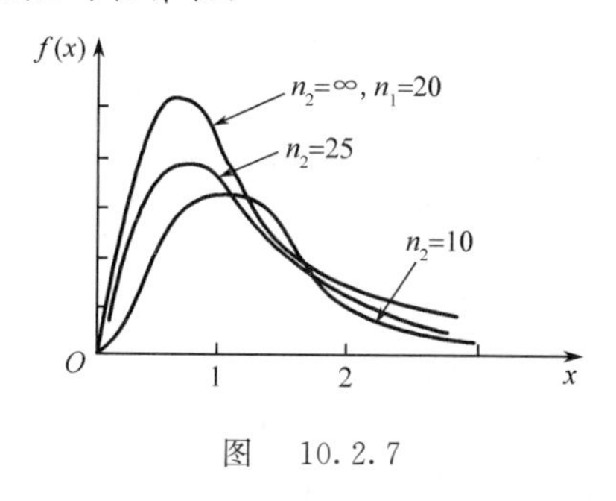

图　10.2.7

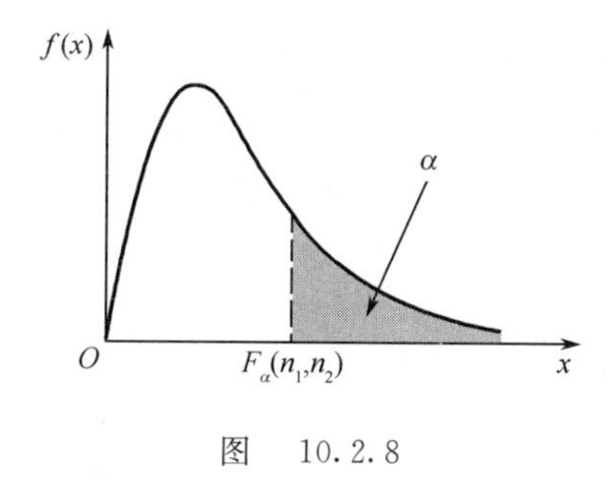

图　10.2.8

(3) 当未知两正态总体的方差σ_1^2,σ_2^2，但知道$\sigma_1^2=\sigma_2^2$的条件下，实际问题中，利用统计量$F=\frac{S_1^2}{S_2^2}\sim F(n_1-1,n_2-1)$(称$n_1-1$为第一自由度(或分子自由度)，称$n_2-1$为第二自由度(或分母自由度))的$F(n_1-1,n_2-1)$分布可以估计两正态总体方差之比的置信区间$\sigma^2$(10.3 节介绍)，还可以检验两总体方差是否相等(10.4 节介绍).

表10.2.1为常见的样本函数及其分布图,注意比较$t(n)$分布,$\chi^2(n)$分布,$F(n_1,n_2)$分布与$N(0,1)$的区别,并了解其应用.

表 10.2.1

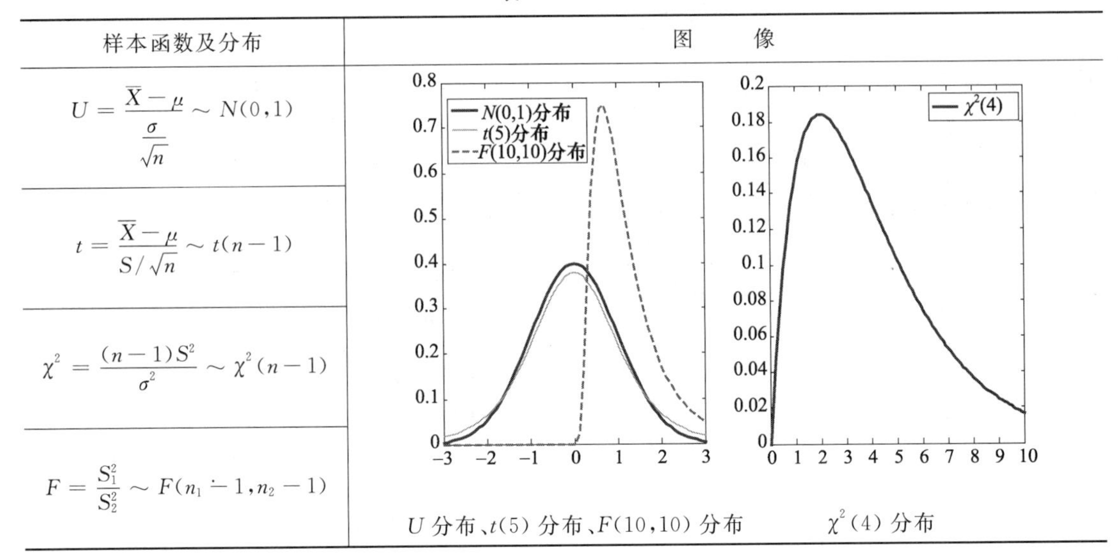

样本函数及分布	图像
$U=\dfrac{\overline{X}-\mu}{\dfrac{\sigma}{\sqrt{n}}}\sim N(0,1)$	
$t=\dfrac{\overline{X}-\mu}{S/\sqrt{n}}\sim t(n-1)$	
$\chi^2=\dfrac{(n-1)S^2}{\sigma^2}\sim\chi^2(n-1)$	
$F=\dfrac{S_1^2}{S_2^2}\sim F(n_1-1,n_2-1)$	U分布、$t(5)$分布、$F(10,10)$分布　　$\chi^2(4)$分布

习　题　10.2

1. 设总体$X\sim N(\mu,\sigma^2)$,其中μ已知,σ^2未知,$X_1,X_2,\cdots,X_n$是来自总体X的一个样本,试问:$X_1+X_2+X_3$,$X_2+3\mu$,$\max\{X_1,X_2,\cdots,X_n\}$,$\dfrac{X_1^2+X_2^2+\cdots+X_n^2}{\sigma^2}$之中哪些是统计量,哪些不是统计量,为什么?

2. 某一车间的8名工人日生产零件的个数如下:

50　48　52　52　51　50　56　49

求样本均值、样本方差与样本标准差.

3. 设$\chi^2\sim\chi^2(15)$,求:

(1) 临界值λ,使$P(\chi^2>\lambda)=0.01$;

(2) 临界值λ_1,λ_2,使得$P(\lambda_1<\chi^2<\lambda_2)=0.99$.

4. 设$t\sim t(8)$,求满足下列条件的临界值λ_1,λ_2,使

(1) $P(t>\lambda_1)=0.1$;　(2) $P(|t|<\lambda_2)=0.95$.

5. 设$F\sim F(5,12)$,求满足下列条件的临界值$\lambda_1,\lambda_2,\lambda_3$,使

(1) $P(F\geqslant\lambda_1)=0.1$;　(2) $P(\lambda_2\leqslant F\leqslant\lambda_3)=0.95$.

10.3　正态分布的参数估计

由于样本来自总体,因此样本均值、样本方差必然一定程度地反映总体的统计特征.如何从样本的统计特征来推断总体的统计特征,推断的理论依据是什么,推断的可靠性有多大,这都是统计推断问题.

统计推断包括参数估计与假设检验.参数的区间估计与假设检验,两者只是推断的步骤方

法不同(即观察、说明问题的角度不同),但是推断所依据的基本思想是相通的.

参数估计有两类,一类是直接利用统计量的值估计总体参数的值,称为**点估计**;另一类则说明点估计的精度,即利用两个统计量构造一个区间,以一定的概率包含总体的参数,称这样的区间为**区间估计**.

10.3.1　点估计

假设总体 $X \sim N(\mu,\sigma^2)$ 的分布函数形式已知,但它的参数 μ,σ^2 却未知或部分未知.我们从总体 X 中随机抽样,得到样本 $(X_1,X_2,\cdots,X_n)$ 的一组观测值,用样本观测值的均值 $\overline{X}$ 与方差 S^2 分别作为总体 X 的均值 μ 与方差 σ^2 的估计量,即

$$\hat{\mu} = \overline{X} = \frac{1}{n}\sum_{k=1}^{n} X_k, \quad \hat{\sigma^2} = S^2 = \frac{1}{n-1}\sum_{k=1}^{n}(X_k - \overline{X})^2,$$

这就是参数的**点估计**.

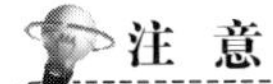**注 意**

用随机样本的一次观测值估计总体参数(常数),即用随机变量来估计非随机变量.这种做法的依据是:样本均值 $\overline{X}$ 是总体均值 μ 的**无偏估计**,样本方差 S^2 是总体方差 σ^2 的无偏估计,即 $E(\overline{X}) = \mu, E(S^2) = \sigma^2$.其含义是:从总体中大量随机抽取样本,每一次抽取的样本都有一个样本均值和样本方差,这些样本均值的平均值等于总体均值 μ,这些样本方差的平均值等于总体方差 σ^2,因此,只要按统计方法随机抽取样本,理论上就能保证可以用一次样本的均值 $\overline{X}$ 和样本方差 S^2 来估计总体均值 μ 和总体方差 σ^2 的可靠性.

【例 1】　设某大学体育系的女生身高 $X \sim N(\mu,\sigma^2)$,现从该系随机抽取 20 名学生,测得身高(单位:cm) 分别为

175　172　168　167　181　176　161　173　173　172

162　164　173　172　174　179　168　171　173　166

试估计体育系女生的平均身高以及身高的方差.

解　该 20 位女生的平均身高和身高的方差分别为

$$\overline{X} = \frac{1}{20}\sum_{k=1}^{20} X_k = \frac{1}{20}(175+172+168+167+181+176+161+173+173+172+162+164+173+172+174+179+168+171+173+166) = 171;$$

$$S^2 = \frac{1}{20-1}\sum_{k=1}^{20}(X_k - \overline{X})^2 = \frac{1}{19}[4^2+1^2+(-3)^2+(-4)^2+10^2+5^2+(-10)^2+2^2+2^2+1^2+(-9)^2+(-7)^2+2^2+1^2+3^2+8^2+(-3)^2+0+2^2+(-5)^2] = 27.46.$$

所以推断出体育系女生的平均身高是 171 cm,方差是 27.46.

例 1 是用一次样本的均值 $\overline{X}$ 和方差 S^2 分别作为总体均值 μ、方差 σ^2 的估计值,难免会有偏差,两者到底偏差多少,点估计不能给出回答,但我们根据具体条件可以构造合适的样本函数,并根据其分布规律,按照被估计的总体参数 μ 或 σ^2 落在 $\overline{X}$ 或 S^2 的周围的概率,可以得到一个以较大概率包含 μ 或 σ^2 的随机区间,以此说明点估计量替代总体参数的可靠性.这就是参数的区间估计问题.

10.3.2 正态分布的区间估计

根据正态分布总体有两个参数以及实际问题的经验,将正态总体参数的区间估计分为:(1) 已知方差,对均值的区间估计;(2) 未知方差,对均值的区间估计;(3) 未知均值,对方差的区间估计.由于求解这三个估计区间的问题,仅是选择的统计量不同,但解答问题的思想方法、步骤完全相同,因此我们主要介绍已知方差,对均值的区间估计,并介绍一些相关概念及原理.

1. 已知方差,对均值的区间估计

【例2】 红鑫灯泡厂某天生产一大批灯泡,质检员从中抽取10个进行寿命试验,得数据如下(单位:h):1050,1100,1080,1120,1200,1250,1040,1130,1300,1200.若这批灯泡寿命服从正态分布 $N(\mu,8^2)$,试对该天生产的灯泡平均寿命 μ 作区间估计.($\alpha=0.05$)

分析 样本均值 $\bar{x}=\frac{1}{10}(1050+1100+1080+1120+1200+1250+1040+1130+1300+1200)=114.7$.这是用一次样本观测值的均值对总体均值的真值 μ 的点估计.但是总体均值 μ 是未知的,114.7 只是总体均值 μ 的近似值.

为了说明用 $\bar{x}$ 估计 μ 的可靠性,我们按以下步骤可以得到一个以 $\bar{x}$ 中心,以 $\frac{U_{\frac{\alpha}{2}}\cdot\sigma}{\sqrt{n}}$ 为半径的随机区间 $\left[\overline{X}-U_{\frac{\alpha}{2}}\cdot\frac{\sigma}{\sqrt{n}},\overline{X}+U_{\frac{\alpha}{2}}\cdot\frac{\sigma}{\sqrt{n}}\right]$($U_{\frac{\alpha}{2}}$ 是标准正态分布的双侧 α 的临界值),这个随机区间能以足够大的概率 $1-\alpha$(α 比较小,一般取 0.1,0.05,0.01)包含总体均值 μ 真值,从而可以进一步地说明用 $\bar{x}$ 估计总体均值 μ 的可靠性.具体步骤为:

(1) 构造样本函数 u(参数 μ 是唯一的待估计量),并确定 u 的分布.

$$u=\frac{\overline{X}-\mu}{\frac{\sigma}{\sqrt{n}}}=\frac{\overline{X}-\mu}{\frac{8}{\sqrt{10}}}\sim N(0,1).$$

(2) 由 $P(|u|\leqslant U_{\frac{\alpha}{2}})=1-\alpha$,反查标准正态分布表(见附录B.1),得到满足 $P(u\leqslant\lambda)=1-\frac{\alpha}{2}$ 的分位点 $U_{\frac{\alpha}{2}}$,得到临界值 $\lambda=U_{\frac{\alpha}{2}}=1.96$.

(3) 由 $P(|u|\leqslant U_{\frac{\alpha}{2}})=1-\alpha$,即解出 μ 的范围.

$$P\left[\overline{X}-U_{\frac{\alpha}{2}}\cdot\frac{\sigma}{\sqrt{n}}<\mu<\overline{X}+U_{\frac{\alpha}{2}}\cdot\frac{\sigma}{\sqrt{n}}\right]=1-\alpha;$$

即

$$P\left[\overline{X}-1.96\cdot\frac{8}{\sqrt{10}}\leqslant\mu\leqslant\overline{X}+1.96\cdot\frac{8}{\sqrt{10}}\right]=0.95.$$

(4) 将样本的一次观测值的均值 $\bar{x}=114.7$ 代入 $\left[\overline{X}-1.96\cdot\frac{8}{\sqrt{10}},\overline{X}+1.96\cdot\frac{8}{\sqrt{10}}\right]$ 计算,得到区间[108.47,120.93],可以认为总体均值 μ 的估计区间是[108.47,120.93],即可以认为随机区间 $\left[\overline{X}-1.96\cdot\frac{8}{\sqrt{10}},\overline{X}+1.96\cdot\frac{8}{\sqrt{10}}\right]$ 以 $1-\alpha$ 的概率包含总体均值 μ.

例2给出了已知总体方差 σ^2,求均值 μ 的估计区间的思想,由此归纳出如何由样本函数来求总体未知参数 μ,σ^2 的估计区间的程序模板:

(1) 首先构造样本函数 $f(X_1,X_2,\cdots,X_n)$，并确定其分布；(例 2 是构造样本函数 $u=\dfrac{\overline{X}-\mu}{\frac{\sigma}{\sqrt{n}}}\sim N(0,1)$)

(2) 其次按照给定的概率 $1-\alpha$ 及 $f(X_1,X_2,\cdots,X_n)$ 所服从的概率分布，找出满足等式 $P(|f(X_1,X_2,\cdots X_n)|\leqslant\lambda)=1-\alpha$ 或 $P(\lambda_1\leqslant f(X_1,X_2,\cdots X_n)\leqslant\lambda_2)=1-\alpha$ 的临界值 λ 或 λ_1,λ_2；(例 2 是由 $P\left(\left|\dfrac{\overline{X}-\mu}{\frac{\sigma}{\sqrt{n}}}\right|\leqslant U_{\frac{\alpha}{2}}\right)=1-\alpha$，按概率 $1-\dfrac{\alpha}{2}$，反查标准正态分布表得到临界值 $\lambda=U_{\frac{\alpha}{2}}$)

(3) 解 $|f(X_1,X_2,\cdots X_n)|\leqslant\lambda$ 或 $\lambda_1\leqslant f(X_1,X_2,\cdots X_n)\leqslant\lambda_2$，并将样本值 $x_1,x_2,\cdots,x_n$ 代入，得出待估参数的范围区间.(例 2 是由 $P\left(\left|\dfrac{\overline{X}-\mu}{\frac{8}{\sqrt{10}}}\right|\leqslant 1.96\right)=0.95$，解出 μ 的范围

$$\overline{X}-1.96\cdot\frac{8}{\sqrt{10}}\leqslant\mu\leqslant\overline{X}+1.96\cdot\frac{8}{\sqrt{10}},$$

代入样本值，得到总体均值 μ 的估计区间是[108.47,120.93].

注 意

已知总体方差，对均值 μ 的 $1-\alpha$ 的区间估计的意义为：每进行一次抽样检查(容量为 n)，样本均值 $\overline{X}$ 都有不同的观测值出现，比如抽样 100 次，$\overline{X}$ 就相应有 100 个观测值，从而就有 100 个估计区间 $\left[\overline{X}-\lambda\cdot\dfrac{\sigma}{\sqrt{n}},\overline{X}+\lambda\cdot\dfrac{\sigma}{\sqrt{n}}\right]$. 这些区间是以 $\overline{X}$($\overline{X}$ 是一动点) 为中心(见图 10.3.1)，以 $\lambda\cdot\dfrac{\sigma}{\sqrt{n}}$ 为半径的随机区间. 随着不同次的抽样，整个估计区间在变动. 但总体均值 μ 是个未知常数，是不动点，所以抽样 100 次，在这 100 次变动的区间中，有 $(1-\alpha)\times 100=95$(若 $\alpha=0.05$) 次的区间把不动点 μ 盖住. 因此，我们说估计区间 $\left[\overline{X}-\lambda\cdot\dfrac{\sigma}{\sqrt{n}},\overline{X}+\lambda\cdot\dfrac{\sigma}{\sqrt{n}}\right]$ 有 95% 的把握将总体均值 μ 包括进去.

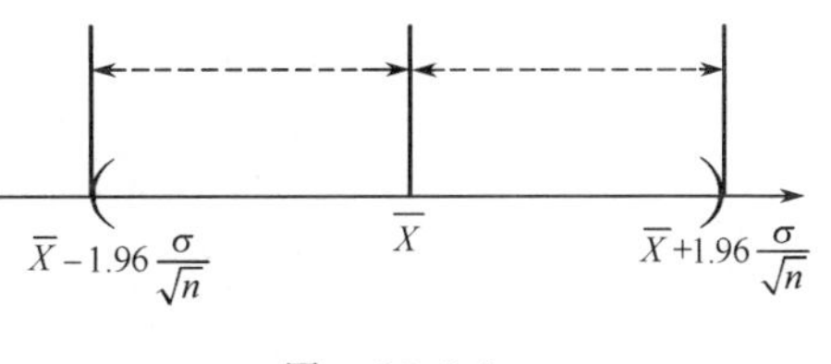

图 10.3.1

在相同的概率 α 条件下，我们认为估计区间越短，估计得越准确. 由于 $\lambda\dfrac{\sigma}{\sqrt{n}}$ 是估计区间的半径，要使其减小，只有加大样本容量 n. 由此可见，样本容量越大，估计区间就越小，从而估计就越准确. 但是加大样本容量必然费工费时，n 的取值范围，要视具体情况而定.

定义 设 θ 是总体 X 的未知参数，对于给定的 $\alpha(0<\alpha<1)$，若由样本 $(X_1,X_2,\cdots,X_n)$ 确定的含有 θ 的样本函数 $f(X_1,X_2,\cdots,X_n)$ 满足 $P[|f(X_1,X_2,\cdots X_n)|\leqslant\lambda]=1-\alpha$(或 $P(\lambda_1\leqslant f(x_1,x_2,\cdots,x_n)\leqslant\lambda_2)=1-\alpha$)，并且由 $|f(X_1,X_2,\cdots X_n)|\leqslant\lambda$(或 $\lambda_1\leqslant f(x_1,x_2,\cdots,x_n)\leqslant\lambda_2$) 解得 $\hat{\theta}_1<\theta<\hat{\theta}_2$，即 $P(\hat{\theta}_1<\theta<\hat{\theta}_2)=1-\alpha.$，则称 $(\hat{\theta}_1,\hat{\theta}_2)$ 为 θ 的 $1-\alpha$ 的**置信区间**，$\hat{\theta}_1$ 和 $\hat{\theta}_2$ 分别称为**置信下限**和**置信上限**，$1-\alpha$ 称为**置信概率**(或**置信度**或**置信水平**).

由例 2 可知求总体参数的置信区间的关键是选择合适的样本函数,选择样本函数的方法应根据具体情况确定.

2. 未知方差,对均值的区间估计

正态总体方差 σ^2 未知时,不能选择样本函数 $u=\dfrac{\overline{X}-\mu}{\frac{\sigma}{\sqrt{n}}}\sim N(0,1)$ 来求 μ 的置信区间,由于样本方差 S^2 是总体方差 σ^2 的无偏估计,所以选择样本函数 $T=\dfrac{\overline{X}-\mu}{S/\sqrt{n}}\sim t(n-1)$ 来求 μ 的置信区间.具体步骤为:

(1) 构造样本函数 $T=\dfrac{\overline{X}-\mu}{S/\sqrt{n}}\sim t(n-1)$,并确定分布;

(2) 如图 10.3.2 所示,对于给定的 n 与置信度 $1-\alpha$,由 $P\left[\left|\dfrac{\overline{X}-\mu}{S/\sqrt{n}}\right|<t_{\frac{\alpha}{2}}(n-1)\right]=1-\alpha$,查 t 分布表(见附录 B.2),得临界值 $\lambda=t_{\frac{\alpha}{2}}(n-1)$,使

$$P[|T|<t_{\frac{\alpha}{2}}(n-1)]=P\left[\left|\frac{\overline{X}-\mu}{S/\sqrt{n}}\right|<t_{\frac{\alpha}{2}}(n-1)\right]=1-\alpha,$$

即 $P\left[\overline{X}-t_{\frac{\alpha}{2}}(n-1)\dfrac{S}{\sqrt{n}}<\mu<\overline{X}+t_{\frac{\alpha}{2}}(n-1)\dfrac{S}{\sqrt{n}}\right]=1-\alpha$;

(3) 代入一次样本观测值,得均值 μ 的置信度为 $1-\alpha$ 置信区间为

$$\left[\overline{X}-t_{\frac{\alpha}{2}}(n-1)\cdot\frac{S}{\sqrt{n}},\overline{X}+t_{\frac{\alpha}{2}}(n-1)\cdot\frac{S}{\sqrt{n}}\right].$$

3. 未知均值,对方差的区间估计

正态总体的均值 μ 未知时,选择样本函数 $\chi^2=\dfrac{(n-1)S^2}{\sigma^2}\sim\chi^2(n-1)$ 来求 σ^2 的置信区间.步骤如下:

(1) 构造样本函数 $\chi^2=\dfrac{(n-1)S^2}{\sigma^2}\sim\chi^2(n-1)$,并确定分布;

(2) 如图 10.3.3 所示,对于给定的 n 与置信度 $1-\alpha$,查 $\chi^2(n-1)$ 分布表(见附录 B.3),得临界值 $\lambda_1=\chi^2_{1-\frac{\alpha}{2}}(n-1)$,$\lambda_2=\chi^2_{\frac{\alpha}{2}}(n-1)$,使

$$P[\chi^2_{1-\frac{\alpha}{2}}(n-1)<\chi^2<\chi^2_{\frac{\alpha}{2}}(n-1)]=1-\alpha$$

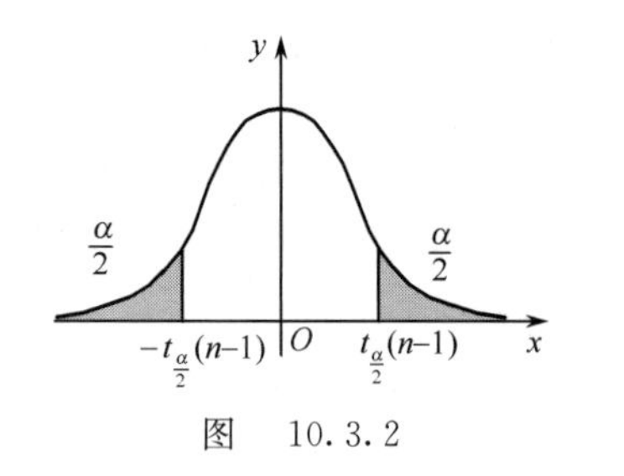

图 10.3.2

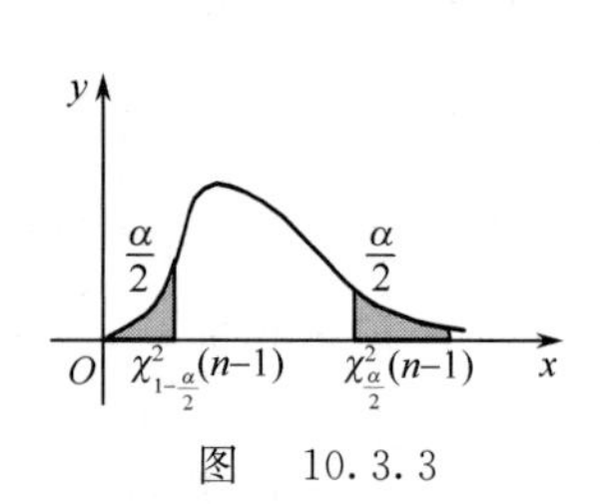

图 10.3.3

即
$$P\left[\chi^2_{1-\frac{\alpha}{2}}(n-1)<\frac{(n-1)S^2}{\sigma^2}<\chi^2_{\frac{\alpha}{2}}(n-1)\right]=1-\alpha,$$

即
$$P\left[\frac{(n-1)S^2}{\chi^2_{\frac{\alpha}{2}}(n-1)}<\sigma^2<\frac{(n-1)S^2}{\chi^2_{1-\frac{\alpha}{2}}(n-1)}\right]=1-\alpha;$$

(3) 代入一次样本观测值,得方差 σ^2 的置信度为 $1-\alpha$ 置信区间为
$$\left[\frac{(n-1)S^2}{\chi^2_{\frac{\alpha}{2}}(n-1)},\frac{(n-1)S^2}{\chi^2_{1-\frac{\alpha}{2}}(n-1)}\right].$$

【例 3】 设有一批味精,每袋净重 X(单位:g) 服从 $N(\mu,\sigma^2)$ 分布. 今任取 8 袋测得净重为:

12.1　11.9　12.4　12.3　11.9　12.1　12.4　12.1

试求:(1)μ 的置信区间($\alpha=0.01$); (2) σ^2 的置信区间($\alpha=0.01$).

解 (1) 由于总体方差 σ^2 未知,求 μ 的置信区间($\alpha=0.01$) 步骤如下:

① 构造样本函数 $T=\dfrac{\overline{X}-\mu}{S/\sqrt{n}}\sim t(n-1)$;

② 对于给定的 $n=8$ 与置信度 $\alpha=0.01$,查 t 分布表得 $t_{\frac{\alpha}{2}}(n-1)=t_{0.005}(7)=3.449$ 使
$$P[|T|<t_{\frac{\alpha}{2}}(n-1)]=P\left[\left|\frac{\overline{X}-\mu}{S/\sqrt{n}}\right|<t_{\frac{\alpha}{2}}(n-1)\right]=1-\alpha,$$
即
$$P\left[\overline{X}-t_{\frac{\alpha}{2}}(n-1)\frac{S}{\sqrt{n}}<\mu<\overline{X}+t_{\frac{\alpha}{2}}(n-1)\frac{S}{\sqrt{n}}\right]=1-\alpha;$$

③ 根据样本资料计算
$$\overline{X}=\frac{1}{8}(12.1+11.9+\cdots+12.1)=12.15,$$
$$S^2=\frac{1}{7}[(12.1-12.15)^2+(11.9-12.15)^2+\cdots+(12.1-12.15)^2]=0.04,S=0.2;$$
故
$$\overline{X}-t_{\frac{\alpha}{2}}(n-1)\frac{S}{\sqrt{n}}=12.15-3.449\times\frac{0.2}{\sqrt{8}}=11.90,$$
$$\overline{X}+t_{\frac{\alpha}{2}}(n-1)\frac{S}{\sqrt{n}}=12.15+3.449\times\frac{0.2}{\sqrt{8}}=12.40;$$
即 μ 的置信概率为 0.99 的置信区间为(11.90,12.40).

(2) 根据未知均值,估计方差的原理、步骤,查χ^2 分布表可得
$$\chi^2_{\frac{\alpha}{2}}(n-1)=\chi^2_{0.005}(7)=20.278,\quad \chi^2_{1-\frac{\alpha}{2}}(n-1)=\chi^2_{0.995}(7)=0.989,$$
于是 σ^2 的置信区间为
$$\left[\frac{(n-1)S^2}{\chi^2_{\frac{\alpha}{2}}(n-1)},\frac{(n-1)S^2}{\chi^2_{1-\frac{\alpha}{2}}(n-1)}\right]=\left[\frac{7\times0.04}{20.278},\frac{7\times0.04}{0.989}\right]=[0.014,0.283].$$

列表归纳:(1) 已知总体的方差,求均值的置信区间;(2) 未知总体的方差,求均值的置信区间;(3) 未知总体的均值,求方差的置信区间(见表 10.3.1).

表 10.3.1

条　　件	样本函数及分布	置信度为 $1-\alpha$ 的参数的置信区间
已知 σ,求 μ 的置信区间	$u=\dfrac{\overline{X}-\mu}{\frac{\sigma}{\sqrt{n}}}\sim N(0,1)$	μ 的置信区间:$\left[\overline{X}-\lambda\cdot\frac{\sigma}{\sqrt{n}},\overline{X}+\lambda\cdot\frac{\sigma}{\sqrt{n}}\right]$

续表

条　　件	样本函数及分布	置信度为 $1-\alpha$ 的参数的置信区间
未知 σ,求 μ 的置信区间	$t=\dfrac{\overline{X}-\mu}{\dfrac{S}{\sqrt{n}}}\sim t(n-1)$	μ 的置信区间:$\left[\overline{X}-\lambda\cdot\dfrac{S}{\sqrt{n}},\overline{X}+\lambda\cdot\dfrac{S}{\sqrt{n}}\right]$
未知 μ,求 σ^2 的置信区间	$\chi^2=\dfrac{(n-1)S^2}{\sigma^2}\sim\chi^2(n-1)$	σ^2 的置信区间:$\left[\dfrac{(n-1)S^2}{\lambda_2},\dfrac{(n-1)S^2}{\lambda_1}\right]$

习　题　10.3

1. 从一大批同型号的金属线中,随机选取 10 根,测得它们的直径(单位:mm)为:

1.23　1.24　1.26　1.29　1.20　1.32　1.23　1.23　1.29　1.28.

(1) 试求这批金属线直径的均值和方差的无偏估计;

(2) 设直径 $\xi\sim N(\mu,0.04^2)$,试求平均直径 μ 的置信水平为 0.95 的置信区间;

(3) 设直径 $\xi\sim N(\mu,\sigma^2)$,但 σ^2 未知,试求平均直径 μ 的置信水平为 0.95 的置信区间.

2. 假设来自正态总体的样本数据为:

50.7　69.8　54.9　53.4　54.3　66.1　44.8　48.1　35.7　42.2.

试求方差 σ^2 的置信水平为 0.9 的置信区间.

10.4　正态分布的假设检验

统计学中,我们在给定样本的条件下,常常需要对参数未知或参数部分未知的总体作出假设,用以说明总体的某些统计特性,此时需要判断关于总体某些统计特性的假设命题“正确”还是“错误”,这类假设称为**统计假设**.我们针对这个假设,利用给定的样本观测值及可信度 $1-\alpha$(α 是小概率,一般是给定的或根据实际问题的要求自行设定),按照科学的统计方法、步骤,检验这个假设是否合理,从而决定“接受”还是“拒绝”这个假设,这种检验称为**假设检验**.

由于现实世界大多数随机变量都服从正态分布,而正态总体的检验就是关于参数 μ,σ 的检验,因此本节介绍关于正态分布的 u 检验、t 检验、χ^2 检验、F 检验.这些检验的区别只是在于总体中已知条件的不同及检验目标采取的具体检验统计量的不同,但是检验的思想方法与步骤是完全相同的,因此我们将主要讨论正态总体的 u 检验的思想方法、步骤,并以此为模板,介绍实际生活中应用较多的 t 检验、χ^2 检验、F 检验.

10.4.1　u 检验

1. u 检验的思想

在统计学中,如果已知正态总体 $N(\mu,\sigma^2)$ 的方差 σ^2,要检验总体均值是否是某个已知的数值 μ_0 的检验,称为 u **检验**.

【例 1】　某高职院校学生实训加工一批某种模具工件,其长度服从正态分布 $N(240,1)$,现任意抽查 5 个工件的长度为 238.7,239.6,239,241,239.2(单位:mm).请判断这批工件是否

符合要求.(要求检验水平 $\alpha = 0.05$)

分析　显然,判断"这批工件是否符合要求",它不是要求"由样本值估计总体的均值".所以它不是参数估计问题.

"这批工件是否符合要求" 是判断问题,它要求我们根据抽查的样本均值判断是接受还是拒绝总体的统计特性 $\mu = 240$.

解　计算样本均值 $\bar{x} = \frac{1}{5}(238.7 + 239.6 + 239 + 241 + 239.2) = 239.5$.从数据看,样本均值 $\bar{x}$ 与总体均值 μ 之间有差距(即误差),但不能就此下结论:这批工件不符合要求.

这种误差分为随机误差(偶然因素造成的误差,难以避免,不能以此否定总体均值 $\mu = 240$) 和条件误差(工艺条件改变所造成的误差,本质差别),现在需要区分该误差是随机误差还是条件误差.分三步判断:

(1) 建立假设 $H_0: \mu = 240$;

这时先假设认可总体的均值 $\mu = 240$,于是样本均值 $\bar{x}$ 与总体 μ 之间不存在条件误差,即认为它们之间的误差是随机误差.此时样本可看成从原来总体 $N(240,1)$ 中抽取的.

(2) 选定检验统计量 $U = \frac{\overline{X} - \mu}{\frac{\sigma}{\sqrt{n}}} = \frac{\overline{X} - 240}{\frac{1}{\sqrt{5}}}$,对给定的小概率 $\alpha = 0.05$,给出拒绝域形式;

在这个假设($\mu = 240$) 下,选定合适的检验统计量 $U = \frac{\overline{X} - 240}{\frac{1}{\sqrt{5}}}$,并指出检验统计量的分布,$U = \frac{\overline{X} - 240}{\frac{1}{\sqrt{5}}} \sim N(0,1)$.

于是得到当 H_0 为真拒绝 H_0,即拒绝域 $w = \{(x_1, x_2, \cdots, x_n) \mid |U| > 1.96\}$.

(3) 做出决策:"接受" 还是"拒绝" 原假设.

将样本值代入计算 $U = \frac{\overline{X} - 240}{\frac{1}{\sqrt{5}}} = -1.118$,显然样本值没有落入 $|U| > 1.96$ 的小概率事件范围内.由此可见,样本均值与原假设是相容的.此时,当需要我们立即表态时,常采用接受原假设的态度,如果为了更慎重些,可以选 $\alpha = 0.01$ 来提高可信度或者加大样本容量作进一步的检验.

相反地,如果根据另外某一样本值计算得 $|U| > 1.96$,则说明在原假设 $H_0: \mu = 240$ 成立的前提下(即样本可看成是从原来总体 $N(240,1)$ 中抽取的,样本均值 $\bar{x}$ 与总体 u 之间的误差是随机误差),小概率事件在一次实验中居然发生了.这就使我们不得不怀疑原假设的正确性,从而拒绝原假设,断定这批工件的总体长度不是 240 mm.

注　意

(1) 假设检验依据的原理是小概率事件在一次试验中不可能发生的原理,这是人们根据长期经验坚持的信念:概率很小的事件在一次实验中是不可能发生的,如果一次随机抽得的样本使得小概率事件居然发生了,人们宁愿认为原假设不成立而拒绝原假设.

(2) 假设检验的思想方法是概率性质的反证法. 第一步:提出原假设;第二步:根据已知与要求,选择合适的检验统计量,并代入样本值计算;第三步:依据给定的小概率 α 标准作判断:如果出现不合理的现象,即小概率事件发生,则拒绝原假设;如果出现合理的现象,即小概率事件未发生,则接受原假设.

2. 假设检验的三个概念:显著性检验水平、临界值、拒绝域

由例 1 我们发现,接受还是拒绝原假设是根据题设要求找到合适的**检验统计量** U,根据设定的小概率 α 及查检验统计量所服从的标准正态分布表找到临界值 λ,根据一次的样本观测值是否使得小概率事件 $\{|U|>\lambda\}$ 发生来作出决策的.

称小概率 α 为**显著性检验水平**(或**检验标准**),称 λ 为显著性检验水平为 α 的**临界值**,称 $w=\{(x_1,x_2,\cdots,x_n)\,|\,|U|>\lambda\}$ 为**拒绝域**. 可见这三个量密切相关.

3. 假设检验的思想方法、步骤

由例 1,我们得出了已知样本均值 $\overline{X}$、样本容量 n 及正态总体 $N(\mu_0,\sigma^2)$ 的方差 σ^2,要检验总体均值是否是 μ_0 的 u 检验步骤,实际上,这也是关于正态总体参数 μ 或 σ 其他类型的假设检验方法的模板,具体步骤是:

(1) 提出待检验假设 H_0,即原假设;(u 检验是 $H_0:\mu=\mu_0$)

(2) 选择检验统计量 G,并指明其概率分布,对给定的显著性检验水平 α,根据检验统计量的分布,得到拒绝域 ω;(u 检验的检验统计量是 $U=\dfrac{\overline{X}-\mu_0}{\frac{\sigma}{\sqrt{n}}}\sim N(0,1)$,对给定 $\alpha=0.05$,由 $P(|U|>1.96)=0.05$ 得到拒绝域 $w=\{(x_1,x_2,\cdots,x_n)\,|\,|U|>1.96\}$)

(3) 将样本值代入检验统计量计算,根据样本值是否落入拒绝域做出决策:若样本值落入拒绝域,则拒绝原假设,否则就接受原假设.(u 检验是将样本值代入检验统计量计算 $|U|$,由于 $|U|=1.118$ 远远小于 1.96,说明样本值与原假设相容,则接受原假设 $H_0:\mu=\mu_0$)

【例 2】 某车间生产铜丝,铜丝的主要质量指标是折断力(单位:kg/cm^2)的大小. 若用 X 表示该车间生产的铜丝的折断力,根据过去的资料,可认为 X 服从正态分布 $N(570,8^2)$. 现今换了一批原材料,从性能上看,估计折断力的方差变化不大. 现从中取出 10 个样品,测得折断力为:578,572,570,568,570,572,570,572,596,584. 问新产品折断力的大小与旧产品有无显著差异?($\alpha=0.05$)

解 (1) 假设 $H_0:\mu=570$;

(2) 选取检验统计量 $U=\dfrac{\overline{X}-570}{\frac{8}{\sqrt{10}}}\sim N(0,1)$;因为 $\alpha=0.05$,所以由 $P(|U|>\lambda)=\alpha$,查标准正态分布表得 $\lambda=1.96$;

(3) 由样本观测值得 $\overline{X}=\dfrac{1}{10}\sum\limits_{k=1}^{10}x_k=575.2$,于是 $|U|=\left|\dfrac{575.2-570}{8/\sqrt{10}}\right|=2.05>1.96$.

说明一次抽样就发生了小概率事件,这与常理不相符,因而拒绝 H_0,即认为新产品的折断力与旧产品的折断力有显著差异.

10.4.2 t 检验与χ^2 检验

正态总体 $N(\mu,\sigma^2)$ 的方差 σ^2 未知，要检验总体均值是否是某个已知的数值 μ_0 的检验，通常采用 t **检验**.

正态总体 $N(\mu,\sigma^2)$ 的均值 μ 未知，要检验总体方差是否是某个已知的数值 σ_0^2 的检验，通常采用χ^2 **检验**.

这两类检验的思想方法，步骤与 u 检验完全相同，按照 u 检验的步骤，给出 t 检验、χ^2 检验的步骤.

1. t 检验的步骤

实际问题中，如果已知样本均值 $\overline{X}$、样本容量 n 及总体服从正态分布 $N(\mu_0,\sigma^2)$，但未知方差 σ^2，要检验总体均值是否是 μ_0，采取 t **检验步骤**：

(1) 提出待检验的假设 $H_0:\mu=\mu_0$；

(2) 选择统计量：$t=\dfrac{\overline{X}-\mu_0}{\dfrac{S}{\sqrt{n}}}\sim t(n-1)$，对给定的显著性检验水平 α，由 $P(|t|>\lambda)=\alpha$，查 t 分布表，确定临界值 λ；得到拒绝域 $w=\{(x_1,x_2,\cdots,x_n)\,|\,|t|>\lambda\}$；

(3) 将样本值代入统计量计算，若 $|t|>\lambda$，则拒绝原假设 $H_0:\mu=\mu_0$，若 $|t|\leqslant\lambda$，则接受原假设 $H_0:\mu=\mu_0$.

注 意

①t 统计量：由于方差 σ^2 未知，为了得到一个不含有未知参数 σ^2 的统计量，选用方差的无偏估计量来 S^2 代替 σ^2，即选择统计量 $t=\dfrac{\overline{X}-\mu_0}{\dfrac{S}{\sqrt{n}}}\sim t(n-1)$ 作为检验统计量.

② 查 t 分布表：本书的附录 B.2 对于给定的小概率 α，可以查满足 $P(|t|>\lambda)=\alpha$ 的临界值 $\lambda=t_{\frac{\alpha}{2}}(n-1)$，先从第一行找到$\dfrac{\alpha}{2}$，再从第一列找到 $n-1$(注意不是 n)，行列交汇点即为临界值 λ.

	$\dfrac{\alpha}{2}$
	⋮
$n-1$	… λ …
	⋮

【例 3】 某药厂生产一种抗菌素，已知在正常生产条件下，每瓶抗菌素的某项主要指标服从均值为 25.0 的正态分布. 某日开工后，测得 10 瓶的数据如下：

24.95,24.89,25.25,24.99,24.98,24.97,25.01,25.12,25.03,25.02

问:该日生产是否正常?($\alpha=0.01$)

解 样本均值 $\overline{X}=25.02$,样本标准差 $S=0.0999$. 检验步骤如下:

(1) 假设 $H_0:\mu=25$;

(2) 选取统计量 $t=\dfrac{\overline{X}-25}{\dfrac{0.0999}{\sqrt{10}}}\sim t(9)$;

因为 $\alpha=0.01$,所以由 $P(|t|>\lambda)=\alpha$,查 $t_{0.005}(9)$ 分布表得 $\lambda=3.25$;

(3) 由样本观测值得.
$$\overline{X}=\frac{1}{10}\sum_{k=1}^{10}x_k=25.02,$$
$$|t|=\frac{25.02-25}{\dfrac{0.0999}{\sqrt{10}}}=0.6331<3.25.$$

说明样本观测值落在接受域内,因而接受假设 H_0,认为该日生产正常.

2. χ^2 检验的步骤

实际问题中,如果已知样本方差 S^2,样本容量 n 及总体服从正态分布 $N(\mu,\sigma_0^2)$,但未知总体均值 μ,要检验总体方差是否是 σ^2,采取 χ^2 **检验步骤**:

(1) 提出待检验的假设 $H_0:\sigma^2=\sigma_0^2$;

(2) 选择统计量:$\chi^2=\dfrac{(n-1)S^2}{\sigma_0^2}\sim\chi^2(n-1)$,对给定的显著性检验水平 α,由 $P(\chi^2<\lambda_1)=\dfrac{\alpha}{2}$,$P(\chi^2>\lambda_2)=\dfrac{\alpha}{2}$,查 $\chi^2_{\frac{\alpha}{2}}(n-1)$ 分布表,确定临界值 λ_2,查 $\chi^2_{1-\frac{\alpha}{2}}(n-1)$ 分布表,确定临界值 λ_1;

(3) 将样本值代入统计量 χ^2 计算,若 $\chi^2<\lambda_1$ 或 $\chi^2>\lambda_2$,则拒绝原假设 $H_0:\sigma^2=\sigma_0^2$,若 $\lambda_1<\chi^2<\lambda_2$,则接受原假设 $H_0:\sigma^2=\sigma_0^2$.

注 意

① χ^2 统计量:由于均值 μ 未知,为了得到一个不含有未知参数 μ 且能估计方差 σ^2 的统计量,选择统计量 $\chi^2=\dfrac{(n-1)S^2}{\sigma_0^2}\sim\chi^2(n-1)$ 作为检验统计量.

② 查 χ^2 分布表:本书的附录B.3,对于给定的概率 α,给出了满足 $P(\chi^2>\lambda)=\alpha$ 的临界值 λ,于是,先从第一行找到 $\dfrac{\alpha}{2}$,从第一列找到 $n-1$(注意不是 n),行列交汇点即为临界值 λ_2;再从第一行找到 $1-\dfrac{\alpha}{2}$,从第一列找到 $n-1$(注意不是 n),行列交汇点即为临界值 λ_1.

	$\frac{\alpha}{2}$
	⋮
$n-1$	⋯ λ_2 ⋯
	⋮

	$1-\frac{\alpha}{2}$
	⋮
$n-1$	⋯ λ_1 ⋯
	⋮

10.4.3 F 检验

实际问题中,χ^2 检验是针对单个正态总体,未知均值 μ,要检验方差是否是 σ_0^2.如果是针对两个相互独立的正态总体 X_1,X_2,未知均值 μ_1,μ_2,要检验总体方差 σ_1^2,σ_2^2 是否相等,则采取 **F 检验步骤:**

(1) 提出待检验的假设 $H_0:\sigma_1^2=\sigma_2^2$;

(2) 选择统计量:$F=\dfrac{S_1^2}{S_2^2}\sim F(n_1-1,n_2-1)$,对给定的显著性检验水平 α,由 $P(F<\lambda_1)=\dfrac{\alpha}{2}$,$P(F>\lambda_2)=\dfrac{\alpha}{2}$,查 $F_{\frac{\alpha}{2}}(n_1-1,n_2-1)$ 分布表,直接确定临界值 λ_2,查 $F_{1-\frac{\alpha}{2}}(n_1-1,n_2-1)$ 分布表,通过取倒数后确定临界值 λ_1;

(3) 将样本值代入统计量 F 计算,若 $F<\lambda_1$ 或 $F>\lambda_2$,则拒绝原假设 $H_0:\sigma_1^2=\sigma_2^2$,若 $\lambda_1<F<\lambda_2$,则接受原假设 $H_0:\sigma_1^2=\sigma_2^2$.

注 意

(1) F 统计量:由于两个总体的均值 μ_1,μ_2 未知,为了得到一个不含有未知参数 μ_1,μ_2 且能估计两总体方差是否相等($\sigma_1^2=\sigma_2^2$)的统计量,选择统计量 $F=\dfrac{S_1^2}{S_2^2}\sim F(n_1-1,n_2-1)$ 作为检验统计量.

(2) 查 F 分布表:本书的附录 B.4,对于给定的概率 α,给出了满足 $P(F>\lambda)=\alpha$ 的临界值 λ,但是现在需要求的临界值 λ_1,λ_2 应当满足 $P(F<\lambda_1)=\dfrac{\alpha}{2}$ 且 $P(F>\lambda_2)=\dfrac{\alpha}{2}$,即 $P\left(\dfrac{1}{F}>\dfrac{1}{\lambda_1}\right)=\dfrac{\alpha}{2}$,$P(F>\lambda_2)=\dfrac{\alpha}{2}$.

我们分两步查表求临界值 λ_1,λ_2.

① 求 λ_2,查表 $F_{\frac{\alpha}{2}}(n_1-1,n_2-1)$:先从第一行找到 n_1-1,再从第一列找到 n_2-1(注意不是 n_1,n_2),行列交汇点直接得到区间右侧临界值 λ_2.

② 求 λ_1 有两种方法.方法一:直接查 $F_{1-\frac{\alpha}{2}}(n_1-1,n_2-1)$ 得到区间左侧临界值 λ_1;方法二:由于 $\dfrac{1}{F_{1-\frac{\alpha}{2}}(n_1,n_2)}=\dfrac{S_2^2}{S_1^2}\sim F_{\frac{\alpha}{2}}(n_2-1,n_1-1)$,所以可以查表 $F_{\frac{\alpha}{2}}(n_2-1,n_1-1)$,先从第一行找到 n_2-1,再从第一列找到 n_1-1,行列交汇点得到的是 $\dfrac{1}{\lambda_1}$,再取倒数,得区间左侧临界值 λ_1.

$F_{\frac{\alpha}{2}}(n_1-1,n_2-1)$ 分布表

	n_2-1
	$\vdots$
n_1-1	$\cdots$ λ_2 $\cdots$
	$\vdots$

$F_{\frac{\alpha}{2}}(n_2-1,n_1-1)$ 分布表

	n_1-1
	$\vdots$
n_2-1	$\cdots$ $\dfrac{1}{\lambda_1}$ $\cdots$
	$\vdots$

【例 4】 为比较甲、乙两种安眠药的疗效，将 20 名患者分成两组，每组 10 人，如服药后延长的睡眠时间分别服从正态分布，其数据为(单位:h)：

甲：5.5 4.6 4.4 3.4 1.9 1.6 1.1 0.8 0.1 −0.1

乙：3.7 3.4 2.0 2.0 0.8 0.7 0 −0.1 −0.2 −1.6

问在显著性水平 $\alpha=0.05$ 下,两种安眠药疗效的总体方差有无显著差别?

解 (1) 提出待检验的假设 $H_0:\sigma_1^2=\sigma_2^2$；

(2) 选择统计量:$F=\dfrac{S_1^2}{S_2^2}\sim F(n_1-1,n_2-1)$,对给定的显著性检验水平 $\alpha=0.05$,由 $P(F<\lambda_1)=\dfrac{\alpha}{2}$,$P(F>\lambda_2)=\dfrac{\alpha}{2}$,查表 $F_{0.025}(9,9)=4.03$,确定临界值 $\lambda_2=4.03$,查表 $F_{0.975}(9,9)=\dfrac{1}{F_{0.025}(9,9)}=0.248$,确定临界值 $\lambda_1=0.248$,得到接受域[0.248,4.03]；

(3) 因为 $S_1^2=4.009$,$S_2^2=2.8379$,统计量 $F=\dfrac{S_1^2}{S_2^2}=1.413$,$\lambda_1<F<\lambda_2$,所以 F 值落入接受域中,接受原假设 $H_0:\sigma_1^2=\sigma_2^2$,说明两种安眠药疗效的总体方差无显著差别.

表 10.4.1 归纳了本节介绍的单个正态分布的参数的假设检验及两个正态分布的参数的假设检验.

表 10.4.1

条件	假设 H_0	统计量及分布	拒绝域
σ^2 已知	$\mu=\mu_0$	$U=\dfrac{\overline{X}-\mu_0}{\frac{\sigma}{\sqrt{n}}}\sim N(0,1)$	$\lvert U\rvert>U_{\frac{\alpha}{2}}$
σ^2 未知	$\mu=\mu_0$	$t=\dfrac{\overline{X}-\mu_0}{\frac{S}{\sqrt{n}}}\sim t(n-1)$	$\lvert t\rvert>t_{\frac{\alpha}{2}}(n-1)$
μ 未知	$\sigma^2=\sigma_0^2$	$\chi^2=\dfrac{(n-1)S^2}{\sigma_0^2}\sim\chi^2(n-1)$	$\chi^2>\chi^2_{\frac{\alpha}{2}}(n-1)$ 或 $\chi^2<\chi^2_{1-\frac{\alpha}{2}}(n-1)$
μ_1,μ_2 未知	$\sigma_1^2=\sigma_2^2$	$F=\dfrac{S_1^2}{S_2^2}\sim F(n_1-1,n_2-1)$	$F<F_{1-\frac{\alpha}{2}}(n_1,n_2)$ 或 $F>F_{\frac{\alpha}{2}}(n_1,n_2)$

习 题 10.4

1. 在假设检验时,检验水平 α 的含义是( ).

(A) 原假设 H_0 成立时,经检验被否定的概率

(B) 原假设 H_0 成立时,经检验不能否定的概率

(C) 原假设 H_0 不成立时,经检验被否定的概率

(D) 原假设 H_0 不成立时,经检验不能否定的概率

2. 下列说法中，错误的是(　　).

(A) 进行假设检验时，所选定的检验统计量一定是样本的函数

(B) 进行假设检验时，所选定的检验统计量可以包含总体分布中的已知参数

(C) 进行假设检验时，所选定的检验统计量不能包含总体分布中的任何参数

(D) 进行假设检验时，所选定的检验统计量的值可以由任意给定的样本值计算出来

3. 已知某炼铁厂铁水含碳量服从正态分布 $X \sim N(4.55, 0.108^2)$，现测定了9炉铁水，其含碳量分别为：

4.49　4.51　4.52　4.39　4.56　4.58　4.59　4.34　4.38.

如果总体方差没有变化，可否认为现在生产的铁水平均含碳量仍为4.55($\alpha = 0.05$)?

4. 设某个计算机公司所使用的现行系统运行每个程序的平均时间为45 s，今在一个新的系统中进行试验，试运行9个程序所需的时间如下(单位：s)：

30　37　42　35　36　40　47　48　45

由此数据能否断言：新系统能减少运行程序的平均时间. 假设运行每个程序的时间服从正态分布. ($\alpha = 0.05$)

5. 某炼铁厂的铁水含碳量 X 在正常情况下服从正态分布，现对操作工艺进行了某些改进，从中抽取了五炉铁水，测得含碳量数据如下：

4.420，4.052，4.357，4.287，4.683

据此，是否可以认为新工艺练出的铁水含碳量的方差仍为 0.108^2($\alpha = 0.05$)?

6. 机床厂某日从两台机床所加工的同一种零件中，分别抽取若干个样品测量零件尺寸如下(单位：毫米)：

第一台机床：6.2，5.7，6.5，6.0，6.3，5.8，5.7，6.0，6.0，5.8，6.0

第二台机床：5.6，5.9，5.6，5.7，5.8，6.0，5.5，5.7，5.5

问这两台机床的总体方差是否有显著性差异?($\alpha = 0.05$)

10.5　一元线性回归分析

辩证唯物主义认为，客观世界中普遍存在两个变量之间都存在相互依赖、相互制约的关系. 人们通过长期的观察和总结，发现两个变量的关系可以分为**确定性关系**和**不确定性关系**. 所谓确定性关系是指当一个(或一组)变量的值确定后，另一个变量的值就完全可以由某个函数 $y = f(x)$(或 $y = f(x_1, x_2, \cdots, x_n)$) 的关系所确定，我们所学的函数关系就是确定性关系. 但是，人们在现实世界中还会遇到的许多不确定性关系. 例如，人的身高与体重之间存在着关系，一般来说，人高一些，体重也重一些，但是同样身高的人，体重往往不同，这说明了人的身高与体重之间有关系，但没有确定的函数关系. 又如，商店的销售额与周围居民的收入也存在关系，一般来说，商店的周围居民收入高，商店的销售额必然也高，但是销售额与周围居民的收入之间的关系却不能以某个函数的形式所确定，这就是不确定性关系，不确定性关系又称**相关关系**.

对于相关关系，我们可以通过大量的观测数据，发现变量之间的统计规律性，从而应用统计方法，寻求一个确定性关系的函数表达式，用来近似地代替相关关系. 所进行的统计分析称为**回归分析**，所寻求的函数表达式称为**回归方程**，两个变量之间的线性关系的回归分析称为**一元线性回归分析**.

10.5.1 一元线性回归方程

1. 一元线性回归模型

【引例】 某商业部门为制定今年某种商品的采购计划,需要对这种商品的需求量进行预测,为此随机抽取20个居民点,调查了该商品需求量和人数之间的关系,如表10.5.1所示.问:如何根据这些原始抽样数据来预测需求量,即制订采购计划?

表 10.5.1

居民点序号	居民数 x	需求量 y	居民点序号	居民数 x	需求量 y
1	100	50	11	700	400
2	200	120	12	750	450
3	300	160	13	800	490
4	300	190	14	800	480
5	400	240	15	850	500
6	500	290	16	850	490
7	550	330	17	900	550
8	600	350	18	950	540
9	600	360	19	950	560
10	600	380	20	1000	610

分析 以居民数为x,以商品需求量为y,发现x的变化会引起y相应的但不确定的变化,即它们之间存在相关关系.因此,我们可以根据上表把20组数据(样本值)(x_1,y_1),(x_2,y_2),$\cdots$,(x_{20},y_{20})在直角坐标系中描出,此图称为**散点图**.

如图10.5.1所示,通过散点图发现这些散点(x_i,y_i)都位于某条直线$\hat{y}=a+bx$的附近(注意y是散点(x,y)的纵坐标,$\hat{y}$是x对应于直线上的点),所以可用这条直线方程近似代替x和y的相关关系.

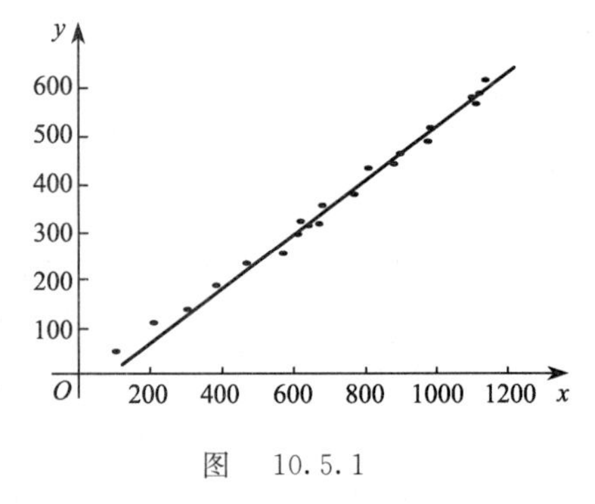

图 10.5.1

一般地,为了用散点(x_i,y_i),$i=1,2,\cdots,n$来描述变y与x的相关关系,我们引入随机误差ε_i,使$y_i=a+bx_i+\varepsilon_i$,$\varepsilon_i\sim N(0,\sigma^2)$,$i=1,2,\cdots,n$,得到$y$与$x$的相关关系为$y=a+bx+\varepsilon$,其中$x$为可控制的变量,是普通变量,$y$是可观测的随机变量,$a,b,\sigma^2$为待定参数,$\varepsilon\sim N(0,\sigma^2)$.在这些假定下,$y=a+bx+\varepsilon$称为一元线性回归分析的**数学模型**.此模型表明:随机变量y由两部分组成,一部分是x的线性函数$a+bx$,另一部分是随机误差$\varepsilon\sim N(0,\sigma^2)$,$\varepsilon$是人们不能控制的.

我们的任务是:

(1) 用一组样本数据(x_i,y_i)估计参数a,b,σ^2,这是参数估计问题;

(2) 模型$\hat{y}=Ey=a+bx$是否与实际相符,这是假设检验问题;

(3) 在问题(2)的回答肯定时,如何应用模型对指定的x预测y的值,这是预测问题.

2. 一元线性回归方程的确定

设容量为 n 的样本 $(x_i,y_i)(i=1,2,\cdots,n)$ 所确定的一元线性回归方程为 $\hat{y}=a+bx$，无论采用什么方法确定回归系数 a,b，其回归值 $\hat{y}_i$ 与样本值 y_i 之间必定存在一定的偏差 $\hat{y}_i-y_i(i=1,2,3,\cdots,n)$，这个偏差刻画了样本值 y_i 与回归值的偏离程度，为使全部样本值的偏差之和达到最小，又能避免正、负误差相互抵消，一般用偏差的平方和 $\sum\limits_{i=1}^{n}(y_i-\hat{y}_i)^2$ 来刻画全部样本值和回归直线的偏离程度，记作 $Q(a,b)$，即 $Q(a,b)=\sum\limits_{i=1}^{n}(y_i-\hat{y}_i)^2=\sum\limits_{i=1}^{n}[y_i-(a+bx_i)]^2$，于是，确定 a,b 使全部样本值与回归直线的偏离程度达到最低水平的问题，就转化为求解 a,b，使得二元函数 $Q(a,b)$ 达到最小值的问题. 由于 $Q(a,b)$ 是 n 个数的平方和，所以使 $Q(a,b)$ 最小的方法称为**最小二乘法**(最小平方和法).

求 $Q(a,b)$ 分别关于 a,b 的偏导数 $\dfrac{\partial Q}{\partial a},\dfrac{\partial Q}{\partial b}$，并令其等于零：

$$\begin{cases}\dfrac{\partial Q}{\partial a}=-2\sum\limits_{i=1}^{n}(y_i-a-bx_i)=0\\\dfrac{\partial Q}{\partial b}=-2\sum\limits_{i=1}^{n}(y_i-a-bx_i)x_i=0\end{cases}.$$

可得**正规方程**组

$$\begin{cases}na+(\sum\limits_{i=1}^{n}x_i)b=\sum\limits_{i=1}^{n}y_i\\(\sum\limits_{i=1}^{n}x_i)a+(\sum\limits_{i=1}^{n}x_i^2)b=\sum\limits_{i=1}^{n}x_iy_i\end{cases},$$

由于 x_i 不全相同，方程组的系数行列式

$$\begin{vmatrix}n & \sum\limits_{i=1}^{n}x_i\\\sum\limits_{i=1}^{n}x_i & \sum\limits_{i=1}^{n}x_i^2\end{vmatrix}=n\sum_{i=1}^{n}x_i^2-(\sum_{i=1}^{n}x_i)^2=n\sum_{i=1}^{n}(x_i-\bar{x})^2\neq 0,$$

所以方程组有唯一解.

令 $\bar{x}=\dfrac{1}{n}\sum\limits_{i=1}^{n}x_i,\bar{y}=\dfrac{1}{n}\sum\limits_{i=1}^{n}y_i$ 分别表示 $x_i,y_i(i=1,2,\cdots,n)$ 的均值，

$L_{xx}=\sum\limits_{i=1}^{n}(x_i-\bar{x})^2=\sum\limits_{i=1}^{n}x_i^2-n(\bar{x})^2$ 表示 x_i 离差 $\bar{x}$ 的平方和，

$L_{yy}=\sum\limits_{i=1}^{n}(y_i-\bar{y})^2=\sum\limits_{i=1}^{n}y_i^2-n(\bar{y})^2$ 表示 y_i 离差 $\bar{y}$ 的平方和，

$L_{xy}=\sum\limits_{i=1}^{n}(x_i-\bar{x})(y_i-\bar{y})=\sum\limits_{i=1}^{n}x_iy_i-n\bar{x}\,\bar{y}$ 表示 x_i 离差 $\bar{x}$ 与 y_i 离差 $\bar{y}$ 的乘积之和，则 a,b 的最小二乘估计为

$$\begin{cases}\hat{b}=\dfrac{L_{xy}}{L_{xx}}=\dfrac{\sum\limits_{i=1}^{n}(x_i-\bar{x})(y_i-\bar{y})}{\sum\limits_{i=1}^{n}(x_i-\bar{x})^2}\\\hat{a}=\bar{y}-\hat{b}\,\bar{x}\end{cases}. \qquad (1)$$

由$\hat{a}$,$\hat{b}$所确定的回归方程记作$\hat{y}=\hat{b}+\hat{a}x$. 此时,直线方程$\hat{y}=\hat{a}+\hat{b}x$称为随机变量y对x的**一元线性回归方程**,这条直线称为**回归直线**,系数$\hat{a}$,$\hat{b}$称为**回归系数**,用确定值x_0代入$\hat{y}=\hat{a}+\hat{b}x$得$\hat{y}_0$,$\hat{y}_0$,称为**回归值**.

于是,确定回归直线方程的步骤是:

(1) 根据实验数据作散点图,若散点在一条直线的附近,设回归直线方程$\hat{y}=\hat{a}+\hat{b}x$;

(2) 整理数据并列表计算$\sum_{i=1}^{n}x_i$,$\sum_{i=1}^{n}y_i$,$\sum_{i=1}^{n}x_i^2$,$\sum_{i=1}^{n}y_i^2$,$\sum_{i=1}^{n}x_iy_i$;计算如表10.5.2所示.

表 10.5.2

数据序号	x_i	y_i	x_i^2	y_i^2	x_iy_i
1	x_1	y_1	x_1^2	y_1^2	x_1y_1
2	x_2	y_2	x_2^2	y_2^2	x_2y_2
…	…	…	…	…	…
n	x_n	y_n	x_n^2	y_n^2	x_ny_n
$\sum$	$\sum x_i$	$\sum y_i$	$\sum x_i^2$	$\sum y_i^2$	$\sum x_iy_i$

将$\bar{x}=\frac{1}{n}\sum_{i=1}^{n}x_i$,$\bar{y}=\frac{1}{n}\sum_{i=1}^{n}y_i$,$L_{xx}$,$L_{xy}$,$L_{yy}$代入公式(1)可计算出$\hat{a}$,$\hat{b}$,即得一元线性回归方程$\hat{y}=\hat{a}+\hat{b}x$.

10.5.2 一元线性回归方程的检验与预测

1. 一元线性回归方程的检验

对任意给定的n组数据(x_i,y_i),$i=1,2,\cdots,n$,用最小二乘法都可建立回归直线方程$\hat{y}=\hat{a}+\hat{b}x$,它虽然能够保证偏差平方和$\sum_{i=1}^{n}(y_i-\hat{y}_i)^2$最小,但它说明不了随机变量$y$与可控变量$x$是否存在线性相关关系,也就是说$y$和$x$之间的线性关系是否显著,还需要检验. 在方程$y=a+bx+\varepsilon$中,如果$b=0$,就说明$y$和$x$没有线性相关关系,因此,应当提出的待检假设是$H_0:b=0$. 我们在建立回归直线方程后,必须检验变量$x$,$y$之间的线性相关性,这个检验称为**显著性检验或相关性检验**.

F检验法的步骤:

(1) 提出待检验的假设$H_0:b=0$;

(2) 选择检验统计量$F=\frac{(n-2)L_{xy}^2}{L_{xx}L_{yy}-L_{xy}^2}\sim F(1,n-2)$,对给定的显著性检验水平$\alpha$,由$P(F>\lambda)=\alpha$,查$F(1,n-2)$分布表,确定临界值$\lambda$;

(3) 根据样本值计算统计量F,若$F\leqslant\lambda_{0.05}$,就接受H_0,认为y对x的线性关系不显著;若$\lambda_{0.05}<F\leqslant\lambda_{0.01}$,就拒绝$H_0$,认为$y$对$x$的线性关系显著;若$F>\lambda_{0.01}$,就接受$H_0$,认为$y$对$x$的线性关系特别显著.

注 意

仅当y对x的线性关系显著或特别显著时,所建立的一元线性回归方程才有意义.

【例 1】 针对引例,试求:(1) 商品需求量关于居民人数的回归方程;(2) 对回归方程进行线性相关的显著性检验($\alpha = 0.05$).

解 (1) 根据数据列表(见表 10.5.3) 及系数公式计算,求出一元线性回归方程$\hat{y} = \hat{a} + \hat{b}x$.

表 10.5.3

序 号	居民人数 x_i	商品需求量 y_i	x_i^2	y_i^2	$x_i y_i$
1	100	50	10 000	2 500	5 000
2	200	120	40 000	14 400	24 000
3	300	160	90 000	25 600	48 000
4	300	190	90 000	36 100	57 000
5	400	240	160 000	57 600	96 000
6	500	290	250 000	84 100	145 000
7	550	330	302 500	108 900	181 500
8	600	350	360 000	122 500	210 000
9	600	360	360 000	129 600	216 000
10	600	380	360 000	144 400	228 000
11	700	400	490 000	160 000	280 000
12	750	450	562 500	202 500	337 500
13	800	490	640 000	240 100	392 000
14	800	480	640 000	230 400	384 000
15	850	500	722 500	250 000	425 000
16	850	490	722 500	240 100	416 500
17	900	550	810 000	302 500	495 000
18	950	540	902 500	291 600	513 000
19	950	560	902 500	313 600	532 000
20	1 000	610	1 000 000	372 100	610 000
$\sum$	12 700	7 540	9 415 000	3 328 600	5 595 500

所以,$\bar{x} = \dfrac{1}{n}\sum\limits_{i=1}^{n} x_i = \dfrac{12\ 700}{20} = 635$, $\bar{y} = \dfrac{1}{n}\sum\limits_{i=1}^{n} y_i \ \dfrac{7\ 540}{20} = 377$,

$$L_{xx} = \sum_{i=1}^{n}(x_i - \bar{x})^2 = \sum_{i=1}^{n} x_i^2 - n(\bar{x})^2 = 1\ 350\ 500,$$

$$L_{yy} = \sum_{i=1}^{n}(y_i - \bar{y})^2 = \sum_{i=1}^{n} y_i^2 - n(\bar{y})^2 = 486\ 020,$$

$$L_{xy} = \sum_{i=1}^{n}(x_i - \bar{x})(y_i - \bar{y}) = \sum_{i=1}^{n} x_i y_i - n\,\bar{x}\,\bar{y} = 807\ 600.$$

计算回归系数$\hat{b} = \dfrac{L_{xy}}{L_{xx}} = 0.598$,$\hat{a} = \bar{y} - \hat{b}\bar{x} = -2.73$,因此,所求的一元线性回归方程为$\hat{y} =$

$\hat{a}+\hat{b}x=-2.73+0.598x$.

(2) 进行线性相关的显著性检验($\alpha=0.05$).

① 提出假设 $H_0:b=0$;

② 选择检验统计量:$F=\dfrac{(n-2)L_{xy}^2}{L_{xx}L_{yy}-L_{xy}^2}\sim F(1,n-2)$,对给定的 $\alpha=0.05$,由 $P(F>\lambda)=\alpha$ 查 $F(1,18)$ 分布表,得临界值 $\lambda=4.41$;而对 $\alpha=0.01$,查 $F(1,18)$ 分布表,得临界值 $\lambda=8.29$.

③ 根据样本值计算统计量 $F=\dfrac{18L_{xy}^2}{L_{xx}L_{yy}-L_{xy}^2}=\dfrac{11\ 739\ 919\ 680\ 000}{4\ 152\ 250\ 000}\approx 157$,由于 F 的值远远大于临界值 $\lambda=8.29$,于是 $F>\lambda_{0.01}>\lambda_{0.05}$,即拒绝原假设 $H_0:b=0$,认为 y 对 x 的线性关系特别显著,也就是说回归直线方程 $y=-2.73+0.598x$ 具有实际意义.

2. 一元线性回归方程在经济预测中的应用

经济预测就是对经济现象进行事先的预计和推测.用最小二乘法建立的一元线性回归的数学模型,虽然经显著性检验后,变量 y 和 x 间存在显著的线性相关关系,但用实际值 x_0 代入回归方程,以回归值 $\hat{y}_0$ 作为随机变量 y 的预测值,总有些不能令人满意.这是因为回归值 $\hat{y}_0$ 和实际值 y_0 极有可能存在偏差,那么如何估计回归值 $\hat{y}_0$ 与实际值 y_0 有多大的偏差?我们可以按给定的置信度 $1-\alpha$,找到一个正数 δ,使得实际值 y_0 存在 $1-\alpha$ 的概率在区间 $(\hat{y}_0-\delta,\hat{y}_0+\delta)$ 之间,这个置信区间称为**预测区间**,对一些精度要求不高的经济预测问题,可将 y_0 的预测区间简化,即当 $\alpha=0.05$ 时,取预测区间为 $(\hat{y}_0-2s,\hat{y}_0+2s)$;当 $\alpha=0.01$ 时,取预测区间为 $(\hat{y}_0-3s,\hat{y}_0+3s)$,$s=\sqrt{\dfrac{1-r^2}{n-2}L_{yy}}$,$r^2=\dfrac{L_{xy}^2}{L_{xx}L_{yy}}$.

【例 2】 过去七年的统计资料表明,某地耐用消费品销售额与居民人均年收入关系密切,有关资料如表 10.5.4 所示.

表 10.5.4

年　序　号	1	2	3	4	5	6	7
人均收入(元)	850	900	920	980	1030	1130	1250
销售额(百万元)	12	13	15	16	18	22	24

如果该地区居民明年的人均收入可望达 1 300 元,试以 99% 的置信水平预测下一年度该类耐用消费品的销售额.

解 (1) 设 x 为人均年收入,y 为耐用消费品的销售额.根据统计数据,列表 10.5.5.

表 10.5.5

年　序　号	人均收入(x 元)	商品年销售量(y 百万元)	x_i^2	y_i^2	x_iy_i
1	850	12	722 500	144	10 200
2	900	13	810 000	169	11 700
3	920	15	846 400	225	13 800
4	980	16	960 400	256	15 680

续表

年　序　号	人均收入（x 元）	商品年销售量（y 百万元）	x_i^2	y_i^2	x_iy_i
5	1030	18	1 060 900	324	18 540
6	1130	22	1 276 900	484	24 860
7	1250	24	1 562 500	576	30 000
Σ	7060	120	7 239 600	2 178	124 780

(2) 用最小二乘法，确定一元线性回归方程：

$$\overline{x}=\frac{7060}{7}=1008.57,\overline{y}=\frac{120}{7}=17.14,L_{xx}=\sum_{i=1}^{n}(x_i-\overline{x})^2=\sum_{i=1}^{n}x_i^2-n(\overline{x})^2=119\ 105.89,$$

$$L_{xy}=\sum_{i=1}^{n}(x_i-\overline{x})(y_i-\overline{y})=\sum_{i=1}^{n}x_iy_i-n\overline{x}\,\overline{y}=3771.77,$$

$$L_{yy}=\sum_{i=1}^{n}(y_i-\overline{y})^2=\sum_{i=1}^{n}y_i^2-n(\overline{y})^2=121.54,\hat{b}=\frac{L_{xy}}{L_{xx}}=0.0317,\hat{a}=\overline{y}-\widehat{b\overline{x}}=-14.83.$$

所以，所求的一元线性回归方程为

$$\hat{y}=-14.83+0.0317x.$$

(3) 根据给定的置信水平 $\alpha=0.01$ 进行显著性检验：

① 提出假设 $H_0:b=0$；

② 选择统计量：$F=\dfrac{(n-2)L_{xy}^2}{L_{xx}L_{yy}-L_{xy}^2}\sim F(1,n-2)$，给定的显著性检验水平 $\alpha=0.01$，由 $P(F>\lambda)=\alpha$，查 $F(1,5)$ 分布表，得临界值 $\lambda=6.61$；

③ 根据样本值计算统计量 $F=\dfrac{18L_{xy}^2}{L_{xx}L_{yy}-L_{xy}^2}=\dfrac{25\ 607\ 248.792}{249\ 880.9377}\approx 102.478.$

由于 F 的值远远大于临界值 $\lambda=6.61$，于是拒绝原假设 $H_0:b=0$，认为 y 对 x 的线性关系特别显著，即商品年销售额与居民平均年收入之间存在特别显著的线性关系，用所求得的回归直线进行预测是可行的. 也就是说所求的一元线性回归直线方程 $\hat{y}=-14.83+0.0317x$ 具有实际意义.

(4) 求下一年度的商品销售额的预测区间

把下一年度人均收入 $x_8=1300$ 元代入回归直线方程 $\hat{y}=-14.83+0.0317x$，求出商品销售额的回归值 $\hat{y}_8=-14.83+0.0317\times1300=26.38$.

由于 $r^2=\dfrac{L_{xy}^2}{L_{xx}L_{yy}}=0.991,s=\sqrt{\dfrac{1-r^2}{n-2}L_{yy}}=\sqrt{\dfrac{1-0.991}{5}\times121.54}=0.4677.$

根据近似公式 $\hat{y}_8-3s=24.4,\hat{y}_8+3s=28.36$，因此，所求得的预测区间为(24.4,28.36)，即下一年的商品销售额有 99% 的把握在 24.4 百万元到 28.36 百万元之间.

习　题　10.5

1. 某工厂月总成本 C(万元) 与月产量 x(万件) 的统计数据如表 10.5.6 所示.

表 10.5.6

x	1.08	1.12	1.19	1.28	1.36	1.48	1.59	1.68	1.80	1.87	1.98	2.07
C	2.25	2.37	2.40	2.55	2.64	2.75	2.92	3.03	3.14	3.26	3.36	3.50

求总成本 C 对产量 x 的回归方程.

2. 为确定广告费用与销售额之间的关系,现作一统计得资料如表 10.5.7 所示.

表 10.5.7

广告费(万元)x	40	25	20	30	40	40	25	20	50	20	50	50
销售额(万元)y	490	395	420	475	385	525	480	400	560	365	510	540

求销售额 y 对广告费 x 的回归方程.

10.6 用 MATLAB 求解常见的数理统计问题

数理统计实验就是利用数理统计知识、计算机及数学软件,对所抽取的样本数据进行计算和分析,从而对总体的统计特征做出推断.本节主要介绍用 MATLAB 统计工具箱的常见工具解决数据简单分析及绘图、统计推断、线性拟合等问题.

10.6.1 常用统计图的画法

统计绘图就是用图形表达函数,以便直观描述样本及样本函数的统计量特性.

1. 三种常见的数据统计图命令(见表 10.6.1)

表 10.6.1

命令	说明
bar(x,y,width), barh(x,y,width)	在 x 处画相应数据 y 的垂直、水平条形图. width 是设置相邻条形的宽度,默认值为 0.8,如果指定 width=1,则组内的条形挨在一起.若省略 x,width,表示按自然数顺序画数据 y 的垂直条形图、水平条形图
pie(x,'a1','a2')	画数据 x 的饼形图,'a1','a2'是数据的标注,有几个写几个
hist(x,k)	将数据 x 等分为 k 组,并作频数直方图. k 默认为 10
(1)[f,xc]=ecdf(x) (2)ecdfhist(f,xc,k)	(1)ecdf()函数求 x 的分布函数值,f 是在 xc 处的分布函数值 (2)将数据(xc,f)等分为 k 组,并作频率直方图. k 默认为 10

2. 概率分布命令(见表 10.6.2)

表 10.6.2

命令	说明
pdf('name',x,a1,a2)或分布缩写名+pdf(x,a1,a2)	求服从'name'分布(第一个字母大写)的密度函数值,$a1$,$a2$ 是参数(有几个参数写几个),下同
(1)cdf('name',x,a1,a2)或分布缩写名+cdf(x,a1,a2) (2)[f,x]=ecdf(y)	(1)求服从'name'分布的累积分布函数值.如 normcdf(x,mu,sigma) (2)求数据 y 的累积分布函数值 f 及相对应的 x

续表

命 令	说 明
x=icdf('name',p,a1,a2)或 分布缩写名+inv(p,a1,a2)	求逆累积分布函数在概率为 p 的临界值 x,即满足 $p(X\leqslant x)=p$ 的 x. 如 tinv(p,n)
(1)random('name',a1,a2,m,n) (2)rand(m,n)	(1)生成服从分布名为 name 分布的 $m\times n$ 个随机数 (2)生成服从[0,1]均匀分布的 $m\times n$ 个随机数

【例 1】 你也许认为新生儿的出生日期应该均匀分布在每周的任何一天,但事实并非如此. 表 10.6.3 是某地区在某一周内的新生儿每天出生的平均人数.

表 10.6.3

星 期	星期日	星期一	星期二	星期三	星期四	星期五	星期六
平均出生人数	7751	11 020	12 333	12 173	11 898	10 988	9003

请将一个图形窗口分为上下两个小窗口,分别画出该样本数据的条形图、饼图.

解
```
>> x=[7751,11020,12333,12173,11898,10988,9003]; % 定义样本数据 x
>> subplot(2,1,1)                 % 打开两行一列上侧的第一个窗口
>> bar(x)                         % 在第一个窗口画样本数据 x 的垂直条形图
>> subplot(2,1,2)                 % 打开两行一列下侧的第二个窗口
>> pie(x,{'星期日','星期一','星期二','星期三','星期四','星期五','星期六'})
%  在第二个窗口画样本数据 x 的饼图,并标明数据名称
```

结果如图 10.6.1 所示.

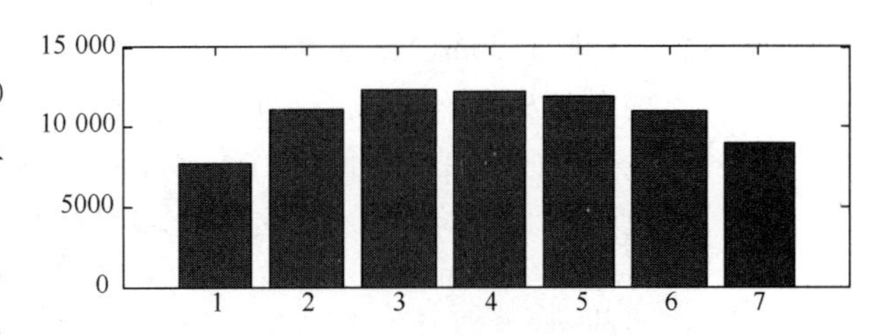

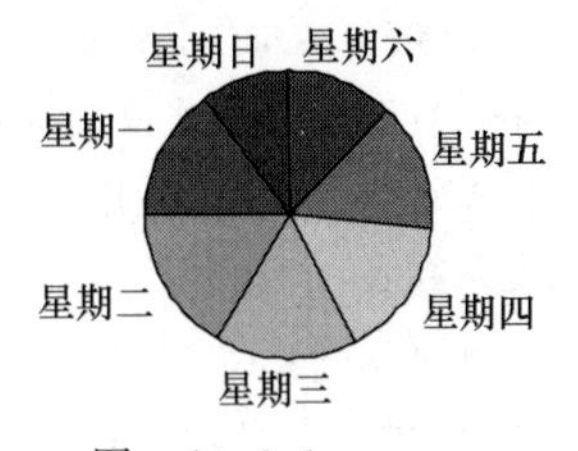

图 10.6.1

【例 2】 某校电子信息系收集到 30 名大一新生在某月的通信费用数据(单位:元):

50, 55, 56, 58, 60, 60, 65, 69, 72,75,79,82, 86,88, 92, 93, 94, 97, 98, 99, 100, 101, 101, 102, 102, 108, 110, 113, 118, 125

请将一个图形窗口分为左右两个小窗口,分别画出

(1)具有 7 个等距区间的频数直方图;

(2)具有 7 个等距区间的频率直方图.

分析 (1) 频数直方图作法:

① 求极差=数据最大值与最小值的差/组数(通常分 5~12 组)、组距=极差 / 组数;② 求每组的频数,列频数分布表;③ 将横轴分成若干段,每段对应一个组距,以此线段为底,以该组频数为高画矩形.

(2) 频率直方图作法:

① 同作法(1)①;② 求每组的频率=频数 / 数据总数,列频率分布表;③ 将横轴分成若干段,每段对应一个组距,以此线段为底,以该组频率 / 组距为高画矩形.

解 >> x=[50 55 56 58 60 60 65 69 72 75 79 82 86 88 92 93 94 97 98 99 100 101 101 102 102 108 110 113 118 125]; % 定义样本数据 x

```
>> subplot(1,2,1)      % 打开一行两列的第一个左侧窗口
>> hist(x,7)           % 在第一个窗口画数据x(等分为7组)的频数直方图
>> subplot(1,2,2)      % 打开一行两列的第二个右侧窗口
>> [f,xc]=ecdf(x);ecdfhist(f,xc,7)    % 先求数据x的累积分布函数值,然后在第二个窗口
                                      % 画数据(xc,f)(等分为7组)的频率直方图
```

结果如图 10.6.2 所示.

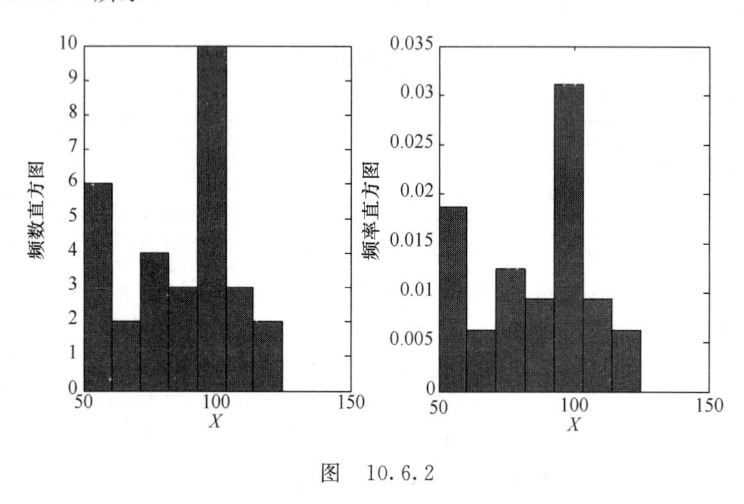

图 10.6.2

【例 3】 调用 random()函数生成 10 000×1 的卡方分布(自由度为 10)的随机数向量 X,并作出 X 的频率直方图,然后与自由度为 10 的卡方分布的密度函数曲线作比较.

解

```
>> x=random('chi2',10,10000,1);  % 生成10 000行1列的χ²(10)分布的随机数x
>> [fp,xp]=ecdf(x); % 求数据x的累积概率分布值fp. xp是对应fp的自变量
>> ecdfhist(fp,xp,50);% 将数据(xp,fp)等分为50组,作频率直方图
>> hold on              % 在第一个图(频率直方图)上继续作图
>> t=linspace(0,max(x),100);y=chi2pdf(t,10);  % 将0到max(x)的随机
% 数等分为100组,求数据t服从χ²(10)的密
% 度函数值,并赋值于y
>> plot(t,y,'r','linewidth',3)
% 在第一个图上作服从χ²(10)分布的密度
% 函数图(红色,宽度为3)
>> xlabel('x (\\chi^2(10))');
>> ylabel('f(x)');
>> legend('频率直方图','密度函数曲线')
```

(注意:x 轴、y 轴、图例的标注也可以在作图的菜单上设置)

结果如图 10.6.3 所示.

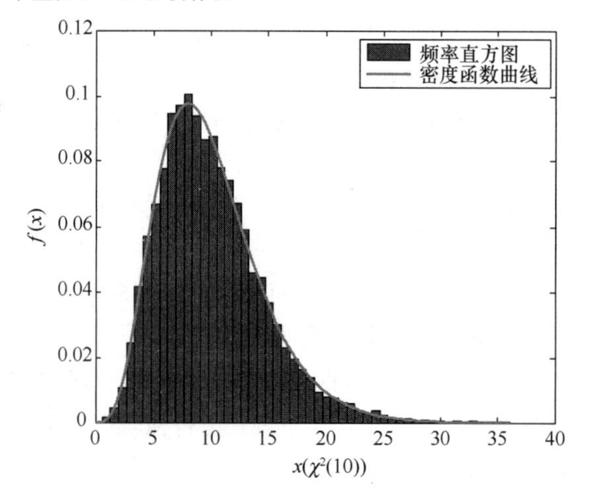

图 10.6.3

10.6.2 参数的点估计与区间估计

1. 总体均值与方差的点估计命令(见表 10.6.4)

表 10.6.4

命　　令	说　　明(已知样本数据 x)
mean(x)	用 x 的均值估计总体均值 μ($\overline{x}$ 是 μ 的无偏估计)
std(x)	用 x 的标准差估计总体标准差 σ(s 是 σ 的无偏估计)

2. 正态总体均值与方差的置信区间估计命令(见表 10.6.5)

表 10.6.5

命　　令	说　　明(已知样本数据 x)
[mu,muci,sigma,sigmaci]=normfit(x,alpha)	由样本 x,按 1－alpha 水平估计正态总体的均值及置信区间、标准差及置信区间
[h,p,muci]=ztest(x,mu,sigma,alpha)	已知正态总体标准差 sigma,由样本 x,按置信水平 1－alpha 估计正态总体均值 mu 的置信区间 muci($h=1$ 或 $p<$alpha:拒绝假设;$h=0$ 或 $p>$alpha:接受假设,下同)
[h,p,muci]=ttest(x,alpha)	未知正态总体标准差 sigma,由样本 x,按置信水平 1－alpha 估计正态总体均值 mu 的置信区间 muci
[h,p,varci]=vartest(x,alpha,tail) tail 默认指双侧'both'	未知正态总体均值 μ,由样本 x,按置信水平 1－alpha 估计方差 σ^2 的置信区间 varci. tail:指原假设 H_0 的对立假设 H_1 的检验尾侧,分双侧'both'、左侧'left'、右侧'right'

【例 4】 为测试一批灯泡的使用寿命,抽样十只灯泡测得寿命(单位:h)如下:1458,1395,1496,1536,1382,1478,1490,1351,1562,1615,试估计这批灯泡的平均使用寿命和寿命的标准差.

分析 用灯泡样本的平均使用寿命、寿命的标准差估计灯泡总体的平均使用寿命和寿命的标准差.

解

```
>> x=[1458,1395,1496,1536,1382,1478,1490,1351,1562,1615];  % 定义数据 x
>> mean(x)                        % 求数据 x 的均值
ans =   1.4763e+003               % 灯泡总体的平均使用寿命为 1476.3 h
>> std(x)                         % 求数据 x 的标准差
ans =     83.1746                 % 灯泡总体的使用寿命的标准差为 83.1746
```

【例 5】 某校办工厂实训学生生产滚珠.从长期实践经验知道,滚珠直径服从正态分布 $N(\mu,0.05^2)$.现从生产的滚珠中任取 15 个,测得直径为(单位:mm):

97,102,105,112,99,103,102,94,100,95,105,98,102,100,103

假设总体的方差不变,求滚珠平均直径的置信水平为 0.95 的置信区间.

分析 已知总体方差,用样本函数$U=\frac{\overline{x}-\mu}{\frac{\sigma}{\sqrt{n}}}$估计总体$\mu$的置信水平为0.95的置信区间为$\left[\overline{x}-\frac{z_{\frac{\alpha}{2}}\cdot\sigma}{\sqrt{n}},\overline{x}+\frac{z_{\frac{\alpha}{2}}\cdot\sigma}{\sqrt{n}}\right]$,用$\lambda=$ norminv(0.025,0,1)命令可以求临界值的绝对值$z_{\frac{\alpha}{2}}=|\lambda|=1.96$,代入即可.

解
```
>> x=[97,102,105,112,99,103,102,94,100,95,105,98,102,100,103];
   % 定义数据x
>>  x1=mean(x);x2=std(x);x3=norminv(0.025,0,1);
   % 求x的均值、标准差、临界值
>>  a=x1-x2*abs(x3)/sqrt(15),b=x1+x2*abs(x3)/sqrt(15)
   % 求置信区间的左、右端点
a =98.8712
b =103.3954
```
故滚珠平均直径的0.95置信区间为(98.8712,103.3954).

【例6】 假定学生在实训工厂生产某电器元件的重量服从正态分布$N(\mu,\sigma^2)$,随机抽取12件产品,测其重量(g)为:

3100,2520,3000,3000,3600,3160,3560,3320, 2880,2600,3400,2540

试以95%的置信水平对总体重量的均值μ及方差σ^2进行区间估计.

分析 由于未知总体方差,故用统计量$T=\frac{\sqrt{n}(\overline{x}-\mu)}{s}$以95%的置信度估计总体均值$\mu$的置信区间为$\left[\overline{x}-\frac{t_{\frac{\alpha}{2}}(n-1)\cdot s}{\sqrt{n}},\overline{x}+\frac{t_{\frac{\alpha}{2}}(n-1)\cdot s}{\sqrt{n}}\right]$;由于未知总体均值,故用统计量$\chi^2=\frac{(n-1)s^2}{\sigma^2}$以95%的置信度估计总体方差$\sigma^2$的置信区间为$\left[\frac{(n-1)\cdot s^2}{\chi^2_{\frac{\alpha}{2}}(n-1)},\frac{(n-1)\cdot s^2}{\chi^2_{1-\frac{\alpha}{2}}(n-1)}\right]$.可以用命令$\left|\text{tinv}\left(\frac{\alpha}{2},n-1\right)\right|=t_{\frac{\alpha}{2}}(n-1)$,$\text{chi2inv}\left(1-\frac{\alpha}{2},n-1\right)=\chi^2_{\frac{\alpha}{2}}(n-1)$,$\text{chi2inv}\left(\frac{\alpha}{2},n-1\right)=\chi^2_{1-\frac{\alpha}{2}}(n-1)$,求统计量临界值,即$t_{\frac{\alpha}{2}}(n-1)$,$\chi^2_{\frac{\alpha}{2}}(n-1)$,$\chi^2_{1-\frac{\alpha}{2}}(n-1)$值,再代入上述公式计算.也可以用命令[h,p,muci]=ttest(x,alpha)求均值的置信区间;用命令[h,p,varci]=vartest(x,alpha)求方差的置信区间.

解
```
>>x=[3100,2520,3000,3000,3600,3160,3560,3320,2880,2600,3400,2540];%定义x
>> [h,p,muci]=ttest(x,0.05)    %估计总体均值的95%的置信区间
h=1                    % 拒绝假设H0:mu=μ
p=1.3001e-011          % 拒绝假设(p<α=0.05)
muci=1.0e+003 *
2.8182    3.2951       % 总体均值的95%的置信区间为[2818.2,3295.1]
>> [h,p,varci]=vartest(x,0.05)   % 估计总体方差σ²的95%的置信区间
h=1                    % 拒绝假设H0:sigma=σ
p=0                    % 拒绝假设(p<α=0.05)
varci=1.0e+005 *
0.7069    4.0607       % 总体方差σ²的95%的置信区间为[70690,406070]
```

10.6.3 正态总体均值、方差的假设检验(见表 10.6.6)

表 10.6.6

命 令	说 明
[h, p, muci] = ztest(x, mu, sigma, alpha)	u 检验:已知总体标准差 sigma,由样本数据 x,以水平 1−alpha 检验总体均值 mu($h=1$ 或 $p<\alpha$:拒绝假设;$h=0$ 或 $p>\alpha$:接受假设,下同). 返回均值 mu 的置信区间 muci
[h,p,muci]=ttest(x,alpha)	t 检验:未知总体方差 σ^2,检验总体均值 μ. 返回均值 mu 的置信区间 muci
[h,p,varci]=vartest(x,alpha)	χ^2 检验:未知总体均值 μ,检验总体方差 σ^2,返回方差的置信区间 varci
[h, p, varci] = vartest2(x,y,alpha)	F 检验:未知两总体均值 μ_1,μ_2,由数据 x,y 检验两总体方差是否相等,返回两总体方差相等的置信区间

注 意

以上命令都是针对双侧检验.

【例 7】 机器包装食盐,假设每袋盐的净重服从正态分布,规定每袋标准重量为 1(单位:500 g),标准差为 0.03. 某日开工后,为检查其机器工作是否正常,从装好的食盐中随机抽取 10 袋,测其净重为:0.982,0.968,0.944,1.02,0.95,1.014,0.976,1.048,0.982,1.03. 问这天包装机工作是否正常?($\alpha=0.05$)

分析 检查其机器工作是否正常,就是要(1)假设检验 $H_0:\mu_0=1$;(2)假设检验 $H_0:\sigma_0\leqslant 0.02$. 选统计量 $T=\dfrac{\overline{x}-\mu_0}{s/\sqrt{n}}\sim t(n-1)$,根据 $\alpha=0.05$ 及 $P(|T|>\lambda)=\alpha$,得到临界值 $\lambda=\left|\text{tinv}\left(\dfrac{\alpha}{2},n-1\right)\right|$,代入样本值计算 T 值,若样本值落入拒绝域就拒绝假设(拒绝域为 $w=\{(x_1,x_2,\cdots,x_9)\,|\,|T|>\lambda\}$),反之就接受假设. 下面用 MATLAB 命令 ttest()函数检验、判断.

解 (1)
```
>> x=[0.982,0.968,0.944,1.02,0.95,1.014,0.976,1.048,0.982,1.03];%定义 x
>> [h,p,muci,state]=ttest(x,1,0.05)  % 按水平 α=0.05 作 t 检验总体均值 mu 是否是 1
h=0                        % 接受假设 H0:μ0=1
p=0.4555                   % p>α,接受假设 H0:μ0=1
muci=0.9665    1.0163      % 总体均值 μ 的 95%的置信区间为[0.9665,1.0163]
state=
    tstat: -0.7799         % t 统计量观测值
       df: 9               % 样本自由度
       sd: 0.0349          % 样本标准差
```

(2) 选统计量 $\chi^2=\dfrac{(n-1)S^2}{\sigma^2}$,根据 $\alpha=0.05$ 及 $P(\chi^2<\lambda_1)=P(\chi^2>\lambda_2)=\dfrac{\alpha}{2}$,得到临界值 $\lambda_1=\text{chi2inv}\left(\dfrac{\alpha}{2},n-1\right)$,$\lambda_2=\text{chi2inv}\left(1-\dfrac{\alpha}{2},n-1\right)$,代入样本值计算 χ^2 值,若样本值落入拒绝域就拒绝假设(拒绝域为 $w=\{(x_1,x_2,\cdots,x_9)\,|\,\chi^2<\lambda_1$ 或 $\chi^2>\lambda_2\}$),反之就接受假设. 下面用

MATLAB 命令 vartest()函数检验判断.

```
>> x=[0.982,0.968,0.944,1.02,0.95,1.014,0.976,1.048,0.982,1.03]; % 定义数据 x
>> [h,p,varci,state]=vartest(x,0.02,0.05)
% 按水平 α=0.05 作χ² 检验总体方差 σ² 是否 0.02.默认是双侧检验:tail 取 0 或'both'
h=1                          % 拒绝假设 σ²=0.02.
p=8.9624e-005                % 拒绝假设 σ²=0.02(p<α)
varci=0.0006      0.0041     % 总体方差 σ² 的 95%的置信区间为[0.006,0.0014]
state =
    chisqstat: 0.5472        % χ²统计量观测值
    df: 9
% 由于样本值拒绝假设 σ²=0.02,还需检验 σ² 是否大于或小于 0.02,此时 tail 取 1 或'right'.
>> [h,p,varci,state]=vartest(x,0.02,0.05,1)
                            % 按水平 α=0.05 作χ² 检验总体方差 σ² 是否大于 0.02
h=0                         % 接受假设 σ²>0.02
p=1.0000                    % 接受假设 σ²=0.02(p>α)
varci=1.0e-003 *
    0.6469       Inf        % 总体方差 σ² 的 95%的置信区间为[0.0006469,+∞)
state=
    chisqstat: 0.5472
    df: 9
```

由于此样本接受总体均值的假设 $H_0:\mu_0=1$,拒绝总体方差的假设 $H_0:\sigma_0\leqslant 0.02$,因此断定这天包装机工作不正常.

【例 8】 某炼钢厂在平炉上进行一项试验以确定改变操作方法的建议是否会增加钢的得率.试验在同一平炉上进行,且每炼一炉钢时,除操作方法外,其他条件都不变.试验中,先用标准方法炼一炉,再用新方法炼一炉,以后交替进行各炼 10 炉,其得率分别为:

标准方法　78.1, 72.4, 76.2, 74.3, 77.4, 78.4, 76.0, 75.5, 76.7, 77.3

新方法　79.1, 81.0, 77.3, 79.1, 80.0, 79.1, 79.1, 77.3, 80.2, 82.1

假设这两个样本相互独立,且分别来自正态总体 $N(\mu_1,\sigma_1^2)$ 和 $N(\mu_2,\sigma_2^2)$,问两种方法炼钢的方差是否有差别?(显著性水平取 0.010)

分析 检查两种方法炼钢得率的方差是否有差别,就是检验两总体的方差 $H_0:\sigma_1^2=\sigma_2^2$,选择统计量 $F=\dfrac{S_1^2}{S_2^2}\sim F(9,9)$,根据 $\alpha=0.05(0.10)$ 及 $P(F^2<\lambda_1)=P(F>\lambda_2)=\dfrac{\alpha}{2}$,得到临界值 $\lambda_1=\mathrm{finv}\left(\dfrac{\alpha}{2},n_1-1,n_2-1\right)$,$\lambda_2=\mathrm{finv}\left(1-\dfrac{\alpha}{2},n_1-1,n_2-1\right)$,代入样本值计算 F 值,样本值落入拒绝域就拒绝假设(拒绝域为 $w=\{(x_1,x_2,\cdots,x_9)\mid F<\lambda_1$ 或 $F>\lambda_2\}$),反之就接受假设.下面用 MATLAB 命令 vartest2()函数检验、判断.

解

```
>> x=[78.1, 72.4, 76.2, 74.3, 77.4, 78.4, 76.0, 75.5, 76.7, 77.3];% 定义 x
>> y=[79.1, 81.0, 77.3, 79.1, 80.0, 79.1, 79.1, 77.3, 80.2, 82.1]; % 定义 y
>> [h,p,varci]=vartest2(x,y,0.01)   % 按水平 α=0.01 作 F 检验方差是否有 σ1²=σ2²
h=0                                 % 接受假设 σ1²=σ2²
p=0.5590                            % 接受假设 σ1²=σ2²(p>α)
```

varci=0.2285 9.7755

由于 $h=0$，$p=0.5590>\alpha=0.01$，所以两种方法炼钢得率的方差没有差别.

10.6.4 一元线性回归分析(见表 10.6.7)

表 10.6.7

命令		说明
一次函数拟合	(1)plot(x,y); lsline (2)p=polyfit(x,y,1)	(1)画数据(x,y)的散点图及最小二乘拟合直线 (2)1 次多项式拟合(即线性拟合)，返回降序排列的一次项及常数系数
线性回归分析	(1)x1=[ones(size(x)),x]; (2)[b,bint,r,rint,ststs]=regress(y,x1,alpha)	(1)在 x 左边加一列(与 x 同维)全 1 矩阵 (2)一元线性回归分析：b 为常数项及一次项的系数，bint 是各系数的置信水平为 1−alpha 的区间(alpha 的默认值 0.05)，r，rint 是对应系数的残差(即观测值与回归值之差)及残差置信区间，ststs 是相关系数 R 的平方、F 统计量观测值、检验的 p 值、误差方差 σ^2 的估计值$\hat{\sigma}^2$

【例 9】 测 16 名成年女子的身高 x(单位：cm)与腿长 y(单位：cm)得如下数据(见表 10.6.8)：

表 10.6.8

x	143	145	146	147	149	150	153	154	155	156	157	158	159	160	162	164
y	88	85	88	91	93	93	95	96	98	97	96	97	98	99	100	102

求：

(1) 画散点图及最小二乘拟合直线，观察 y 与 x 是否有线性关系？

(2) 若观察(x,y)在某条直径线附近，求 y 与 x 的线性回归方程.

分析 通过散点图，看 y 与 x 是否有线性关系，再求线性回归方程.

解：

```
>> x=[143 145 146 147 149 150 153 154 155 156 157 158 159 160 162 164]';
   y=[88 85 88 91 93 93 95 96 98 97 96 97 98 99 100 102]';定义数据 x,y
>> plot(x,y,'r+'),lsline  % 画(x,y)的散点图及最小二乘拟合直线
>> b=polyfit(x,y,1)
   % 求 1 次多项式的一次项及常数项系数
   % b=0.7126  -14.7212
   % 一次项系数 0.7126,常数项是-14.7212
>> xlabel('x/身高');ylabel('y/腿长');
   % 定义 X 轴,Y 轴的说明
>> legend('散点图','回归直线')
   % 图例说明
```

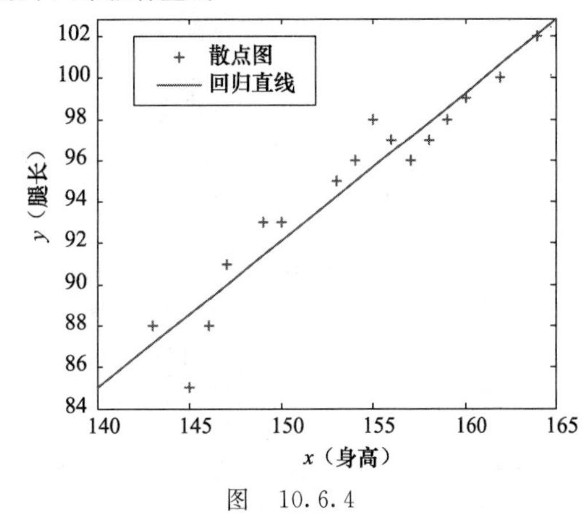

图 10.6.4

所以所求的一元线性回归方程是 $y=-14.7212+0.7126x$，如图 10.6.4 所示.

【例 10】 7 个品牌的计算机的广告费用(百万元)及销售额(百万台)的数据是(见表 10.6.9)：

表 10.6.9

品　牌	1	2	3	4	5	6	7
广告费 x	1.1	2.1	3.9	56.2	10	13.5	19
销售额 y	19.5	32.3	43	41	50	52	55

求：

(1) 画出散点图及线性回归直线图；

(2) 计算机的广告费为自变量,销售额为因变量的线性回归方程,检验广告费于销售额之间的线性关系是否显著($\alpha=0.05$).

分析 同理可用例 9 的方法解,这里用另一种方法.

解 (1)

```
>> x=[1.1 2.1 3.9 5.2 10 13.5 19]';y=[19.5 32.3 43 41 50 52 55]'; %定义数据 x,y
>> plot(x,y,'r+'),lsline     % 画(x,y)的散点图及最小二乘拟合直线
```

(2)
```
>> x1=[ones(size(x)),x];              % 在向量 x 左边加一列全 1 矩阵
>> [b,bint,r,rint,stats]=regress(y,x1)   % 一元线性回归分析
b=29.1359      1.6213          % y 对 x 的一元线性回归方程:y=1.6213+29.1359x
bint=
      18.0672     40.2045
      0.5074      2.7353       % 一次项系数、常数项的置信水平为 95%的区间分别为
                               % [18.0672,40.2045],[0.5074 , 2.7353]
r=                             % 7 个样本数据的残差(因变量的观测值与估计值之差)
  -11.4193
   -0.2407
    7.5409
    3.4332
    4.6508
    0.9762
   -4.9412
rint =                         % 7 个样本数据的残差的置信度 95%的置信区间
   -19.3467     -3.4920
   -17.4885     17.0072
    -7.6448     22.7267
   -14.4077     21.2741
   -12.8260     22.1277
   -16.2581     18.2104
   -15.6451      5.7627
stats =
      0.7368    13.9983    0.0134    49.2220
% R^2=0.7368,说明数据 x,y 线性相关,
% 13.9983 是 F 统计量的观测值
% 0.0134 是检验的 P 值,
% 49.2220 是随机误差 σ^2 的估计值
>> xlabel('x(计算机的广告费)');ylabel('y(销售额)');legend('原始散点','线性回归直线')
```

结果如图 10.6.5 所示.

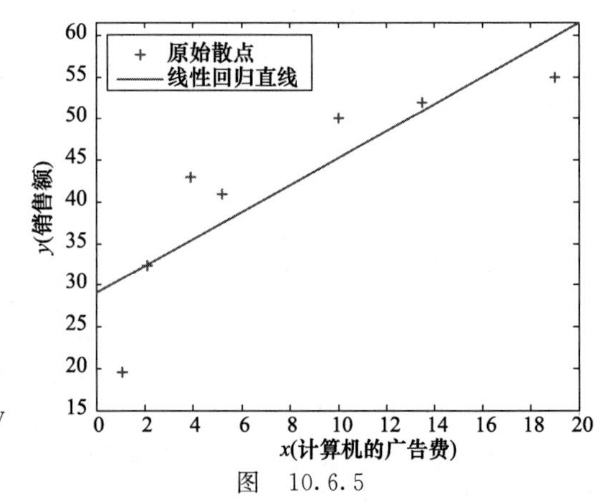

图 10.6.5

习　题　10.6

1. 调用 trnd()函数生成 1000×1 的 T 分布的随机数向量 X_1，X_2，其中自由度分别为 4，40，并作出它们的密度函数曲线.

2. 调用 random()函数生成 10 000×1 的 $F(10,10)$分布的随机数向量 X，并作出 X 的频率直方图，然后与 $F(10,10)$分布的密度函数曲线作比较.

3. 设样本数据为 data={503,507,499,502,504,510,497,510,514,505,493,498,500,509}，求总体均值的无偏估计，总体方差的无偏估计.

4. 来自总体 X 的样本是{0.50,0.63.0.80,1.25,1.88,2.00}，已知 $y=\ln x$ 服从正态分布 $N(\mu,1)$. 求：

(1)μ 的置信水平为 95%的置信区间 .

(2)总体 X 的方差的置信水平为 95%的置信区间.

5. 设某种铜丝的折断力为一随机变量，按国家质量要求，必须服从 $\sigma^2=16$ 的正态分布，今从某厂生产的该种铜线中，随机抽取容量为 9 的一个样本，测得其折断力如下(单位:N)：289,286,285,286,284,285,286,298,292，问：该厂生产的这种铜丝的折断力的方差是否符合国家标准？($\alpha=0.05$)

6. 考察温度对产量的影响，测得下列 10 组数据：

温度 x(℃)	20	25	30	35	40	45	50	55	60	65
产量 y(kg)	13.2	15.1	16.4	17.1	17.9	18.7	19.6	21.2	22.5	24.3

(1) 求经验回归方程$\hat{y}=\hat{a}+\hat{b}x$；

(2) 检验回归的显著性($\alpha=0.05$).

小结

10.1　概率论基础知识回顾

一、主要内容与要求

(1)理解随机现象、随机试验、随机事件、随机变量、样本空间、基本事件等相关概念，理解随机事件的关系与运算.

(2)会求古典概型的概率，掌握概率的加法公式. 理解条件概率、事件的独立性等概念，掌握若干独立事件乘积的概率计算.

(3)理解随机变量及其概率分布的概念，理解离散型随机变量及其概率分布、连续型随机变量及其概率密度的概念、理解随机变量的均值(数学期望)和方差的概念、运算性质.

(4)了解常见的离散型随机变量及其分布：两点分布、二项分布、泊松分布；了解常见的连续型随机变量及其分布：均匀分布、正态分布，会查正态分布表求事件的概率.

二、方法小结

常见的随机变量的分布律(或概率密度)、期望、方差 .

分布名称	分布律或密度函数	均值	方差
二点分布 $X\sim B(1,p)$	$P(X=1)=p,\ P(X=0)=q$ $(0<p<1,q=1-p)$	p	pq
二项分布 $X\sim B(n,p)$	$P(X=k)=C_n^k p^k q^{n-k}$, $(k=0,1,2,\cdots,n),0<p<1,q=1-p$	np	npq
泊松分布 $X\sim P(\lambda)$	$P(X=k)=\dfrac{\lambda^k}{k!}e^{-\lambda}$ $(\lambda>0),k=0,1,2,\cdots$	λ	λ
均匀分布 $X\sim U[a,b]$	$f(x)=\begin{cases}\dfrac{1}{b-a} & 当 a\leqslant x\leqslant b \\ 0 & 其他\end{cases}$	$\dfrac{a+b}{2}$	$\dfrac{(b-a)^2}{12}$
正态分布 $X\sim N(\mu,\sigma^2)$	$f(x)=\dfrac{1}{\sqrt{2\pi}\sigma}e^{-\frac{(x-\mu)^2}{2\sigma^2}}(-\infty<x<+\infty)$, μ 与 $\sigma(>0)$ 是常数	μ	σ^2

10.2 常见的统计量

一、主要内容与要求

(1)理解总体、简单随机样本的概念,了解常见的随机抽样方法.

(2)理解样本函数、样本统计量的区别,掌握来自正态总体的常见的样本统计量及其分布(如 U 统计量、t 统计量、χ^2 统计量、F 统计量),会查表求样本统计量(也是随机变量)X 满足 $P\{|X|>\lambda\}=\alpha$ 或 $P(|X|\leqslant\lambda)=1-\alpha$ 的临界值 λ.

二、方法小结

(1)常见的随机抽样方法.

① 简单随机抽样——将抽样对象全部编上号码,采用抽签法或抓阄法随机抽样;也可以用 MATLAB 软件命令取随机值、查随机数表法或用摇奖机法随机抽样.

② 等距随机抽样(机械随机抽样或系统随机抽样)——把总体分成若干均衡部分,然后从每一个均衡部分抽取相同数量的个体.

③ 分类随机抽样——当整体由几类具有显著差异的部分组成时,就按每一部分所占的比例进行抽样.

(2)区分样本函数与样本统计量.

样本统计量是不含总体未知参数的样本函数.要注意有的样本统计量不含总体的未知参数,但是它所服从的分布却含有总体的未知参数.比如,样本均值 $\overline{X}=\dfrac{1}{n}\sum\limits_{k=1}^{n}X_k$ 不含有总体的参数,但是它所服从的分布 $\overline{X}\sim N\left(\mu,\dfrac{\sigma^2}{n}\right)$ 却含有总体的参数.我们正是利用此类特征做总体的估计与推断.

(3) 常见的统计量及分布.

设$(X_1,X_2,\cdots,X_n)$是来自总体 X 的一个样本,总体 X 的均值、方差分别是 μ,σ^2,则 $\overline{X}=\dfrac{1}{n}\sum\limits_{k=1}^{n}X_k$ 是样本均值,且 $\overline{X}\sim N\left(\mu,\dfrac{\sigma^2}{n}\right)$;$S^2=\dfrac{1}{n-1}\sum\limits_{k=1}^{n}(X_k-\overline{X})^2$ 是样本方差,$S=$

$\sqrt{\frac{1}{n-1}\sum_{k=1}^{n}(X_k-\overline{X})^2}$ 为样本标准差；且 $\overline{X}$ 与 S^2 相互独立.

表10.2.1列出了常见的统计量及其分布图，注意比较 $t(n)$ 分布，$\chi^2(n)$ 分布，$F(n_1,n_2)$ 分布与 $N(0,1)$ 的区别，并了解其应用.

(4)查表求随机变量 X 分布的水平为 α 的临界值 λ.

附录B分为两类：一类形如 $P(X\leqslant\lambda)=\alpha$，见附录B.1(标准正态分布表)；另一类形如 $P(G>\lambda)=\alpha$，见附录B.2(t 分布)、附录B.3(χ^2 分布)、附录B.4(F 分布). 应根据所求问题灵活变形求随机变量 X 的分布 α 的临界值 λ(注意MATLAB中置信区间、假设检验的命令格式对 λ 要求的区别).

10.3 正态分布的参数估计

一、主要内容与要求

(1)会求样本 $(X_1,X_2,\cdots,X_n)$ 的均值 $\overline{X}=\frac{1}{n}\sum_{k=1}^{n}X_k$，样本 $(X_1,X_2,\cdots,X_n)$ 的方差 $S^2=\frac{1}{n-1}\sum_{k=1}^{n}(X_k-\overline{X})^2$.

(2)理解样本均值是总体均值的无偏估计量、样本方差是总体方差的无偏估计量的意义.

(3)理解置信区间的概念，会根据已知条件求正态总体均值、方差的置信区间.

二、方法小结

(1)求正态总体均值、方差的置信区间的步骤.

① 构造样本函数 $f(X_1,X_2,\cdots,X_n)$，并确定其分布；

② 按照给定的概率 $1-\alpha$ 及 $f(X_1,X_2,\cdots,X_n)$ 所服从的概率分布，找出满足等式 $P(|f(X_1,X_2,\cdots X_n)|\leqslant\lambda)=1-\alpha$(或 $P(\lambda_1\leqslant f(X_1,X_2,\cdots X_n)\leqslant\lambda_2)=1-\alpha$)的临界值 λ(或 λ_1,λ_2)；

③ 解 $|f(X_1,X_2,\cdots X_n)|\leqslant\lambda$(或 $\lambda_1\leqslant f(X_1,X_2,\cdots X_n)\leqslant\lambda_2$)，并将样本值 $x_1,x_2,\cdots,x_n$ 代入，得出 $f(X_1,X_2,\cdots,X_n)$ 所含的唯一待估参数的范围即为所求参数的置信区间.

(2)常见的正态总体均值、方差的置信区间估计.

求正态总体均值、方差的置信区间分为(1)已知总体的方差，求均值的置信区间；(2)未知总体的方差，求均值的置信区间；(3)未知总体的均值，求方差的置信区间.

条　　件	样本函数及分布	置信度为 $1-\alpha$ 的参数的置信区间
已知 σ，求 μ 的置信区间	$u=\frac{\overline{X}-\mu}{\frac{\sigma}{\sqrt{n}}}\sim N(0,1)$	μ 的置信区间：$\left[\overline{X}-\lambda\cdot\frac{\sigma}{\sqrt{n}},\overline{X}+\lambda\cdot\frac{\sigma}{\sqrt{n}}\right]$
未知 σ，求 μ 的置信区间	$t=\frac{\overline{X}-\mu}{\frac{S}{\sqrt{n}}}\sim t(n-1)$	μ 的置信区间：$\left[\overline{X}-\lambda\cdot\frac{S}{\sqrt{n}},\overline{X}+\lambda\cdot\frac{S}{\sqrt{n}}\right]$
未知 μ，求 σ^2 的置信区间	$\chi^2=\frac{(n-1)S^2}{\sigma^2}\sim\chi^2(n-1)$	σ^2 的置信区间：$\left[\frac{(n-1)S^2}{\lambda_2},\frac{(n-1)S^2}{\lambda_1}\right]$

10.4 正态分布的假设检验

一、主要内容与要求

(1)了解假设检验的统计思想,掌握假设检验的一般步骤.

(2)掌握正态总体期望、方差的假设检验.

二、方法小结

(1)假设检验的一般步骤.

① 提出待检验假设 H_0;

② 选择检验统计量 G,并指明其概率分布,对给定的显著性检验水平 α,根据检验统计量的分布,由 $P(G>\lambda)=\alpha$,查表确定临界值 λ,得到拒绝域 $w=\{(x_1,x_2,\cdots,x_n)|G>\lambda\}$;

③ 将样本值代入检验统计量计算,根据样本值是否落入拒绝域做出决策:若样本值落入拒绝域,则拒绝原假设,否则就接受原假设.

(2)常见的正态分布假设检验.

正态分布的假设检验分为两类:单个正态分布的假设检验及两个正态分布的假设检验.

单个正态分布均值、方差的假设检验分为:

① 已知总体的方差 σ^2,假设检验总体的均值 $H_0:\mu=\mu_0$,即 U 检验;

② 未知总体的方差 σ^2,假设检验总体的均值 $H_0:\mu=\mu_0$,即 t 检验;

③ 未知总体的均值 μ,假设检验总体的方差,即 χ^2 检验.

两个正态总体均值、方差的假设检验是未知两个总体的均值 μ_1,μ_2,假设检验两总体的方差 $H_0:\sigma_1^2=\sigma_2^2$,即 F 检验.

条　件	假　设　H_0	统计量及分布	拒　绝　域
σ^2已知	$\mu=\mu_0$	$U=\dfrac{\overline{X}-\mu_0}{\frac{\sigma}{\sqrt{n}}}\sim N(0,1)$	$\lvert U\rvert>U_{\frac{\alpha}{2}}$
σ^2未知	$\mu=\mu_0$	$t=\dfrac{\overline{X}-\mu_0}{\frac{S}{\sqrt{n}}}\sim t(n-1)$	$\lvert t\rvert>t_{\frac{\alpha}{2}}(n-1)$
μ未知	$\sigma^2=\sigma_0^2$	$\chi^2=\dfrac{(n-1)S^2}{\sigma_0^2}\sim\chi^2(n-1)$	$\chi^2>\chi^2_{\frac{\alpha}{2}}(n-1),\chi^2<\chi^2_{1-\frac{\alpha}{2}}(n-1)$
μ_1,μ_2未知	$\sigma_1^2=\sigma_2^2$	$F=\dfrac{S_1^2}{S_2^2}\sim F(n_1-1,n_2-1)$	$F<F_{1-\frac{\alpha}{2}}(n_1,n_2),F>F_{\frac{\alpha}{2}}(n_1,n_2)$

(3)假设检验与置信区间的相同之处.

在总体已知的情况下,假设检验与区间估计是从不同的角度回答问题:前者从定性的角度判断总体的统计假设是否成立,后者从定量的角度给出总体未知参数的范围.比如未知单总体的方差 σ^2,要检验总体均值是否是 $H_0:\mu=\mu_0$,选择统计量 $t=\dfrac{\overline{X}-\mu_0}{\frac{S}{\sqrt{n}}}\sim t(n-1)$,对给定的显著性检验

水平 α，由 $P(|t|>t_{\frac{\alpha}{2}}(n-1))=\alpha$，得到 $P(|t|\leqslant t_{\frac{\alpha}{2}}(n-1))=1-\alpha$，故以 $1-\alpha$ 的概率接受假设检验 H_0 接受域为 $\left\{(x_1,x_2,\cdots,x_n)\mid(x_2,\cdots,x_n)\in\left[\overline{X}-t_{\frac{\alpha}{2}}(n-1)\frac{S}{\sqrt{n}},\overline{X}+t_{\frac{\alpha}{2}}(n-1)\frac{S}{\sqrt{n}}\right]\right\}$；同时以 $1-\alpha$ 为置信水平的总体的未知参数 μ 的置信区间是 $\left[\overline{X}+t_{\frac{\alpha}{2}}(n-1)\frac{S}{\sqrt{n}},\overline{X}+t_{\frac{\alpha}{2}}(n-1)\frac{S}{\sqrt{n}}\right]$.

(4)对"拒绝原假设"与"接受原假设"的理解.

"拒绝原假设"依据"小概率事件在一次试验中不可能发生"的原理，这是人们根据长期经验坚持的信念：概率很小的事件在一次实验中是不可能发生的.如果一次随机抽得的样本使得小概率事件居然发生了，人们宁愿认为原假设有问题而拒绝该假设."接受原假设"却没有完全充分的说服力.

由于样本观测值是随机的，因此，拒绝 H_0 并不意味 H_0 是假的，接受 H_0 并不意味 H_0 是真，都存在着错误决策的可能.一般选择 H_0 为被拒绝的假设.

10.5 一元线性回归分析

一、主要内容与要求

(1)理解一元线性回归分析的相关概念：相关关系、回归方程(或回归函数)、散点图、最小二乘法、回归直线、回归系数及其检验、回归值及其预测区间等.

(2)会画实验数据 (x,y) 的散点图，掌握一元线性回归方程的求法.

(3)了解一元线性回归方程的显著性检验的方法.

(4)了解一元线性回归方程对指定的 x 预测 y 的值及其预测区间.

二、方法小结

(1)求一元线性回归方程.

求一元线性回归方程依据的是最小二乘思想：从接近散点 (x,y) 的无穷多条直线中选取一条最佳直线，使得总偏差的平方和 $Q(a,b)=\sum\limits_{i=1}^{n}\varepsilon_i^2=\sum\limits_{i=1}^{n}(y_i-\hat{y}_i)^2=\sum\limits_{i=1}^{n}[y_i-(a+bx_i)]^2$ 最小.具体步骤为：

① 根据实验数据作散点图，若散点在一条直线的附近，设回归直线方程 $\hat{y}=\hat{a}+\hat{b}x$；

② 计算 $\sum\limits_{i=1}^{n}x_i,\sum\limits_{i=1}^{n}y_i,\sum\limits_{i=1}^{n}x_i^2,\sum\limits_{i=1}^{n}y_i^2,\sum\limits_{i=1}^{n}x_iy_i$，将 $\overline{x}=\frac{1}{n}\sum\limits_{i=1}^{n}x_i,\overline{y}=\frac{1}{n}\sum\limits_{i=1}^{n}y_i$，

$$L_{xx}=\sum_{i=1}^{n}(x_i-\overline{x})^2=\sum_{i=1}^{n}x_i^2-n(\overline{x})^2,$$

$$L_{xy}=\sum_{i=1}^{n}(x_i-\overline{x})(y_i-\overline{y})=\sum_{i=1}^{n}x_iy_i-n\overline{x}\,\overline{y},$$

代入公式

$$\begin{cases}\hat{b}=\dfrac{L_{xy}}{L_{xx}}=\dfrac{\sum\limits_{i=1}^{n}(x_i-\overline{x})(y_i-\overline{y})}{\sum\limits_{i=1}^{n}(x_i-\overline{x})^2}\\ \hat{a}=\overline{y}-\hat{b}\,\overline{x}\end{cases},$$

可计算出 $\hat{a},\hat{b}$，即得一元线性回归方程 $\hat{y}=\hat{a}+\hat{b}x$.

(2) 一元线性相关性的显著性检验(F 检验法).

① 假设 $H_0:b=0$；

② 选择检验统计量:$F=\dfrac{(n-2)L_{xy}^2}{L_{xx}L_{yy}-L_{xy}^2}\sim F(1,n-2)$,对给定的显著性检验水平 α,由 $P(F>\lambda)=\alpha$,查 $F(1,n-2)$ 分布表,确定临界值 λ;

③ 根据样本值计算统计量 F,若 $F\leqslant\lambda_{0.05}$,就接受 H_0,认为 y 对 x 的线性关系不显著;若 $\lambda_{0.05}<F\leqslant\lambda_{0.01}$,就拒绝 H_0,认为 y 对 x 的线性关系显著;若 $F>\lambda_{0.01}$,就接受 H_0,认为 y 对 x 的线性关系特别显著.

10.6 用 MATLAB 求解常见的数理统计问题

(1) 会用 MATLAB 软件画条形图、饼图、频数及频率直方图、四大分布:$N(\mu,\sigma^2)$,$t(n)$,$\chi^2(n)$,$F(m,n)$ 的密度函数图.

(2) 会用 MATLAB 软件由样本数据估计总体的均值、方差,估计正态总体的均值、方差的置信区间.

(3) 会用 MATLAB 软件对正态总体的均值、方差作假设检验.

(4) 会用 MATLAB 软件由数据作一元线性回归分析.

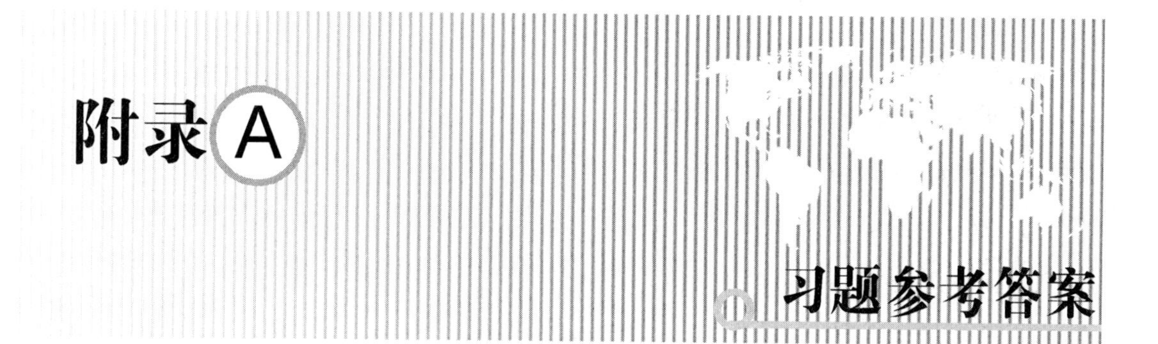

附录A 习题参考答案

第6章

习题6.1

1. (1) $\frac{1}{2n-1}$； (2) $\frac{1}{(n+1)\ln(n+1)}$； (3) $(-1)^n\frac{(2n+1)}{n^2}$； (4) $\frac{1}{1+n^2}$.

2. (1)收敛，和为$\frac{1}{2}$； (2)发散； (3)发散； (4)收敛，和为$\frac{1}{2}$； (5)发散；

   (6)收敛，和为$\frac{3}{4}$； (7)发散； (8)发散.

习题6.2

1. (1)收敛； (2)发散； (3)收敛； (4)收敛； (5)发散； (6)发散.
2. (1)收敛； (2)发散； (3)收敛； (4)收敛； (5)收敛； (6)发散； (7)收敛；
   (8)发散.
3. (1)绝对收敛； (2)条件收敛； (3)绝对收敛； (4)条件收敛； (5)绝对收敛；
   (6)绝对收敛.

习题6.3

1. (1) $(-1,1)$； (2) $[-1,1)$； (3) $(-\infty,+\infty)$； (4) $x=0$； (5) $(-3,3)$；
   (6) $[-3,3)$.

2. (1) $\frac{1}{(1-x)^2},x\in(-1,1)$； (2) $-\ln(1-x),x\in[-1,1)$；

   (3) $\arctan x,x\in(-1,1)$； (4) $\frac{2x}{(1-x^2)^2},x\in(-1,1)$.

3. (1) $1+x^2+\frac{x^4}{2!}+\cdots+\frac{x^{2n}}{n!}+\cdots,\quad x\in(-\infty,+\infty)$；

   (2) $1+(\ln a)x+\frac{\ln^2 a}{2!}x^2+\cdots+\frac{\ln^n a}{n!}x^n+\cdots,\quad(-\infty,+\infty)$；

   (3) $1-x^2+x^4-x^6+\cdots+(-1)x^{2n}+\cdots,\quad(-1,1)$；

   (4) $\frac{x}{2}-\frac{x^3}{2^3\cdot 3!}+\frac{x^5}{2^5\cdot 5!}-\cdots+(-1)^n\frac{x^{2n+1}}{2^{2n+1}\cdot(2n+1)!}+\cdots,\quad x\in(-\infty,+\infty)$.

习题 6.4

(1) $f(x)=\frac{3}{2}+\frac{2}{\pi}\left[\sin x+\frac{1}{3}\sin 3x+\cdots+\frac{1}{2k-1}\sin(2k-1)x+\cdots\right]$,

其中,$-\infty<x<+\infty, x\neq k\pi, k\in \mathbf{Z}$);

(2) $f(x)=\frac{-8}{\pi}\left[\sin x+\frac{1}{3}\sin 3x+\cdots+\frac{1}{2k-1}\sin(2k-1)x+\cdots\right]$,

其中,$-\infty<x<+\infty, x\neq k\pi, k\in \mathbf{Z}$;

(3) $f(x)=2\left[\sin x-\frac{1}{2}\sin 2x+\frac{1}{3}\sin 3x-\frac{1}{4}\sin 4x+\cdots+(-1)^{k+1}\frac{1}{k}\sin kx+\cdots\right]$

其中,$-\infty<x<+\infty, x\neq \pm\pi, \pm 3\pi, \cdots$;

(4) $f(x)=1+4\left[\sin x-\frac{1}{2}\sin 2x+\frac{1}{3}\sin 3x-\frac{1}{4}\sin 4x+\cdots+(-1)^{k+1}\frac{1}{k}\sin kx+\cdots\right]$

其中,$-\infty<x<+\infty, x\neq k\pi, k\in \mathbf{Z}$.

习题 6.5

1. (1)$\frac{3}{9p^2+1}$; (2)$\frac{3}{p+2}$; (3)$\frac{2}{p^3}+\frac{3}{p^2}-\frac{5}{p}$; (4)$\frac{6+2p}{p^2+4}$;

(5)$\frac{4}{(p+2)^2+16}$; (6)$\frac{2}{p^2+14}$; (7)$\frac{1}{p}+\frac{1}{(p-3)^2}$; (8)$e^{-\frac{1}{2}p}\frac{1}{p}$.

2. (1)$\sin 3t$; (2)$1-e^{-t}$; (3)$2-5t$; (4)$\frac{1}{2}t^2e^{2t}$;

(5)$2e^{-t}\cos t-e^{-t}\sin t$; (6)$6e^{3t}-5e^{2t}$.

习题 6.6

1. (1)∞; (2)$\frac{\sqrt{2}}{2}$; (3)$-\frac{1}{x}\ln(1-x)$.

2. (1)$\ln 5+\frac{1}{5}x-\frac{1}{50}x^2+\frac{1}{375}x^3$;

(2)$-1+x+(x-2)^2+(x-2)^3+\cdots+(x-2)^{12}$;

(3)sin(1/4 * pi * exp(1/4 * pi))+cos(1/4 * pi * exp(1/4 * pi)) * (1/4 * pi * exp(1/4 * pi)+exp(1/4 * pi)) * (x−1/4 * pi)+(−1/2 * sin(1/4 * pi * exp(1/4 * pi)) * (1/4 * pi * exp(1/4 * pi)+exp(1/4 * pi))^2+cos(1/4 * pi * exp(1/4 * pi)) * (1/8 * pi * exp(1/4 * pi)+exp(1/4 * pi))) * (x−1/4 * pi)^2+(cos(1/4 * pi * exp(1/4 * pi)) * (−1/6 * (1/4 * pi * exp(1/4 * pi)+exp(1/4 * pi))^3+1/2 * exp(1/4 * pi)+1/24 * pi * exp(1/4 * pi))−sin(1/4 * pi * exp(1/4 * pi)) * (1/8 * pi * exp(1/4 * pi)+exp(1/4 * pi)) * (1/4 * pi * exp(1/4 * pi)+exp(1/4 * pi))) * (x−1/4 * pi)^3+(cos(1/4 * pi * exp(1/4 * pi)) * (1/6 * exp(1/4 * pi)+1/96 * pi * exp(1/4 * pi)−1/2 * (1/8 * pi * exp(1/4 * pi)+exp(1/4 * pi)) * (1/4 * pi * exp(1/4 * pi)+exp(1/4 * pi))^2)+sin(1/4 * pi * exp(1/4 * pi)) * (1/24 * (1/4 * pi * exp(1/4 * pi)+exp(1/4 * pi))^4−1/2 * (1/8 * pi * exp(1/4 * pi)+exp(1/4 * pi))^2−(1/2 * exp(1/4 * pi)+1/24 * pi * exp(1/4 * pi)) * (1/4 * pi * exp(1/4 * pi)+exp(1/4 * pi)))) * (x−1/4 * pi)^4.

3. (1)$\frac{6}{s^2+9}+\frac{3s}{s^2+4}$; (2)$\frac{3}{s^2}$; (3)$\frac{1}{s-2}$;

4. (1)$2-5t$; (2)$4\cos 2t-\frac{3}{2}\sin 2t$; (3)$-6e^{-3t}+7e^{-2t}$.

第7章

习题7.1

1.(1)1；(2)2；(3)1；(4)1；(5)3；(6)2.

2. $y=\cos x+\sin x$.

3.(1)是；(2)是；(3)是.

4. $y=(4+2x)e^{-x}$.

5. $y=\frac{1}{2}x^4+1$.

习题7.2

1. (1)$2x^2-y^2=C$；(2)$y=e^{Cx}$；(3)$\frac{x^2-1}{y^2+1}=C$；(4)$y=\frac{1}{\arctan x+C}$；

(5)$e^{-y}=1-Cx$；(6)$y^2=x^2(2\ln|x|+C)$.

2. (1)$e^y=\frac{1}{2}(e^{2x}+1)$；(2)$y=e^{1+x+\frac{1}{2}x^2+\frac{1}{3}x^3}$；

(3)$u=5e^{t+\frac{1}{3}t^3}$；(4)$(x^2+1)\sin y=1$.

3. (1)$y=-e^x+C$；(2)$y=\frac{1}{2}x^3+x^2+Cx$；

(3)$u=(x+C)e^{-\sin x}$；(4)$y=(x+1)^2\left(\frac{1}{2}x^2+x+C\right)$.

4. (1)$y=e^{-x}(x+1)$；(2)$y=\frac{1}{2}x\ln x-\frac{1}{4}x+\frac{1}{4x}$；

(3)$y=\frac{1}{x}(\pi+\sin x)$；(4)$y=3-e^{-3x}$.

习题7.3

1. $y=2(e^x-x-1)$.

2. $T=\frac{\ln 2}{k}$(k为衰变系数).

3. 2160(元).

4. $v=\frac{mg}{k}(1-e^{-\frac{m}{k}t})$ (k为比例系数).

习题7.4

1. (1)$y=\pm\frac{1}{x^2-C}\sqrt{-(x^2-C)(x^2+1)}$；(2)$y=\frac{\frac{1}{4}x^4+C}{x}$.

2. (1)$y=\left(t+\frac{1}{10}\right)e^{-2t}$；(2)$y=1$.

第8章

习题8.1

1. (1)1000；(2)0；(3)6；(4)2；(5)12；(6)−1680；(7)2005.

2.(1)0；(2)−10；(3)x^2y^2；(4) $b_1b_2b_3$.

3. (1)$x_1=-1,x_2=3,x_3=-1$；(2)$x_1=1,x_2=-2,x_3=0,x_4=0.5$.

4. $a_0=4, a_1=-\frac{10}{3}, a_2=3, a_3=-\frac{2}{3}$.

习题 8.2

1. $\boldsymbol{A}+\boldsymbol{B}=\begin{bmatrix}2&3&4\\0&-1&3\\1&4&2\end{bmatrix}, 3\boldsymbol{B}-2\boldsymbol{A}=\begin{bmatrix}1&4&7\\-5&-8&14\\-2&17&1\end{bmatrix}$.

2. (1) $\begin{pmatrix}35\\6\\49\end{pmatrix}$; (2) 10; (3) $\begin{bmatrix}-2&4\\-1&2\\-3&6\end{bmatrix}$; (4) $\begin{pmatrix}6&-7&8\\20&-5&-6\end{pmatrix}$.

3. (1) 不成立; (2)不成立; (3)不成立.

习题 8.3

1. (1) $\begin{pmatrix}5&-2\\-2&1\end{pmatrix}$; (2) $\begin{pmatrix}\cos\theta&\sin\theta\\-\sin\theta&\cos\theta\end{pmatrix}$; (3) $\begin{bmatrix}-2&1&0\\-6.5&3&-0.5\\-16&7&-1\end{bmatrix}$.

2. (1) $\boldsymbol{X}=\begin{pmatrix}2&-23\\0&8\end{pmatrix}$; (2) $\boldsymbol{X}=\begin{bmatrix}-2&2&1\\-\frac{8}{3}&5&-\frac{2}{3}\end{bmatrix}$; (3) $\boldsymbol{X}=\begin{bmatrix}1&1\\\frac{1}{4}&0\end{bmatrix}$.

3. (1) $x_1=1, x_2=0, x_3=0$; (2) $x_1=5, x_2=0, x_3=3$.

习题 8.4

1. $\boldsymbol{A}=\begin{bmatrix}3&2&9&6\\-1&-3&4&-17\\1&4&-7&3\\-1&-4&7&-3\end{bmatrix}\to\begin{bmatrix}1&0&0&0\\0&1&0&0\\0&0&1&0\\0&0&0&1\end{bmatrix}$, $R(\boldsymbol{A})=4$.

2. $\begin{bmatrix}0&2&-4\\-1&-4&5\\3&1&7\\0&5&-10\\2&3&0\end{bmatrix}\to\begin{bmatrix}1&0&3\\0&1&-2\\0&0&0\\0&0&0\\0&0&0\end{bmatrix}$, $R(\boldsymbol{A})=2$.

3. $\boldsymbol{A}^{-1}=\begin{bmatrix}\frac{3}{8}&-\frac{1}{8}&-\frac{1}{8}\\\frac{1}{8}&-\frac{3}{8}&\frac{5}{8}\\-\frac{1}{8}&\frac{3}{8}&\frac{3}{8}\end{bmatrix}$.

4. $\boldsymbol{X}=\begin{bmatrix}3&2\\-2&-3\\1&3\end{bmatrix}$.

习题 8.5

1.（1）无解；（2）有无数解$\begin{cases}x_1=-\dfrac{1}{9}-\dfrac{13}{6}x_4-\dfrac{4}{9}x_5\\x_2=-\dfrac{2}{9}-\dfrac{23}{6}x_4+\dfrac{1}{9}x_5\\x_3=\dfrac{7}{9}+\dfrac{5}{3}x_4+\dfrac{10}{9}x_5\end{cases}$（其中 x_4,x_5是自由变量）；

（3）$x_1=-8,x_2=3,x_3=6,x_4=0$；（4）$\begin{cases}x_1=2x_4\\x_2=-x_4\\x_3=0\end{cases}$（其中 x_4是自由变量）.

2. $\lambda=2$ 或 $\lambda=6$.

习题 8.6

1. $|\boldsymbol{A}|=36,\boldsymbol{AB}=\begin{pmatrix}10&-4\\8&-2\\-2&17\end{pmatrix},\boldsymbol{B}'=\begin{pmatrix}1&3&-1\\2&-2&5\end{pmatrix},\boldsymbol{A}^{-1}=\begin{pmatrix}\dfrac{1}{3}&-\dfrac{1}{4}&\dfrac{1}{6}\\\dfrac{2}{9}&\dfrac{1}{12}&-\dfrac{1}{18}\\-\dfrac{1}{9}&\dfrac{1}{12}&\dfrac{5}{18}\end{pmatrix}$.

2. $x_1=-8,x_2=0,x_3=0,x_4=-3$.

3.（1）方程组无解；（2）$\begin{cases}x_1=-1+x_2-x_4\\x_3=1+2x_4\end{cases}$（其中 x_2,x_4是自由变量）.

4. $\boldsymbol{X}=\begin{pmatrix}2&-1&0\\1&3&-4\\1&0&-2\end{pmatrix}$.

5. 总产值 4 500 000 元，总利润 325 000 元.

第 9 章

习题 9.1

1. 设 x_1,x_2分别表示 **A**, **B** 型两类桌子的产量，则有

$$\max Z=2x_1+3x_2,$$

$$\text{s.t.}\begin{cases}x_1+2x_2\leqslant 8\\3x_1+2x_2\leqslant 9\\x_1,x_2\geqslant 0\end{cases}.$$

2. 设 x_{ij}表示从 i 煤矿运往 j 车站的数量，则有

$$\min Z=10\,000x_{11}+15\,000x_{12}+8000x_{21}+16\,000x_{22},$$

$$\text{s.t.}\begin{cases}x_{11}+x_{12}=200\\x_{21}+x_{22}=260\\x_{11}+x_{21}\leqslant 280\\x_{12}+x_{22}\leqslant 360\\x_{ij}\geqslant 0,(i=1,2;j=1,2)\end{cases}.$$

3. 从节约的角度考虑，把 10 m 的钢筋进行裁剪，裁剪后的剩余长度不应超过三 m，因此

可列出在 10 m 长的钢筋上剪裁各种规格的短钢筋的三种合理的方式.

方　式	3 m(根)	4 m(根)	余　量(m)
1	2	1	0
2	0	2	2
3	3	0	1
需求量(根)	100	100	

假设用第一种方式裁剪的原料钢筋根数为 x_1,第二种根数为 x_2,第三种根数为 x_3,得问题的数学模型:

$$\min Z=x_1+x_2+x_3,$$

$$\text{s.t.}\begin{cases}2x_1+3x_3\geqslant 100\\ x_1+2x_2\geqslant 100\\ x_1,x_2,x_3\geqslant 0\end{cases}.$$

4. 设从每一时段开始值班的人数依次为 x_1,x_2,x_3,x_4,x_5,x_6,可得如下数学模型:

$$\min Z=x_1+x_2+x_3+x_4+x_5+x_6,$$

$$\text{s.t.}\begin{cases}x_1+x_6\geqslant 19\\ x_1+x_2\geqslant 24\\ x_2+x_3\geqslant 19\\ x_3+x_4\geqslant 16\\ x_4+x_5\geqslant 13\\ x_5+x_6\geqslant 9\\ x_1,x_2,\cdots,x_6\geqslant 0\end{cases}.$$

习题 9.2

(1)有唯一最优解 $x_1=15,x_2=10$;　　(2)无界解(无最优解);

(3)有唯一最优解 $x_1=3,x_2=1$;　　(4)无可行解.

习题 9.3

1. (1) $x_1=1,x_2=0,x_3=1.5,\max Z=7$;

(2) $x_1=1.4286,x_2=0,x_3=20,x_4=-98.5714,\max Z=661.4286$.

2. 提示:设从周一起,每天开始工作的人数依次为 $x_1,x_2,x_3,x_4,x_5,x_6,x_7$,可得

$$\min Z=x_1+x_2+x_3+x_4+x_5+x_6+x_7,$$

$$\text{s.t.}\begin{cases}x_1+x_4+x_5+x_6+x_7\geqslant 300\\ x_1+x_2+x_5+x_6+x_7\geqslant 300\\ x_1+x_2+x_3+x_6+x_7\geqslant 350\\ x_1+x_2+x_3+x_4+x_7\geqslant 400\\ x_1+x_2+x_3+x_4+x_5\geqslant 480\\ x_2+x_3+x_4+x_5+x_6\geqslant 600\\ x_3+x_4+x_5+x_6+x_7\geqslant 550\\ x_1,x_2,\cdots,x_7\geqslant 0\end{cases}.$$

约束条件两边同乘以-1,化为标准型,用 MATLAB 求解.

3,4. 略.

第 10 章

习题 10.1

1. (C).

2. (B).

3. (1) $A=\frac{1}{\pi}$； (2)$P\left(-\frac{1}{2}<X<\frac{1}{2}\right)=\frac{1}{3}$，$P\left(-\frac{\sqrt{3}}{2}<X<2\right)=\frac{5}{6}$.

4.

X	0	1	2	3	4	5	6
p_k	0.0002	0.0044	0.033	0.1318	0.2966	0.356	0.178

5. (1) $P(1<X\leqslant 3)=0.3412$； (2) $P(X<-1)=0.158$； (3) $P(X>0)=0.5$；
(4)$P(|X|\leqslant 2)=0.9602$.

6. $a=504$ 分.

习题 10.2

1. $X_1+X_2+X_3$、$X_2+3\mu$、$\max\{X_1,X_2,\cdots,X_n\}$是统计量，它们不含未知参数；
$\frac{X_1^2+X_2^2+\cdots+X_n^2}{\sigma^2}$不是统计量，它含未知参数$\sigma^2$.

2. $\overline{x}=51$，$S^2=6$，$S=2.4495$.

3. (1)临界值$\lambda=30.577$； (2)临界值$\lambda_1=4.6$，$\lambda_2=32.799$.

4. 临界值(1)$\lambda_1=1.3968$，(2)$\lambda_2=2.3060$.

5. (1)$\lambda_1=2.39$； (2)$\lambda_2=0.1533$，$\lambda_3=3.89$.

习题 10.3

1. (1)$\mu=1.257$，$\sigma^2=0.014$； (2)[1.23,1.285]； (3)[1.23,1.284].

2. [56.846,289,248].

习题 10.4

1. (C).

2. (C).

3. (1)检验假设：$H_0:\mu=4.55$；

(2) 由于$\sigma^2=0.108^2$已知，选取统计量$U=\frac{\overline{X}-\mu_0}{\sigma/\sqrt{n}}\sim N(0,1)$；

(3) 对于给定的显著性水平$\alpha=0.05$，在H_0成立的条件下，由$P\{|U|>u_{\alpha/2}\}=\alpha$查标准正态分布表可得临界值$u_{\alpha/2}=u_{0.025}=1.96$，从而拒绝域为$|U_0|=|\frac{\overline{x}-\mu_0}{\sigma/\sqrt{n}}|>1.96$；

(4) 由于$\overline{x}=\frac{1}{9}\sum_{i=1}^{9}x_i=4.484$，$\sigma^2=0.108^2$，$\mu_0=4.55$，$n=9$，得

$$|U_0|=|\frac{\overline{x}-\mu_0}{\sigma/\sqrt{n}}|=|\frac{4.484-4.55}{0.108/\sqrt{9}}|=|-1.833|=1.833;$$

(5) 因为$|U_0|=1.833<1.96=u_{\alpha/2}$，故应接受$H_0$，即认为现在生产之铁水平均含碳量仍为4.55.

4. (1)假设$H_0:\mu=45$； (2)选取$t=\frac{\overline{X}-45}{S/\sqrt{9}}$，在$H_0$成立的条件下$t\sim t(9-1)=t(8)$，对于给定的$\alpha=0.05$，查表得$t_{0.025}(8)=2.306$，根据样本观测值计算得$\overline{X}=40$，$S=6.04$，于是$|t|=\left|\frac{40-45}{6.04/3}\right|=2.483>2.306$. 故应该否定$H_0$，因此可以认为新系统优于现行系统.

5. (1)假设 $H_0:\sigma^2=0.108^2$； (2)选取$\chi^2=\frac{(n-1)S^2}{0.108^2}$，对于 $\alpha=0.05$，查自由度为 $n-1=4$ 的χ^2分布表得$\chi^2_{0.025}(4)=11,1$，$\chi^2_{0.975}(4)=0.484$. 由样本观测值计算 $S^2=0.052$，于$\chi^2=\frac{(5-1)\times 0.0520}{0.108^2}=17.836>11.1$，所以拒绝原假设 H_0，即不能认为新工艺练出的铁水含碳量的方差仍为 0.108^2.

6. (1)$H_0:\sigma_1^2=\sigma_2^2$；(2)选取统计量 $F=\frac{S_1^2}{S_2^2}$，对于给定的 $\alpha=0.05$，查 F 分布表得 $F_{0.025}(10.8)=4.3$，$F_{0.075}=\frac{1}{F_{0.025}(8,10)}=\frac{1}{3.85}\approx 0.26$，由样本观测量计算得 $S_1^2=0.064$，$S_2^2=0.03$，所以$F=\frac{S_1^2}{S_2^2}=2.13$. 可见 $0.26<F<4.3$，因而接受原假设，即认为这两台机床的总体方差是相等的.

习题 10.5

1. $C=0.9728+1.216x$.
2. $y=319.0863+4.1853x$.

习题 10.6

1. 如图 A.1 所示.

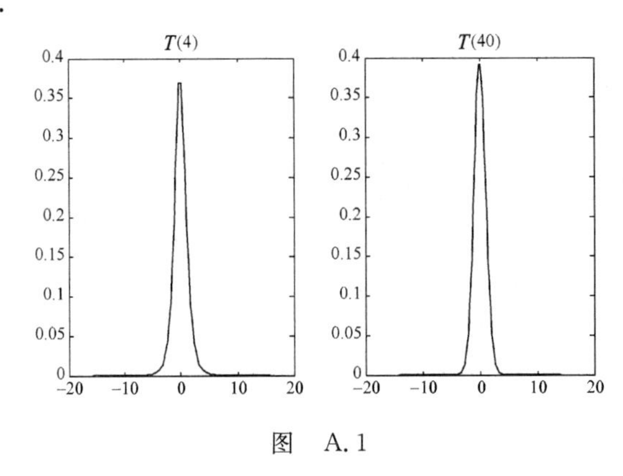

图 A.1

2. 如图 A.2 所示.
3. 总体均值的无偏估计是 503.6429，总体方差的无偏估计是 35.1703.
4. (1) μ 的置信水平为 95%的置信区间 [−0.5779，0.6343]；
   (2)总体 X 的方差的置信水平为 95%的置信区间[0.3605，1.4165].
5. 该厂生产的这种铜丝的折断力的方差符合国家标准.
6. (1)散点图及一元线性回归直线图如图 A .3 所示，一元线性回归直线为 $y=9.1212x+0.2230$；

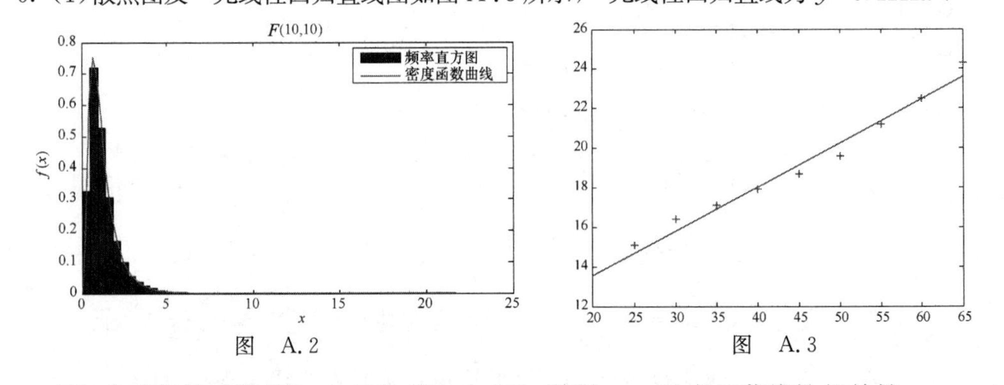

图 A.2　　图 A.3

(2) 由于相关系数 $R^2=0.9821$，$R=0.991$，说明 x,y 具有显著线性相关性.

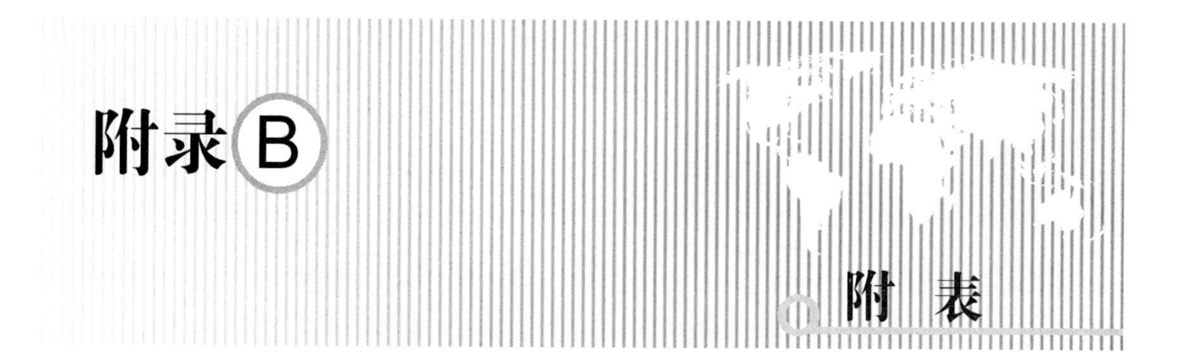

B.1 标准正态分布表

$$\Phi(x)=P\{X\leqslant x\}=\int_{-\infty}^{x}\frac{1}{\sqrt{2\pi}}e^{\frac{-t^2}{2}}\,dt$$

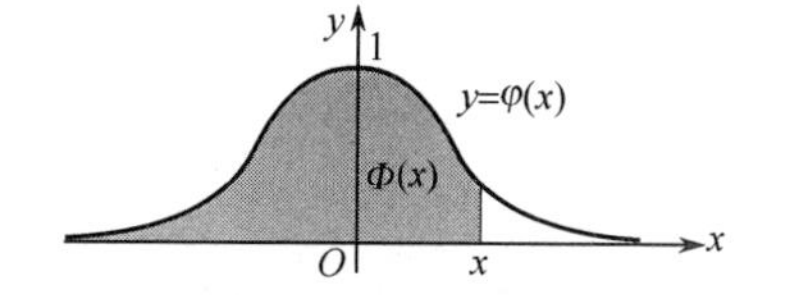

x	0.00	0.01	0.02	0.03	0.04	0.05	0.06	0.07	0.08	0.09
0.0	0.500 0	0.504 0	0.508 0	0.512 0	0.516 0	0.519 9	0.523 9	0.527 9	0.531 9	0.535 9
0.1	0.539 8	0.543 8	0.547 8	0.551 7	0.555 7	0.559 6	0.563 6	0.567 5	0.571 4	0.575 3
0.2	0.579 3	0.583 2	0.587 1	0.591 0	0.594 8	0.598 7	0.602 6	0.606 4	0.610 3	0.614 1
0.3	0.617 9	0.621 7	0.625 5	0.629 3	0.633 1	0.636 8	0.640 6	0.644 3	0.648 0	0.651 7
0.4	0.655 4	0.659 1	0.662 8	0.666 4	0.670 0	0.673 6	0.677 2	0.680 8	0.684 4	0.687 9
0.5	0.691 5	0.695 0	0.698 5	0.701 9	0.705 4	0.708 8	0.712 3	0.715 7	0.719 0	0.722 4
0.6	0.725 7	0.729 1	0.732 4	0.735 7	0.738 9	0.742 2	0.745 4	0.748 6	0.751 7	0.7514 9
0.7	0.758 0	0.761 1	0.764 2	0.767 3	0.770 3	0.773 4	0.776 4	0.779 4	0.782 3	0.785 2
0.8	0.788 1	0.791 0	0.796 9	0.796 7	0.799 5	0.802 3	0.805 1	0.807 8	0.810 6	0.813 3
0.9	0.815 9	0.818 6	0.821 2	0.823 8	0.826 4	0.828 9	0.831 5	0.834 0	0.836 5	0.838 9
1.0	0.841 3	0.843 8	0.846 1	0.848 5	0.850 8	0.853 1	0.855 4	0.857 7	0.859 9	0.862 1
1.1	0.864 3	0.866 5	0.868 6	0.870 8	0.872 9	0.874 9	0.877 0	0.879 0	0.881 0	0.883 0
1.2	0.884 9	0.886 9	0.888 8	0.890 7	0.892 5	0.894 4	0.896 2	0.898 0	0.899 7	0.901 5
1.3	0.903 2	0.904 9	0.906 6	0.908 2	0.909 9	0.911 5	0.913 1	0.914 7	0.916 2	0.917 7
1.4	0.919 2	0.920 7	0.922 2	0.923 6	0.925 1	0.926 5	0.927 8	0.929 2	0.930 6	0.931 9
1.5	0.993 2	0.934 5	0.935 7	0.937 0	0.938 2	0.939 4	0.940 6	0.941 8	0.942 9	0.944 1
1.6	0.945 2	0.946 3	0.947 4	0.948 4	0.949 5	0.950 5	0.951 5	0.952 5	0.953 5	0.954 5
1.7	0.955 4	0.956 4	0.957 3	0.958 2	0.959 1	0.959 9	0.960 8	0.961 6	0.962 5	0.963 3
1.8	0.964 1	0.964 9	0.965 9	0.966 4	0.967 1	0.967 8	0.968 6	0.969 3	0.969 9	0.970 6
1.9	0.971 3	0.971 9	0.972 6	0.977 3	0.973 8	0.974 4	0.975 0	0.975 6	0.976 1	0.976 7

续表

x	0.00	0.01	0.02	0.03	0.04	0.05	0.06	0.07	0.08	0.09
2.0	0.977 2	0.977 8	0.978 3	0.978 8	0.979 3	0.979 8	0.980 3	0.980 8	0.981 2	0.981 7
2.1	0.982 1	0.982 6	0.983 0	0.983 4	0.983 8	0.984 2	0.984 6	0.985 0	0.985 4	0.985 7
2.2	0.986 1	0.986 4	0.986 8	0.987 1	0.987 5	0.987 8	0.988 1	0.988 4	0.988 7	0.989 0
2.3	0.989 3	0.989 6	0.989 8	0.990 1	0.990 4	0.990 6	0.990 9	0.991 1	0.991 3	0.991 6
2.4	0.991 8	0.992 0	0.992 2	0.992 5	0.992 7	0.992 9	0.993 1	0.993 2	0.993 4	0.993 6
2.5	0.993 8	0.994 0	0.994 1	0.994 3	0.994 5	0.994 6	0.994 8	0.994 9	0.995 1	0.995 2
2.6	0.995 3	0.995 6	0.995 6	0.995 7	0.995 9	0.996 0	0.996 1	0.996 2	0.996 3	0.996 4
2.7	0.996 5	0.996 6	0.996 7	0.996 8	0.996 9	0.997 0	0.997 1	0.997 2	0.997 3	0.997 4
2.8	0.997 4	0.997 5	0.997 6	0.997 7	0.997 7	0.997 8	0.997 9	0.997 9	0.998 0	0.998 1
2.9	0.998 1	0.998 2	0.998 2	0.998 3	0.998 4	0.998 4	0.998 5	0.998 5	0.998 6	0.998 6
3.0	0.998 7	0.998 7	0.998 7	0.998 8	0.998 8	0.998 9	0.998 9	0.998 9	0.999 0	0.999 0
3.1	0.999 0	0.999 1	0.999 1	0.999 1	0.999 2	0.999 2	0.999 2	0.999 2	0.999 3	0.999 3
3.2	0.999 3	0.999 3	0.999 4	0.999 4	0.999 4	0.999 4	0.999 4	0.999 5	0.999 5	0.999 5

B.2 t 分布表

$P\{t(n)>t_{\alpha}(n)\}=\alpha$

n	$\alpha=0.25$	0.10	0.05	0.025	0.01	0.005
1	1.000 0	3.077 7	6.313 8	12.706 2	31.820 7	63.657 4
2	0.816 5	1.885 6	2.920 0	4.303 7	6.964 6	9.924 8
3	0.764 9	1.637 7	2.358 3	3.182 4	4.540 7	5.840 9
4	0.740 7	1.533 2	2.131 8	2.776 4	3.746 9	4.604 1
5	0.726 7	1.475 9	2.015 0	2.570 6	3.364 9	4.032 2
6	0.717 6	1.439 8	1.943 2	2.446 9	3.142 7	3.707 4
7	0.711 1	1.414 9	1.894 6	2.364 6	2.998 0	3.499 5
8	0.706 4	1.396 8	1.859 5	2.306 0	2.896 5	3.555 4
9	0.702 7	1.383 0	1.833 1	2.262 2	2.821 4	3.249 8
10	0.699 8	1.372 2	1.812 5	2.228 1	2.763 8	3.169 3
11	0.697 4	1.363 4	1.795 9	2.201 0	2.718 1	3.105 8
12	0.695 5	1.356 2	1.782 3	2.178 8	2.681 0	3.054 5
13	0.693 8	1.350 2	1.770 9	2.160 4	2.650 3	3.012 3
14	0.692 4	1.345 0	1.761 3	2.144 8	2.624 5	2.976 8
15	0.691 2	1.340 6	1.753 1	2.131 5	2.602 5	2.946 7
16	0.390 1	1.336 8	1.745 9	2.119 9	2.583 5	2.920 8
17	0.689 2	1.333 4	1.739 6	2.109 8	2.566 9	2.898 2
18	0.688 4	1.330 4	1.734 1	2.100 9	2.552 4	2.878 4
19	0.687 6	1.327 7	1.729 1	2.093 0	2.539 5	2.860 9
20	0.687 0	1.325 3	1.724 7	2.086 0	2.528 0	2.845 3
21	0.686 4	1.323 2	1.720 7	2.079 6	2.517 7	2.831 4
22	0.685 8	1.321 2	1.717 1	2.073 9	2.508 3	2.818 8
23	0.685 3	1.319 5	1.713 9	2.068 7	2.499 9	2.807 3
24	0.684 8	1.317 8	1.710 9	2.063 9	2.492 2	2.796 9
25	0.684 4	1.316 3	1.708 1	2.059 5	2.485 1	2.787 4
26	0.684 0	1.315 0	1.705 8	2.055 5	2.478 6	2.778 7
27	0.683 7	1.313 7	1.703 3	2.051 8	2.472 7	2.770 7
28	0.683 4	1.312 5	1.701 1	2.048 4	2.467 1	2.763 3
29	0.683 0	1.311 4	1.699 1	2.045 2	2.462 0	2.756 4
30	0.682 8	1.310 4	1.697 3	2.042 3	2.457 3	2.750 0
31	0.682 5	1.309 5	1.695 5	2.039 5	2.452 8	2.744 0
32	0.682 2	1.308 6	1.693 9	2.036 9	2.448 7	2.738 5
33	0.682 0	1.307 7	1.692 4	2.034 5	2.444 8	2.733 3
34	0.681 8	1.307 0	1.690 9	2.032 2	2.441 1	2.728 4
35	0.681 6	1.306 2	1.689 6	2.030 1	2.437 7	2.723 8
36	0.681 4	1.305 5	1.688 3	2.028 1	2.434 5	2.719 5
37	0.681 2	1.304 9	1.687 1	2.026 2	2.431 4	2.715 4
38	0.681 0	1.304 2	1.686 0	2.024 4	2.428 6	2.711 6
39	0.680 8	1.303 6	1.684 9	2.022 7	2.425 8	2.707 9
40	0.680 7	1.303 1	1.683 9	2.021 1	2.423 3	2.704 5
41	0.680 5	1.302 5	1.682 9	2.019 5	2.420 8	2.701 2
42	0.680 4	1.302 0	1.682 0	2.018 1	2.418 5	2.698 1
43	0.680 2	1.301 6	1.681 1	2.016 7	2.416 3	2.695 1
44	0.680 1	1.301 1	1.680 2	2.015 1	2.414 1	2.692 3
45	0.680 0	1.300 6	1.679 4	2.014 1	2.412 1	2.989 6

B.3 χ^2分布表

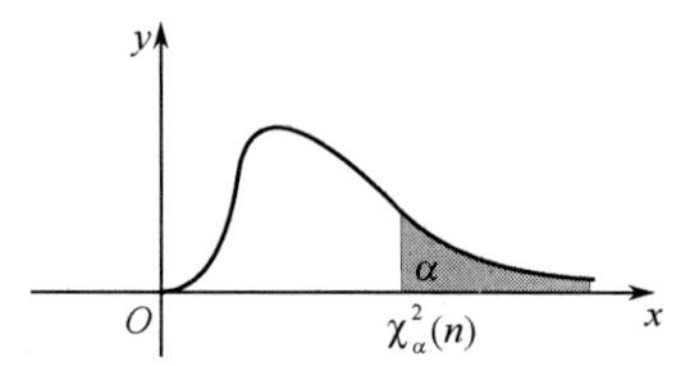

$P\{\chi^2(n) > \chi_\alpha^2(n)\} = \alpha$

n	$\alpha = 0.995$	0.99	0.975	0.95	0.90	0.75
1	—	—	0.001	0.004	0.016	0.102
2	0.101	0.202	0.051	0.103	0.211	0.575
3	0.072	0.115	0.216	0.352	0.584	1.213
4	0.207	0.297	0.484	0.711	1.064	1.923
5	0.412	0.554	0.831	1.145	1.610	2.675
6	0.676	0.872	1.237	1.635	2.204	3.455
7	0.989	1.239	1.690	2.170	2.833	4.255
8	1.344	1.646	2.180	2.733	3.490	5.071
9	1.735	2.088	2.700	3.325	4.168	5.899
10	2.156	2.558	3.247	3.940	4.865	6.737
11	2.603	3.053	3.816	4.575	5.578	7.584
12	3.074	3.571	4.404	5.226	6.304	8.438
13	3.565	4.107	5.009	5.892	7.042	9.299
14	4.705	4.660	5.629	6.571	7.790	10.165
15	4.601	5.229	6.262	7.261	8.547	11.037
16	5.142	5.812	6.908	7.962	9.312	11.912
17	5.697	6.408	7.564	8.672	10.085	12.792
18	6.265	7.015	8.231	9.390	10.865	13.675
19	6.884	7.633	8.907	10.117	11.651	14.562
20	7.434	8.260	9.591	10.851	12.443	15.452
21	8.034	8.897	10.283	11.591	13.240	16.344
22	8.643	9.542	10.982	12.388	14.042	17.240
23	9.260	10.196	11.689	13.091	14.848	18.137
24	9.886	10.856	12.401	13.848	15.659	19.037
25	10.520	11.524	13.120	14.611	16.473	19.939
26	11.160	12.198	13.844	15.379	17.292	20.843
27	11.808	12.879	14.573	16.151	18.114	21.749
28	12.461	13.565	15.308	16.928	18.939	22.657
29	13.121	14.257	16.047	17.708	19.768	23.567
30	13.787	14.954	16.791	18.493	20.599	24.478
31	14.458	15.655	17.539	19.281	21.431	25.390
32	15.131	16.362	18.291	20.072	22.271	26.304
33	15.815	17.074	19.047	20.867	23.110	27.219
34	16.501	17.789	19.806	21.664	23.952	27.136
35	17.192	18.509	20.569	22.465	24.797	29.054
36	17.887	19.233	21.336	23.269	25.643	29.973
37	18.586	19.960	22.106	24.075	26.492	30.893
38	19.289	20.691	22.878	24.884	27.343	31.815
39	19.996	21.426	23.654	25.695	28.196	32.737
40	20.707	22.164	24.433	26.509	29.051	33.660
41	21.421	22.906	25.215	27.326	29.907	34.585
42	22.138	23.650	25.999	28.144	30.765	35.510
43	22.859	24.398	26.785	28.965	31.625	35.510
44	23.584	25.148	27.575	29.787	32.487	37.363
45	24.311	25.901	28.366	30.612	33.350	38.291

续表

n	α= 0.25	0.10	0.05	0.025	0.01	0.005
1	1.323	2.706	3.841	5.024	6.635	7.879
2	2.773	4.605	5.991	7.378	9.210	10.597
3	4.108	6.251	7.815	9.348	11.345	12.838
4	5.385	7.779	9.488	11.143	13.277	14.860
5	6.626	9.236	11.071	12.833	15.086	16.750
6	7.841	10.645	12.592	14.449	16.812	18.548
7	9.037	12.017	14.067	16.013	18.475	20.278
8	10.219	13.362	15.507	17.535	20.090	21.995
9	11.389	14.684	16.919	19.023	21.666	23.589
10	12.549	15.987	18.307	20.483	23.209	25.188
11	13.701	17.275	19.675	21.920	24.725	26.757
12	14.845	18.549	21.026	23.337	26.217	28.299
13	15.984	19.812	22.362	24.736	27.688	29.819
14	17.117	21.064	23.685	26.119	29.141	31.319
15	18.245	22.307	24.996	27.488	30.578	32.801
16	19.369	23.542	26.296	28.450	32.000	34.267
17	20.489	24.769	27.587	30.191	33.409	35.718
18	21.605	25.989	28.869	31.526	34.805	37.156
19	22.718	27.204	30.144	32.852	36.191	38.582
20	23.828	28.412	31.410	34.170	37.566	39.997
21	24.935	29.615	32.671	35.479	38.932	41.401
22	26.039	30.813	33.924	36.781	40.289	42.796
23	27.141	32.007	35.172	38.076	42.980	44.181
24	28.241	33.196	36.415	39.364	42.980	45.559
25	29.339	34.382	37.652	40.646	44.314	46.928
26	30.435	35.563	38.885	41.923	45.642	48.290
27	31.528	36.741	40.113	43.194	46.963	49.645
28	32.620	37.916	41.337	44.461	48.273	50.993
29	33.711	39.087	42.557	45.722	49.588	52.336
30	34.800	40.256	43.773	46.979	50.892	53.672
31	35.887	41.422	44.985	48.232	52.191	55.003
32	36.973	42.585	46.194	49.480	53.486	56.328
33	38.058	43.745	47.400	50.725	54.776	57.648
34	39.141	44.903	48.602	51.966	56.061	58.964
35	40.223	46.059	49.802	53.203	57.342	60.275
36	41.304	47.212	50.998	54.437	58.619	61.581
37	42.383	48.363	52.192	55.668	59.892	62.883
38	43.462	49.513	53.384	56.896	61.162	64.181
39	44.539	50.660	54.572	58.120	62.428	65.476
40	45.616	51.505	55.758	59.342	63.691	66.766
41	46.692	52.949	56.942	60.561	64.950	68.053
42	47.766	54.090	58.124	61.77	66.206	69.336
43	48.840	55.230	59.304	62.990	67.459	70.616
44	49.913	56.369	60.481	64.201	68.710	71.393
45	50.985	57.505	61.656	65.410	69.957	73.166

B.4 F分布表

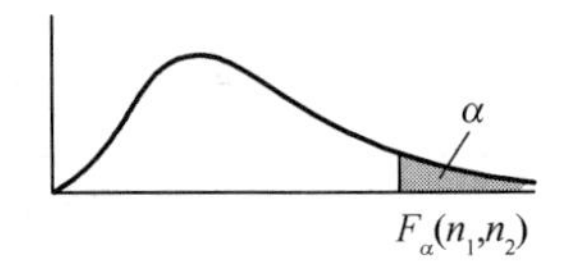

$$P\{F(n_1,n_2)>F_\alpha(n_1,n_2)\}=\alpha$$

$\alpha=0.10$

n_2 \ n_1	1	2	3	4	5	6	7	8	9	10	12	15	20	24	30	40	60	120	∞
1	39.86	49.50	53.59	55.83	57.24	58.20	58.91	59.44	59.86	60.19	60.71	61.22	61.74	62.00	62.26	62.53	62.79	63.06	63.33
2	8.53	9.00	9.16	9.24	9.29	9.33	9.35	9.37	9.38	9.39	9.41	9.42	9.44	9.45	9.46	9.47	9.47	9.48	9.49
3	5.54	5.46	5.39	5.34	5.31	5.28	5.27	5.25	5.24	5.23	5.22	5.20	5.18	5.18	5.17	5.16	5.15	5.14	5.13
4	4.54	4.32	4.19	4.11	4.05	.01	3.98	3.95	3.94	3.92	3.90	3.87	3.84	3.83	3.82	3.80	3.79	3.78	4.76
5	4.06	3.78	3.62	3.52	3.45	3.40	3.37	3.34	3.32	3.30	3.27	3.24	3.21	3.19	3.17	3.16	3.14	3.12	3.10
6	3.78	3.46	3.29	3.18	3.11	3.05	3.01	2.98	2.96	2.94	2.90	2.87	2.84	2.82	2.80	2.78	2.76	2.74	2.72
7	3.59	3.26	3.07	2.96	2.88	2.83	2.78	2.75	2.72	2.70	2.67	2.63	2.59	2.58	2.56	2.54	2.51	2.49	2.47
8	3.46	3.11	2.92	2.81	2.73	2.67	2.62	2.59	2.56	2.54	2.50	2.46	2.42	2.40	2.38	2.36	2.34	2.32	2.29
9	3.36	3.01	2.51	2.69	2.61	2.55	2.51	2.47	2.44	2.42	2.38	2.34	2.30	2.28	2.25	2.23	2.21	2.18	2.16
10	3.29	2.92	2.73	2.61	2.52	2.46	2.41	2.38	2.35	2.32	2.28	2.24	2.20	2.18	2.16	2.13	2.11	2.08	2.06
11	3.23	2.86	2.66	2.54	2.45	2.39	2.34	2.30	2.27	2.25	2.21	2.17	2.12	2.10	2.08	2.05	2.03	2.00	1.97
12	3.18	2.81	2.61	2.48	2.39	2.33	2.28	2.24	2.21	2.19	2.15	2.10	2.06	2.04	2.01	1.99	1.96	1.93	1.90
13	3.14	2.76	2.56	2.43	2.358	2.28	2.23	2.20	2.16	2.14	2.10	2.05	20.1	1.98	1.96	1.96	1.90	1.88	1.85
14	3.10	2.73	2.52	2.39	2.31	2.24	2.19	2.15	2.12	2.10	2.05	2.01	1.96	1.94	1.91	1.89	1.86	1.83	1.80
15	3.07	2.70	2.49	2.36	2.27	2.21	2.16	2.12	2.09	2.06	2.02	1.97	1.92	1.90	1.87	1.85	1.82	1.79	1.76
16	3.05	2.67	2.46	2.33	2.24	2.18	2.13	2.09	2.06	20.3	1.99	1.94	1.89	1.87	1.84	1.81	1.78	1.75	1.72
17	3.03	2.64	2.44	2.31	2.22	2.15	2.10	2.06	2.03	2.00	1.96	1.91	1.86	1.84	1.81	1.78	1.75	1.72	1.69
18	3.01	2.62	2.42	2.29	2.20	2.13	2.08	2.04	2.00	1.98	1.93	1.89	1.84	1.81	1.78	1.75	1.72	1.69	1.66
19	2.99	2.61	2.40	2.27	2.18	2.11	2.06	2.02	1.98	1.96	1.91	1.86	1.81	1.79	1.76	1.73	1.70	1.67	1.63
20	2.97	2.59	2.38	2.25	2.16	2.09	2.04	2.0	1.96	1.94	1.89	1.84	1.79	1.77	1.74	1.71	1.68	1.64	1.61
21	2.96	2.57	2.39	2.23	2.14	2.08	2.02	1.98	1.95	1.92	1.87	1.83	1.78	1.75	1.72	1.69	1.66	1.62	1.59
22	2.95	2.956	2.35	2.22	2.13	2.06	2.01	1.97	1.93	1.90	1.86	1.81	1.76	1.73	1.70	1.67	1.64	1.60	1.57
23	2.94	2.55	2.34	2.21	2.11	2.05	1.99	1.95	1.92	1.89	1.84	1.80	1.74	1.72	1.69	1.66	1.62	1.59	1.55
24	2.93	2.54	2.33	2.19	2.10	2.04	1.98	1.94	1.91	1.88	1.83	1.78	1.73	1.70	1.67	1.64	1.61	1.57	1.53
25	2.92	2.53	2.32	2.18	2.09	2.02	1.97	1.93	1.86	1.87	1.82	1.77	1.72	1.69	1.66	1.63	1.59	1.56	1.52
26	2.91	2.52	2.31	2.17	2.08	2.01	1.96	1.92	1.88	1.86	1.81	1.76	1.71	1.68	1.65	1.61	1.58	1.54	1.50
27	2.90	2.51	2.30	2.17	2.07	2.00	1.95	1.91	1.87	1.85	1.80	1.75	1.70	1.67	1.64	1.60	1.57	1.53	1.49
28	2.89	2.50	2.29	2.16	2.06	2.00	1.94	1.90	1.87	1.84	1.79	1.74	1.69	1.66	1.63	1.59	1.56	1.52	1.48
29	2.89	2.50	2.28	2.15	2.06	1.99	1.93	1.89	1.86	1.83	1.78	1.73	1.68	1.65	1.62	1.58	1.55	1.51	1.47
30	2.88	2.49	2.28	2.147	2.05	1.98	1.93	1.88	1.85	1.82	1.77	1.72	1.67	1.64	1.61	1.57	1.54	1.50	1.46
40	2.84	2.44	2.23	2.09	2.00	1.93	1.87	1.83	1.79	1.76	1.71	1.66	1.61	1.57	1.54	1.51	1.47	1.42	1.38
60	2.79	2.39	2.18	2.04	1.95	1.87	1.82	1.77	1.74	1.71	1.66	1.60	1.54	1.51	1.48	1.44	1.40	1.35	1.29
120	2.75	2.35	2.13	1.99	1.90	1.82	1.77	1.72	1.68	1.65	1.60	1.55	1.48	1.45	1.41	1.37	1.32	1.26	1.19
∞	2.71	2.30	2.08	1.94	1.85	1.77	1.72	1.67	1.63	1.60	1.55	1.49	1.42	1.38	1.34	1.30	1.24	1.17	1.00

$\alpha=0.05$ 续表

n_2 \ n_1	1	2	3	4	5	6	7	8	9	10	12	15	20	24	30	40	60	120	∞
1	161.4	1.995	215.7	224.6	230.2	234.0	236.8	238.9	240.5	241.9	243.9	245.9	248.0	249.1	230.1	251.1	252.2	253.3	254.3
2	18.51	19.00	19.16	19.25	19.30	19.33	19.35	19.37	19.38	19.40	19.41	19.43	19.45	19.45	19.46	19.47	19.48	19.49	19.50
3	10.13	9.55	9.28	9.12	9.01	8.94	8.89	8.85	8.81	8.79	8.74	8.70	8.66	8.64	8.62	8.59	8.57	8.55	8.53
4	7.71	6.94	6.59	6.39	6.26	6.16	6.09	6.04	6.00	5.96	5.91	5.86	5.80	5.77	5.75	5.72	5.69	5.66	5.63
5	6.61	5.79	5.41	5.19	5.05	4.95	4.88	4.82	4.77	4.74	4.98	4.92	4.56	4.53	4.50	4.46	4.43	4.40	4.36
6	5.99	5.14	4.76	4.53	4.39	4.28	4.21	4.15	4.10	4.06	4.00	3.94	3.87	3.84	3.81	3.77	3.74	3.7	3.67
7	5.59	4.74	4.35	4.12	3.97	3.87	3.79	3.73	3.68	3.64	3.57	3.51	3.44	3.41	3.38	3.34	3.30	2.27	3.23
8	5.32	4.46	4.07	3.84	3.69	3.58	3.50	3.44	3.39	3.35	3.28	3.22	3.15	3.12	3.08	3.04	3.01	2.97	2.93
9	5.12	4.26	3.86	3.63	3.48	3.37	3.29	3.23	3.18	3.14	3.07	3.01	2.97	2.90	2.86	2.83	2.79	2.75	2.71
10	4.96	4.10	3.71	3.48	3.33	3.22	3.14	3.07	3.02	2.98	2.91	2.85	2.77	2.74	2.70	2.66	2.62	2.58	2.54
11	4.84	3.98	3.59	3.36	3.20	3.09	3.01	2.95	2.90	2.85	2.79	2.72	2.65	2.61	2.57	2.53	2.49	2.45	2.40
12	4.75	3.89	3.49	3.26	3.11	3.00	2.91	2.85	2.80	2.75	2.69	2.62	2.54	2.51	2.47	2.43	2.38	2.34	2.30
13	4.67	3.81	3.41	3.18	3.03	2.92	2.83	2.77	2.71	2.67	2.60	2.53	2.46	2.42	2.38	2.34	2.30	2.25	2.21
14	4.60	3.74	3.34	3.11	2.96	2.85	2.76	2.70	2.65	2.60	2.53	2.46	2.39	2.35	2.341	2.27	2.22	2.18	2.13
15	4.54	3.68	3.29	3.06	2.90	2.79	2.71	2.64	2.59	2.54	2.48	2.40	2.33	2.29	2.25	2.20	2.16	2.11	2.07
16	4.49	3.60	3.24	3.01	2.85	2.74	2.66	2.59	2.54	2.49	2.42	2.35	2.28	2.24	2.19	2.15	2.11	2.06	2.01
17	4.45	3.59	3.20	2.96	2.81	2.7	2.61	2.55	2.49	2.45	2.38	2.31	2.23	2.19	2.15	2.10	2.06	2.01	1.96
18	4.41	3.55	3.16	2.93	2.77	2.66	2.58	2.51	2.46	2.41	2.34	2.27	2.19	2.15	2.11	2.06	2.02	1.97	1.92
19	4.38	3.52	3.13	2.90	2.74	2.63	2.54	2.48	2.42	2.38	2.31	2.23	2.16	2.11	2.07	2.03	1.98	1.93	1.88
20	4.35	3.49	3.10	2.87	2.71	2.60	2.51	2.45	2.39	2.35	2.28	2.20	2.12	2.08	2.04	1.99	1.95	1.90	1.84
21	4.32	3.47	3.07	2.84	2.68	2.57	2.49	2.42	2.37	2.32	2.25	2.18	2.10	2.05	2.01	1.96	1.92	1.87	1.81
22	4.30	3.44	3.05	2.82	2.66	2.55	2.46	2.40	2.34	2.30	2.23	2.15	2.07	2.03	1.98	1.94	1.89	1.84	1.78
23	4.28	3.42	3.03	2.80	2.64	2.53	2.44	2.37	2.32	2.27	2.20	2.13	2.05	2.01	1.96	1.91	1.86	1.81	1.76
24	4.26	3.40	3.01	2.78	2.62	2.51	2.42	2.36	2.30	2.25	2.18	2.11	2.03	1.98	1.94	1.89	1.84	1.79	1.73
25	4.24	3.39	2.99	2.76	2.60	2.49	2.40	2.34	2.28	2.24	2.16	2.09	2.01	1.96	1.92	1.87	1.82	1.77	1.71
26	4.23	3.37	2.98	2.74	2.59	2.47	2.39	2.32	2.27	2.22	2.15	2.07	1.99	1.95	1.90	1.85	1.80	1.75	1.69
27	4.21	3.35	2.96	2.73	2.57	2.46	2.37	2.31	2.225	2.20	2.13	2.06	14.97	1.93	1.88	1.84	1.79	1.73	1.67
28	4.20	3.34	2.95	2.71	2.56	2.45	2.36	2.29	2.24	2.19	2.12	2.04	1.96	1.91	1.87	1.82	1.77	1.74	1.65
29	4.18	3.33	2.93	2.70	2.55	2.43	2.35	2.28	2.22	2.18	2.10	2.03	1.94	1.90	1.85	1.81	1.75	1.70	1.64
30	4.17	3.32	2.92	2.69	2.53	2.42	2.38	2.27	2.21	2.16	2.09	2.01	1.93	1.89	1.84	1.79	1.74	1.68	1.62
40	4.08	3.23	2.84	2.61	2.45	2.34	2.25	2.18	2.12	2.08	2.00	1.92	1.84	1.79	1.74	1.69	1.64	1.58	1.51
60	4.00	3.15	2.76	2.53	2.37	2.25	2.17	2.10	2.04	1.99	1.92	1.84	1.75	1.70	1.65	1.59	1.53	1.47	1.39
120	3.92	3.07	2.68	2.45	2.29	2.17	2.09	2.02	1.96	1.91	1.83	1.75	1.66	1.61	1.55	1.50	1.43	1.35	1.25
∞	3.84	3.00	2.60	2.37	2.21	2.10	2.01	1.94	1.88	1.83	1.75	1.67	1.57	1.52	1.46	1.69	1.32	1.22	1.00

$\alpha=0.025$ 续表

n_2 \ n_1	1	2	3	4	5	6	7	8	9	10	12	15	20	24	30	40	60	120	∞
1	647.8	799.5	864.2	899.6	921.8	937.1	948.2	956.7	963.3	368.6	976.7	984.9	993.1	997.2	1001	1006	1010	1014	1018
2	38.51	39.00	39.17	39.28	39.30	39.33	39.36	39.37	39.39	39.40	39.41	39.43	39.45	39.46	39.46	39.47	39.48	39.49	39.50
3	17.44	16.04	15.44	15.10	14.88	14.73	14.62	14.54	14.47	14.42	14.34	14.25	14.17	14.12	14.08	14.04	13.99	13.95	13.90
4	12.22	10.65	9.68	9.60	9.36	9.20	9.07	8.98	8.90	8.84	8.75	8.66	8.56	8.51	8.46	8.41	8.36	8.31	8.26
5	10.01	8.43	7.76	7.39	7.15	6.98	6.85	6.76	6.68	6.62	6.52	6.43	6.33	6.28	6.23	6.18	6.12	6.07	6.02
6	8.81	7.26	6.60	6.23	5.99	5.82	5.70	5.60	5.52	5.46	5.37	5.27	5.17	5.12	5.07	5.01	4.96	4.90	4.85
7	8.07	6.54	5.89	5.52	5.29	5.12	4.99	4.90	4.82	4.76	4.67	4.57	4.47	4.42	4.36	4.31	4.25	4.20	4.14
8	7.57	6.06	5.42	5.05	4.82	4.65	4.53	4.43	4.36	4.30	4.20	4.10	4.06	3.95	3.89	3.84	3.78	3.73	3.67
9	7.21	5.71	5.08	4.72	4.48	4.23	4.20	4.10	4.03	3.96	3.87	3.77	3.67	3.61	3.56	3.51	3.45	3.39	3.33
10	6.94	5.46	4.83	4.47	4.24	4.07	3.95	3.85	3.78	3.72	3.62	3.52	3.42	3.37	3.31	3.26	3.20	3.14	3.08
11	6.72	5.26	4.63	4.28	4.04	3.88	3.76	3.66	3.59	3.53	3.43	3.33	3.23	3.17	3.12	3.06	3.00	2.94	2.88
12	6.55	5.10	4.47	4.12	3.89	3.73	3.61	3.51	3.44	3.37	3.28	3.18	3.07	3.02	2.96	2.91	2.85	2.79	2.72
13	6.41	4.97	4.35	4.00	3.77	3.60	3.48	3.39	3.31	3.25	3.15	3.05	2.95	2.89	2.84	2.78	2.72	2.66	2.60
14	6.30	4.86	4.24	3.89	3.66	3.50	3.38	3.29	3.21	3.15	3.05	2.95	2.84	2.79	2.73	2.67	2.61	2.55	2.49
15	6.20	4.77	4.15	3.80	3.58	3.41	3.29	3.20	3.12	3.06	2.96	2.96	2.76	2.70	2.64	2.59	2.85	2.46	2.40
16	6.12	4.69	4.08	3.73	3.50	3.34	3.22	3.12	3.05	2.99	2.89	2.79	2.68	2.63	2.57	2.51	2.45	2.38	2.32
17	6.04	4.62	4.01	3.66	3.44	3.28	3.16	3.06	2.98	2.92	2.82	2.72	2.62	2.56	2.50	2.44	2.38	2.32	2.25
18	5.98	4.56	3.95	3.61	3.38	3.22	3.10	3.01	2.93	2.87	2.77	2.67	2.56	2.50	2.44	2.38	2.32	2.26	2.19
19	5.92	4.51	3.90	3.56	3.33	3.17	3.05	2.96	2.88	2.82	2.72	2.62	2.51	2.45	2.39	2.33	2.27	2.20	2.13
20	5.87	4.46	3.86	3.51	3.29	3.13	3.01	2.91	2.84	2.77	2.68	2.57	2.46	2.41	2.35	2.29	2.22	2.16	2.09
21	5.83	4.42	3.82	3.48	3.25	3.09	2.97	2.87	2.80	2.73	2.64	2.53	2.42	2.37	2.31	2.25	2.18	2.11	2.04
22	5.79	4.38	3.78	3.44	3.22	3.05	2.93	2.84	2.76	2.70	2.60	2.50	2.39	2.33	2.27	2.21	2.14	2.08	2.00
23	5.75	4.35	3.75	3.41	3.18	3.05	2.90	2.81	2.73	2.67	2.57	2.47	2.36	2.30	2.24	2.18	2.11	2.04	1.97
24	5.72	4.32	3.72	3.38	3.15	2.99	2.87	2.78	2.70	2.64	2.54	2.44	2.33	2.27	2.21	2.15	2.08	2.01	1.94
25	5.69	4.29	3.69	3.35	3.13	2.97	2.85	2.75	2.68	2.61	2.51	2.41	2.30	2.24	2.18	2.12	2.05	1.98	1.91
26	5.66	4.27	3.67	3.33	3.10	2.94	2.82	2.73	2.65	2.59	2.49	2.39	2.28	2.22	2.16	2.09	2.03	1.95	1.88
27	5.63	4.24	3.64	3.31	3.08	2.92	2.80	2.71	2.63	2.57	2.47	2.36	2.25	2.19	2.13	2.07	2.00	1.93	1.85
28	5.61	4.22	3.63	3.29	3.06	2.90	2.78	2.69	2.61	2.55	2.45	2.34	2.23	2.17	2.11	2.05	1.98	1.91	1.83
29	5.59	4.20	3.61	3.27	3.04	2.88	2.76	2.67	2.59	2.53	2.43	2.32	2.21	2.15	2.09	2.03	1.96	1.89	1.81
30	5.57	4.18	3.59	3.25	3.03	2.87	2.75	2.65	2.57	2.51	2.41	2.31	2.20	2.14	2.07	2.01	1.94	1.84	1.79
40	5.42	4.05	3.46	3.13	2.90	2.74	2.62	2.53	2.45	2.39	2.29	2.18	2.07	2.01	1.94	1.88	1.80	1.72	1.64
60	5.29	3.93	3.34	3.01	2.79	2.63	2.51	2.41	2.33	2.27	2.17	2.06	1.94	1.88	1.82	1.74	1.67	1.58	1.48
120	5.15	3.80	3.23	2.89	2.67	2.52	2.39	2.30	2.22	2.16	2.05	1.94	1.82	1.76	1.69	1.61	1.53	1.43	1.31
∞	5.02	3.69	3.12	2.79	2.57	2.41	2.29	2.19	2.11	2.05	1.94	1.83	1.71	1.64	1.57	1.48	1.39	1.27	1.00

$\alpha=0.01$　　　　续表

n_2 \ n_1	1	2	3	4	5	6	7	8	9	10	12	15	20	24	30	40	60	120	∞
1	4052	4999.5	5403	5625	2764	5859	5928	5982	6022	6056	6106	6157	6209	6235	6261	6287	6313	6339	6366
2	98.50	99.00	99.17	99.25	99.30	99.33	99.36	99.37	99.39	99.40	99.42	99.43	99.45	99.46	99.47	99.47	99.48	99.49	99.50
3	34.12	30.82	29.46	28.71	28.24	27.91	27.67	27.49	27.35	27.23	27.05	26.87	26.69	26.60	26.50	26.41	26.32	26.22	26.13
4	21.20	18.00	16.69	15.98	15.52	15.21	14.98	14.80	14.66	14.55	14.37	14.20	14.02	13.93	13.84	13.75	13.65	13.56	13.46
5	16.26	13.27	12.06	11.39	10.97	10.67	10.46	10.29	10.16	10.05	9.89	9.72	9.55	9.47	9.38	9.29	9.20	9.11	9.02
6	13.75	10.92	9.78	9.15	8.75	8.47	8.26	8.10	7.98	7.87	7.72	7.56	7.40	7.31	7.23	7.14	7.06	6.97	6.88
7	12.25	9.55	8.45	7.85	7.46	7.19	6.99	6.84	6.72	6.62	6.47	6.31	6.16	6.07	5.99	5.91	5.82	5.74	5.65
8	11.26	8.65	7.59	7.01	6.63	6.37	6.18	6.03	5.91	5.81	5.67	5.52	5.36	5.28	5.20	5.12	5.03	4.95	4.86
9	10.56	8.02	6.99	6.42	6.06	5.80	5.61	5.47	5.35	5.26	5.11	4.96	4.81	4.73	4.65	4.57	4.48	4.40	4.31
10	10.04	7.56	6.55	5.99	5.64	5.39	5.20	5.06	4.94	4.85	4.71	4.56	4.41	4.33	4.25	4.17	4.08	4.00	3.91
11	9.65	7.21	6.22	5.67	5.32	5.07	4.89	4.74	4.63	4.54	4.40	4.25	4.10	4.02	3.94	3.86	3.78	3.69	3.60
12	9.33	6.93	5.95	5.41	5.06	4.82	4.64	4.50	4.39	4.3	4.16	4.01	3.86	3.78	3.70	3.62	3.54	3.45	3.36
13	9.07	6.70	5.74	5.21	4.86	4.62	4.44	4.30	4.19	4.10	3.96	3.82	3.66	3.59	3.51	3.43	3.34	3.25	3.17
14	8.86	6.51	5.56	5.04	4.69	4.46	4.28	4.14	4.03	3.94	3.80	3.66	3.51	3.43	3.35	3.27	3.18	3.09	3.30
15	8.68	6.36	54.2	4.89	4.56	4.32	4.14	4.00	3.89	3.80	3.67	3.52	3.37	3.29	3.21	3.13	3.05	2.96	2.87
16	8.53	6.23	5.79	4.77	4.44	4.20	4.03	3.89	3.78	3.69	3.55	3.41	3.26	3.18	3.10	3.02	2.93	2.84	2.75
17	8.40	6.11	5.18	4.67	4.34	4.10	3.93	3.79	3.68	3.59	3.46	3.31	3.16	3.08	3.00	2.92	2.83	2.75	2.65
18	8.29	6.01	5.09	4.58	4.25	4.01	3.84	3.71	3.60	3.51	3.37	3.23	3.08	3.00	2.92	2.84	2.75	2.66	2.57
19	8.18	5.93	5.01	4.50	4.17	3.94	3.77	3.63	3.52	3.43	3.30	3.15	3.30	2.92	2.84	2.76	2.67	2.58	2.49
20	8.10	5.85	4.94	4.43	4.10	3.87	3.70	3.56	3.46	3.37	3.23	3.09	2.94	2.86	2.78	2.69	2.61	2.52	2.42
21	8.02	5.78	4.87	4.37	4.04	3.81	3.64	3.51	3.40	3.31	3.17	3.03	2.88	2.80	2.72	2.64	2.55	2.46	2.36
22	7.95	5.72	4.82	4.31	3.99	3.76	3.59	3.45	3.35	3.26	3.12	2.98	2.83	2.75	2.67	2.58	2.50	2.40	2.31
23	7.88	5.66	4.76	4.26	3.94	3.71	3.54	3.41	3.30	3.21	3.07	2.93	2.78	2.70	2.62	2.54	2.45	2.35	2.26
24	7.82	5.61	4.72	4.22	3.90	3.67	3.50	3.36	3.26	3.17	3.03	2.89	2.74	2.66	2.58	2.49	2.40	2.31	2.21
25	7.77	5.57	4.68	4.18	3.85	3.63	3.46	3.32	3.22	3.13	2.99	2.85	2.70	2.62	2.54	2.45	2.36	2.27	2.17
26	7.72	5.53	4.64	4.14	3.82	3.59	3.42	3.29	3.18	3.09	2.96	2.81	2.66	2.58	2.50	2.42	2.33	2.23	2.13
27	7.68	5.49	4.60	4.11	3.78	3.56	3.39	3.26	3.15	3.06	2.93	2.78	2.63	2.55	2.47	2.38	2.29	2.20	2.10
28	7.64	5.45	4.57	4.07	3.75	3.53	3.36	3.23	3.12	3.03	2.90	2.76	2.60	2.52	2.44	2.35	2.26	2.17	2.06
29	7.60	5.42	4.54	4.04	3.73	3.50	3.33	3.20	3.09	3.00	2.87	2.73	2.57	2.49	2.41	2.33	2.23	2.14	2.03
30	7.56	5.39	4.51	4.02	3.70	3.47	3.30	3.17	3.07	2.98	2.84	2.70	2.55	2.47	2.39	2.30	3.21	2.11	2.01
40	7.31	5.18	4.31	3.83	3.51	3.29	3.12	2.99	2.89	2.80	2.66	2.52	2.37	2.29	2.20	2.11	2.02	1.92	1.80
60	7.08	4.98	4.13	3.65	3.34	3.12	2.95	2.82	2.72	2.63	2.50	2.35	2.20	2.12	2.03	1.94	1.84	1.73	1.60
120	6.85	4.79	3.95	3.48	3.17	2.96	2.79	2.66	2.56	2.47	2.34	2.19	2.03	1.95	1.86	1.76	1.66	1.53	1.38
∞	6.63	4.61	3.78	3.32	3.02	2.80	2.64	2.51	2.41	2.32	2.18	2.04	1.88	1.79	1.70	1.59	1.17	1.32	1.00

$\alpha=0.005$ 续表

n_2 \ n_1	1	2	3	4	5	6	7	8	9	10	12	15	20	24	30	40	60	120	∞
1	16211	20000	21615	22500	23056	23437	23715	23925	24091	24224	24426	24630	24836	24940	25044	25148	25253	25359	25465
2	198.5	199.0	199.2	199.2	199.3	199.3	199.4	199.4	199.4	199.4	199.4	199.4	199.4	199.5	199.5	199.5	199.5	199.5	199.5
3	55.55	49.80	47.47	46.19	45.39	44.84	44.43	44.13	43.88	43.69	43.39	43.08	42.78	42.62	42.47	42.32	42.15	41.99	41.83
4	31.33	26.28	24.26	23.15	22.46	21.97	21.62	21.35	21.14	20.97	20.70	20.44	20.17	20.03	19.89	19.75	19.61	19.47	19.32
5	22.78	18.31	16.53	15.56	14.94	14.51	14.20	13.96	13.77	13.62	13.38	13.15	12.90	12.78	12.66	12.53	12.40	12.27	12.14
6	18.63	14.54	12.92	12.03	11.46	11.07	10.79	10.57	10.39	10.25	10.03	9.81	9.59	9.47	9.36	9.24	9.12	9.00	8.88
7	16.24	12.40	10.88	10.05	9.52	9.16	8.89	8.68	8.51	8.38	8.18	7.79	7.75	7.65	7.53	7.42	7.31	7.19	7.08
8	14.69	11.04	9.60	8.81	8.30	7.95	7.69	7.50	7.34	7.21	7.01	6.81	6.61	6.50	6.40	6.29	6.18	6.06	5.95
9	13.61	10.11	8.72	7.96	7.47	7.13	6.88	6.69	6.54	6.42	6.23	6.03	5.83	5.73	5.62	5.52	5.41	5.30	5.19
10	12.83	9.43	8.08	7.34	6.87	6.54	6.30	6.12	5.97	5.85	5.66	5.47	5.27	5.17	5.07	4.97	4.86	4.75	4.64
11	12.23	8.91	7.60	6.88	6.42	6.10	5.86	5.68	5.54	5.42	5.24	5.05	4.86	4.76	4.65	4.55	4.44	4.34	4.23
12	11.75	8.51	7.23	6.52	6.07	5.76	5.52	5.35	5.20	5.09	4.91	4.72	4.53	4.43	4.33	4.23	4.23	4.12	4.01
13	11.37	8.19	6.93	6.23	5.79	5.48	5.25	5.08	4.94	4.82	4.64	4.46	4.27	4.17	4.07	3.97	3.87	3.76	3.65
14	11.06	7.92	6.68	6.00	5.56	5.26	5.03	4.86	4.72	4.60	4.43	4.25	4.06	3.96	3.86	3.76	3.66	3.55	3.44
15	10.80	7.70	6.48	5.80	5.37	5.07	4.85	4.67	4.54	4.42	4.25	4.07	3.88	3.79	3.69	3.58	3.48	3.37	3.26
16	10.58	7.51	6.30	5.64	5.21	4.91	4.69	4.52	4.38	4.27	4.10	3.92	3.73	3.64	3.54	3.44	3.33	3.22	3.11
17	10.38	7.35	6.16	5.50	5.07	4.78	4.56	4.39	4.25	4.14	3.97	3.79	3.61	3.51	3.41	3.31	3.21	3.10	2.98
18	10.22	7.21	6.03	5.37	4.96	4.66	4.44	4.28	4.14	4.03	3.86	3.68	3.50	3.40	3.30	3.20	3.10	2.99	2.87
19	10.07	7.09	5.92	5.27	4.85	4.56	4.34	4.18	4.04	3.93	3.76	3.59	3.40	3.31	3.21	3.11	3.00	2.89	2.78
20	9.94	6.99	5.82	5.18	4.76	4.47	4.26	4.09	3.96	3.85	3.68	3.50	3.32	3.22	3.12	3.02	2.92	2.81	2.69
21	9.83	6.89	5.73	5.09	4.68	4.39	4.18	4.01	3.88	3.77	3.60	3.43	3.24	3.15	3.05	2.95	2.84	2.73	2.61
22	9.73	6.81	5.65	5.02	4.61	4.32	4.11	3.94	3.81	3.70	3.54	3.36	3.18	3.08	2.98	2.88	2.77	2.66	2.55
23	9.63	6.73	5.58	4.95	4.54	4.26	4.05	3.88	3.75	3.64	3.47	3.30	3.12	3.02	2.92	2.82	2.71	2.60	2.48
24	9.55	6.66	5.52	4.89	4.49	4.20	3.99	3.83	3.69	3.59	3.42	3.25	3.06	2.97	2.87	2.77	2.66	3.55	2.43
25	9.48	6.60	5.46	4.84	4.43	4.15	3.94	3.78	3.64	3.54	3.37	3.20	3.01	2.92	2.82	2.72	2.61	2.50	2.38
26	9.41	6.54	5.41	4.79	4.38	4.10	3.89	3.73	3.60	3.49	3.33	3.15	2.97	2.87	2.77	2.67	2.56	2.45	2.33
27	9.34	6.49	5.36	4.74	4.34	4.06	3.85	3.69	3.56	3.45	3.28	3.11	2.93	2.83	2.73	2.63	2.52	2.41	2.29
28	9.28	6.44	5.32	4.70	4.30	4.02	3.81	3.65	3.52	3.41	3.25	3.07	2.89	2.79	2.69	2.59	2.48	2.37	2.25
29	9.23	6.40	5.28	4.66	4.26	3.98	3.77	3.61	3.48	3.38	3.21	3.04	2.86	2.76	2.66	2.56	2.45	2.33	2.21
30	9.18	6.35	5.24	4.62	4.23	3.95	3.74	3.58	3.45	3.34	3.18	3.01	2.18	2.73	2.63	2.52	2.42	2.30	2.18
40	8.83	6.07	4.98	4.37	3.99	3.71	3.51	3.35	3.22	3.12	2.95	2.78	2.60	2.50	2.40	2.30	2.18	2.06	1.93
60	8.49	5.79	4.73	4.14	3.76	3.49	3.29	3.13	3.01	2.90	2.74	2.57	2.39	2.29	2.19	2.08	1.96	1.83	1.69
120	8.18	5.54	4.50	3.92	3.55	3.28	3.09	2.93	2.81	2.71	2.54	2.37	2.19	2.09	1.98	1.87	1.75	1.61	1.43
∞	7.88	5.30	4.28	3.72	3.35	3.09	2.90	2.74	2.62	2.54	2.36	2.19	2.00	1.90	1.79	1.67	1.53	1.36	1.00